# 游乐设施安全技术与管理

李 剑 刘 勇 主编

黄河水利出版社
郑 州

**图书在版编目（CIP）数据**

游乐设施安全技术与管理 / 李剑，刘勇主编. — 郑州：黄河水利出版社，2021. 7

ISBN 978 - 7 - 5509 - 3056 - 8

Ⅰ. ①游… Ⅱ. ①李… ②刘… Ⅲ. ①游乐场-设施-安全管理 Ⅳ. ①TS952.8

中国版本图书馆CIP数据核字（2021）第 156667 号

---

出 版 社：黄河水利出版社

地址：河南省郑州市顺河路黄委会综合楼14层　邮编：450003

发行单位：黄河水利出版社

发行部电话：0371－66026940、66020550、66028024、66022620（传真）

E-mail：hhslcbs@126.com

承印单位：河南匠之心印刷有限公司

开本：787 mm × 1 092 mm　1 / 16

印张：15

字数：370千字　　印数：1—1 000

版次：2021年7月第1版　　印次：2021年7月第1次印刷

---

定价：68.00元

# 《游乐设施安全技术与管理》编委会


**主　编**　李　剑　刘　勇

**副主编**　李玉清　赵九峰　吴　瑜

**编写人员**

戴立方　赵　科　张国臣　刘建忠

范　豫　李春花　张　伟　吴　敏

王　磊　黄　沛　张亚静　白　兰

李原原　鲁淑文　方治博

**审　核**　赵九峰　张亚静

# 前 言

随着我国经济的快速增长，人民生活水平不断提高，游乐行业作为新兴产业在现代社会得到迅速发展，它已成为当今社会非常有价值、影响力和市场潜力的产业。截至2020年底，我国大型游乐设施生产单位一百余家，在用大型游乐设施数量已达两万余台（套）。游乐设施一旦发生事故，会造成人员伤亡、设备损毁，后果极为严重，造成恶劣的社会影响。如何保证游客的人身安全，提高游乐设施作业人员素质，更好地推动我国游乐设施的安全运营，是我们目前需要关注的焦点。与此同时，随着市场监管行政改革，一大批公务人员充实到特种设备安全监管及其相关岗位，对这些基层安全监管人员进行专业培训，提高其履职能力就显得非常重要，也十分迫切。

本书以安全为主线，总结归纳了游乐设施安全管理方面的经验，在研究国外游乐设施安全技术和方法的基础上，着力强化游乐设施相关人员的安全意识。本书可供游乐设施作业人员和监管人员学习与借鉴，对行业内技术人员也有一定的参考价值。

本书共分为8章：第一章为游乐设施概论；第二章为游乐设施基础知识；第三章为游乐设施安全保护装置及其设置；第四章为游乐设施安全操作与日常管理；第五章为大型游乐设施安全监察与检验；第六章为大型游乐设施应急管理与应急预案；第七章为游乐设施维护与保养；第八章为大型游乐设施事故预防及案例。

本书由李剑、刘勇主编，李玉清、赵九峰、吴瑜等人参与编写。本书第一章由李剑编写，第二章由赵九峰编写，第三章由范豫、王磊、黄沛编写，第四章和第五章前三节由戴立方、张国臣、刘建忠编写，第五章第四节、第五节由赵科、李春花、张伟编写，第六章由刘勇、李玉清编写，第七章由李剑、吴瑜编写，第八章第一节、第二节由吴敏编写，第八章第三节由刘勇编写，第八章第四节由张亚静、白兰、李原原、鲁淑文、方治博编写。

全书由李剑统稿，赵九峰、张亚静审核。

由于编者水平有限，加之编写时间仓促，书中难免有不足之处，恳请广大读者和游乐设施行业同仁批评指正。

编 者

2021年1月

# 目　录

CONTENTS

# 第一章　游乐设施概论

## 第一节　游乐设施的产生和发展现状

### 一、国内游乐设施的产生和发展

我国游乐产业起步较晚，1951 年由北京机械厂设计制造，安装在北京中山公园里的电动小乘椅可能是我国第一台游乐设施。然而 20 世纪 80 年代以前，国内大型游乐设施的建设基本是一片空白，以分散的小型游乐设施为主。1980 年，日本东洋娱乐株式会社赠送给中国一台“登月火箭”，安装在北京中山公园。这是我国第一台大型现代游乐设施，标志着中国有了真正意义上的游乐设施。国外游乐设施的出现和国人对游乐设施的企盼，推动我国出现了第一批有志于游乐设施的科研人员，我国进口首台大型游乐设施，并逐步开始仿制，国产游乐设施设计制造应运而生。随着改革开放的不断深入，国民经济的迅速发展和人民生活水平的不断提高，人们对于娱乐活动的需求也越来越高。

国产大型游乐设施的设计生产在此背景下拉开了序幕。中国最早的游乐园可以追溯到 20 世纪 80 年代。1980 年，北京有色冶金设计研究总院的一批科研设计人员开始投身到游乐设施的设计行列之中，开发设计了登月火箭、游龙戏水、自控飞机、转马、飞象、空中转椅、架空单轨列车、双人飞天、滑行龙、翻滚过山车等数十种现代游乐设施，填补了国内游乐设施设计制造的空白，为我国游乐业的诞生和发展做出了杰出的贡献。1981 年，我国第一家游乐园大庆儿童公园建成，受到了广大游客，特别是青少年和儿童的热烈欢迎。此后，人民生活水平提高，人们更加注重精神文化需求。人们对参与休闲娱乐活动的需求越来越迫切，越来越多的企业开始进行游乐设施的研制、生产和经营。

我国游乐设施事业从无到有、从小到大、从进口到出口，已逐步形成了包括设计、制造、使用、维修保养、质量监督检验和安全监察等一整套比较完善的体系。各项工作正朝着科学化、标准化、规范化的方向迈进。国产游乐设施的设计、制造和使用由此揭开了序幕。随着改革开放的不断深入和经济的快速发展，国内游乐园（场）也逐步兴起。我国的京津沪及广东地区陆续投资或合资兴建了一大批游乐园，比较大的有广东中山市“长江乐园”、广州“东方乐园”、北京密云“国际游乐园”、上海“锦江乐园”等游乐园（场）。这些游乐园引进了一批国外游乐设施，给我国的游乐设施设计、制造单位提供了不可多得的学习和借鉴的机会。由此开始，游乐业进入了迅速发展的时期，它极大地丰富了人民的娱乐生活，陶冶了人们的情操，美化了城市环境，推动了社会主义精神文明建设。如今，苏州乐园、深圳欢乐谷、桂林乐满地、广东长隆欢乐世界（番禺）等已成为我国主题公园的佼佼者。

我国游乐设施行业经过业内人士近 40 年的不断努力，从无到有，从小到大，从不完善到完善，已逐步形成了包括设计、制造、安装、使用、维修保养、检验检测和安全监察等一整套比较完善的体系，各项工作正朝着科学化、标准化、规范化的方向发展。游乐设施的设计创新能力也得到了极大提高，已从测绘仿制走向了独立研发。在消化进口游艺机的基础上借鉴和创新，全国生产游艺机和游乐设施的企业发展到 100 多家，这些企业主要分布在广东、浙江、陕西、北京等地。游艺机和游乐设施的品种与数量急剧增加，不同结构、不同运动形式、不同造型的游艺机和游乐设施大量涌现，从大型到中小型、从室内到室外、从机械型到电子型、从陆上到水上均有，产品质量也在不断提高。但应清楚地看到，由于我国游艺机和游乐设施的发展起步较晚，基础较差，经验也不足，与国外先进国家的水平相比，在设计、制造、安装等方面均存在不小的差距，如产品的焊缝表面质量、油漆（电镀）膜层质量、玻璃钢件质量、重要轴（销轴）的材质选用及加工工艺等。

设计制造方面，随着游乐设施行业的快速发展，我国游乐设施设计制造质量不断提高，产品种类不断丰富。从规模上看，近年来游乐设施生产企业和游乐园企业快速发展，规模不断扩大。截至 2018 年底，大型游乐设施生产厂家 121 家。从设计制造技术水平来看，国内的游乐设施制造企业经过数十年的技术投入，设计制造水平不断提高，掌握了部分设备核心技术，质量体系较为完善。目前，我国游乐设施制造企业可生产各种类型的游乐设施，出口到东南亚、中东、欧洲等地，产品获得了广泛好评，企业取得了长足进步。厂家主要集中在广东中山、江浙地区、北京—承德—保定、西安、成都等几个区域。培育了一些知名的设计制造企业，如中山市金马科技娱乐设备股份有限公司、温州南方游乐设备工程有限公司、北京实宝来游乐设备有限公司等。

使用维护方面，当前我国在用游乐设备数量大，游乐园在使用维保方面呈现两极分化状态。截至 2020 年底，全国共有在用大型游乐设施 2.51 万台（套），大中型游乐园 400 多家，参与游乐人数 6 亿人次，年产值超过 1000 亿元。形成了多个实力较强的游乐集团，如华侨城集团、长隆集团、华强方特、宋城集团进入世界前十行列。以其为代表的我国知名企业高度重视设备的运行安全和维护保养，在各个方面大力投入，质保体系相对健全，其自检能力逐步增强，日检、周检、月检、年检项目越来越齐全，整体达到国际先进水平，营造了安全可靠的游乐设施设备运行使用环境。但与此同时，我们不得不关注一些中小型游乐园的发展，由于人员和资金的不足，这些中小型游乐园在设备维护管理、人员培训等各个方面与大型主题公园相比还存在比较明显的差距。

检验检测方面，随着游乐设施技术含量越来越高，游乐设施的检验检测能力也逐步提升。检验检测主体方面，根据法律法规要求，由各级特检机构对纳入特种设备监管的大型游乐设施进行设计文件鉴定、型式试验、验收检验、定期检验等法定检验，各设计制造单位、使用维保单位对各自设计制造使用的特种设备进行自检。检验检测技术方面，检验、检测、监测技术逐渐丰富，加速度、应力、振动、无损检测等检测能力逐步增强，设备的多参数监测能力日渐提升；另外，随着游乐设施产品向高参数化、复杂化方向发展，设备危险性相应增加，技术含量也越来越高，检验检测难度正在逐步加大也是当前面临的现状。

## 二、国外游乐设施的产生和发展

游乐设施起源于欧洲，大约在 1550 年，欧洲出现了一些供游人娱乐的室外项目，如原始的游乐转椅。1650 年，俄罗斯圣彼得堡出现的“雪橇”则是现代滑行车的原型。到 18 世纪，由于对游戏、娱乐的需求逐渐增大，欧美等地开始出现真正意义上的游乐园。

随着工业革命的深入，电动游艺机的诞生，游乐业得以不断发展。在 20 世纪 50 年代以后，随着科学技术的不断发展，计算机控制、微电子技术等先进科技在游乐设施的设计制造中得以广泛应用，游乐设施的新品种层出不穷，其科学性、惊险性、娱乐性及艺术性越来越突出，全球游乐行业进入了快速发展的阶段。

国外的游乐业发展是从单一游乐设施放置在公园，发展到建游乐场，再发展到建主题乐园的过程。大型游乐设施的设计制造是由固定基础的设备发展到现代可移动式的设备。1955 年，美国的经济得到恢复和发展，首先在洛杉矶建成世界上第一座迪士尼乐园。此后迪士尼乐园接二连三地在世界各地涌现，到现在为止已有 6 个，其中美国 2 个，日本 1 个，法国 1 个，第 5 个迪士尼乐园于 2005 年在我国香港建成，第 6 个迪士尼乐园坐落在我国上海。该项目于 2009 年 10 月，经报请国务院同意，国家发改委正式批复核准。该迪士尼乐园项目由中方公司和美方公司共同投资建设。项目建设地址位于上海市浦东新区川沙新镇，占地面积 116 公顷，2016 年 6 月正式开园。这些大型游乐园的成功经营和发展经历，使得全世界范围内掀起了建造主题乐园的热潮。

游乐业的发展推动了游乐设施生产企业的发展。国外的游乐设施生产厂家以意大利、英国、法国、荷兰、瑞士、美国和日本居多。美国的艾利桥公司就是一个具有 100 年历史的游乐设施制造企业，其产品行销 20 多个国家和地区。他们开发创新能力强，生产技术先进，广泛应用计算机技术和微电子技术，产品惊险刺激、有创意。其他知名的一些游乐设施公司有：美国的普雷米尔、阿隆、强斯；意大利的赞培拉、摩梭、SDC、奔法利；德国的兹尔乐、麦克、胡斯；瑞士的因塔明；荷兰的威克玛；日本的东娱、泉阳、佐野安、菱野、明昌、冈本等。这些世界知名企业运用现代先进技术，积极开发创新，不断推陈出新，把游乐设施的发展推向新的阶段。

设计制造方面，在建设规模日益扩大的基础上，游乐设施的新产品也层出不穷。凭借强大的技术优势和专业分工，世界主要发达国家在游乐设施设计和开发方面占据绝对优势。凭借前期多年设计制造积累的经验和领先的技术，国外一些大型游乐设施厂家在多种类型设备的设计制造上独占鳌头，如世界著名的过山车专业制造商瑞士 B&M 公司、荷兰 VEKOMA 公司、瑞士 INTAMIN 公司、德国 MARK 公司等专业设计和研发滑行类游乐设施，德国 HUSS 公司、意大利 ZAMPERLA 公司等专业设计和研发旋转类和中小型设备，美国 S&S 公司等专业设计和研发升降类设备，加拿大 PROSLIDE 公司、White Water 公司等擅长水上游乐设施的设计和研发。过山车作为美学和速度的完美结合，常被认为是游乐设施设计生产能力的代表和体现。美国新泽西州六旗公园的京达卡过山车由瑞士 INTAMIN 公司设计生产，轨道高度达到 139m，最大时速 206km/h，载客量 18 人 / 车，是目前世界上最高的过山车。世界上最快的过山车是阿联酋阿布扎比法拉利乐园的 Formula Rossa 过山车，也是由瑞士 INTAMIN 公司设计生产的，最大时速高达 240km/h，轨道长度 2000m，轨道高度 52m，载客量 16 人 / 车，速度可以和法拉利赛车相媲美。

检验检测方面，大型主题乐园主要由使用单位自身检验维护和委托专业机构与人员进行检验检测，政府相关部门仅鉴证其他专业机构的检验检测报告和相关文件，不负责具体的检验检测工作。游乐设施检验检测方面，德国 TUV 在世界范围内享有盛名，检测范围覆盖了概念审核、设计审核、制造与质量评估、验收测试、定期检验等多个环节，能够针对游乐设施的特点提供加速度测试和应力测试服务，并为政府和游乐园提供专业的大型游乐设施检测服务。

使用维护方面，发达国家大型主题乐园特别注重设备的使用、保养、维护、管理，各方面投入巨大，通过专用的维修保养车间、检测工具、信息化系统等保障设备的安全运行。

目前，欧美主题公园超过195家，年承载人数超过10亿人次，营业收入超过138亿美元。就游乐设施本身而言，迪士尼和环球影城在使用维保方面仍占据领先地位。他们花费大量的人力、物力开展设备维护和保养工作，针对每台重要的大型游乐设施均设置了专用的维修保养车间，在保证设备正常运营的条件下，实现设备的可持续性保养和维护。同时，每个乐园均建立了专业的维修保养车间，对于需要年度检验或存在故障的设备设施进行专业维修和更换。在维修车间内，配备了专业的无损检测、磨损检测、结构变形检测等多种检测工具，使得设备设施的维修保养更加专业和精细，切实保证了设备的维保质量。此外，国外各个大型主题乐园采用先进的信息化管理系统，实现了人员、设备、零部件、材料等协调管理，提高了工作效率。在大型游乐设施设备管理方面，将设备检验维修和运行进行联锁控制，实现了设备检修维护和运行的数据化、信息化，切实保证了设备的运行安全。

## 三、国内外游乐设施发展趋势

（1）游乐设施产品向高参数化、体验多元化、控制精确化、需求个性化方向发展。随着游乐设施行业的蓬勃发展，游乐设施装备制造业已成为我国国民经济中一个新兴的朝阳产业。我国游乐设施的设计、制造能力从起步阶段的外形仿制逐步向自主研发发展，设计制造能力取得了长足的进步。随着新技术的不断涌入和消费理念的不断升级，游乐设施产品无论从创意上还是性能上都发生了显著的变化，如游乐设施产品为了追求身体体验的刺激，不断向高参数发展；为了获得综合体验效果，不断向体验多元化发展；为了配合影视等设备的精确感官，不断向更加精细化控制方向发展；为了满足不断变化的消费人群，不断向个性化定制方向发展。

游乐设施产品从诞生之初就是以机械式游乐设施为主，通过机械运动给乘客带来直接的身体刺激，从而达到娱乐的目的。随着游乐设施产品的不断丰富，运动形式由单一运动向复杂、新颖方向发展，一台设备往往能实现旋转、升降、摆动、倒挂、悬停、滑翔、俯冲等多种运动形式复合；乘坐方式由普通的乘坐式向悬挂式、站立式、飞行式、不约束式发展。例如，摩托式过山车就是模拟游客驾驶一辆摩托车的形式，实现弹射式发射。另外，迪斯科转盘设施没有约束型的保护装置，让游客在一定的空间内随设备自由摆动，增加了趣味性和刺激性。另外，游乐设施产品不断向高参数、大型化方向发展，承载人数越来越多，运行速度越来越快，运动高度越来越高，例如，目前最大的海盗船可乘坐120人，大型动感影院可承载160人，大型摩天轮能承载784人，过山车的时速已达到240km/h，观览车的高度将接近200米。

传统的游乐设施体验主要是以机械运动带来的生理体验，随着新技术不断涌入游乐设施，新的感官体验和情感体验成为游乐设施产品新的发展方向，即体验多元化。通过高度、速度、声音、嗅觉、触觉等综合因素给乘客带来更加逼真的效果体验，如著名的环球影城主题乐园中的多项动感影院项目，在感受生理刺激的同时，还综合了多种感官刺激，使游客的体验更加多元化和真实化。而情感体验则是在感官体验的基础上融入了故事情节，通过感官体验和情感体验的结合，乘客可以通过与故事情节互动的形式，更加真实地体验故事中的情节。如环球影城的哈利波特动感乘骑项目，虚拟的哈利波特形象会带领乘客体验各种历险过程，项目通过故事情节和动作的一体化设计，让乘客更加真实地感觉自己是故事中的一个人物。

随着游乐设施产品向体验多元化方向的发展，游乐设施设备的复杂程度也越来越高，同时要求设备的动作精准，以便与虚拟影视设备相配合，才能达到更加逼真的效果，这就要求游乐设施产品在控制系统上更加精确化。通过更为先进的基于 PC 的 PLC 控制技术，利用多种传感器进行数据的转化和传输，利用先进的交直流驱动技术或液压气动驱动技术进行动力输送，才能实现游乐设施产品的精准化控制。

游乐设施产品的另外一个发展趋势是产品体验的需求个性化。在游乐设施产品设计方面，对不同消费人群的个性化定制服务也开始被重视。同一个游乐设施产品，针对不同人群，通过控制系统的控制可以展现出不同的体验方式，从而获得个性化的体验服务，是今后游乐设施产品的一个大的发展方向。因此，对游乐设施产品的创新设计和内容设计要求也会更高。

（2）游乐场所向专业化、主题化、多元化方向发展。就游乐园本身的发展而言，目前游乐园建设的一个重要发展趋势就是专业化和主题化。树立鲜明的主题，深入挖掘主题，创造独特主题，是游乐行业和各大游乐园共同追求的目标。国外的迪士尼乐园、环球影城等向我们展示了主题乐园迷人的特色。国内广州的“长隆欢乐世界”、深圳的“世界之窗”、华侨城集团旗下的“欢乐谷”、芜湖的“方特乐园”、位于著名风景旅游城市苏州的“苏州乐园”等，是国内当今综合性主题乐园的代表作品。“苏州乐园”学习并运用中国古代的造园布置手法和艺术，一方面充分发挥当地的自然资源，营造出适合东方人性格的休闲性、观赏性很强的园林环境；另一方面又糅合了年轻人活动和思维的西方迪士尼式的强烈参与感、刺激性及欢快的气氛，使其成为一座集西方迪士尼乐园风采，把现代化游乐设施和千变万化的自然景观融合在一起的综合性的主题乐园。它是东方文化和西方文化的结合、观赏性和参与性的结合，充分体现强烈个性和“中国特色”，努力打造出的具有独特文化，与世界上其他主题公园不同的特点和吸引力游乐园。

另外，集购物、餐饮、住宿、娱乐于一体的大型旅游度假区“shopping mall”模式的万达主题乐园也已经在西双版纳、南昌落户并投入运营，还在合肥、无锡、广州、青岛等地建设大型主题乐园综合体。游乐设施市场在蓬勃发展的同时，发展方向也出现了一些新的特征。以往的游乐设施市场主要是以单一游乐为目的，采用各种游乐设施组成游乐园来吸引游客。随着现在消费趋向的多元化，游乐设施市场开始与房地产、餐饮购物、酒店住宿进行多业态融合，更多关注和开发人的潜在需求。如 2014 年开业的武汉万达汉秀项目，除提供给乘客超震撼的游乐设施体验外，还提供了餐饮、酒店和房地产项目，而且房地产项目的收益远大于游乐设施本身带来的收益。2016 年开业的南昌万达主题公园，除了游乐设施项目，还建设了万达茂购物广场和高档房地产项目，主题公园的火爆直接带动了周围多个房地产项目的火热，带来了巨大的经济效益和社会效益。

为了适应不断改变的市场需求，游乐设施的经营模式也在不断地创新。近年来，游乐园的经营逐步由个人、小企业经营向大企业运营发展；由单台或数台分散经营向集约化和规模化方向发展；另外，由于房地产业发展迅猛，房地产商将游乐设施与房地产、商业、餐饮、旅游、城市休闲等结合，带动区域经济发展。在华侨城集团建设“欢乐谷”的示范效应下，“旅游+地产”成为业内盛赞的拓展模式，不少投资者尝试跨界复制。以旅游或游乐为导向的土地综合开发正在兴起，房地产和游乐业相结合的产物——主题旅游区是未来的发展方向。游乐业将形成从游乐设施、游乐园到主题公园再到主题旅游区的系列产业。北京、成都、武汉、吉林、山东、南京、珠三角等地都有大型游乐园项目进行招商，投资规模多在数亿元左右，游乐设施集约化和规模化经营的格局已悄然形成。

（3）使用维护向专业化和信息化方向发展。游乐设施产品和系统的不断复杂使得游乐设施使用维护保养工作向更加专业化和信息化方向发展。传统的以设备使用维护说明书为主的使用维护保养方式对现代大型游乐设施而言显得力不从心，因为大多数故障和事故可能来自于设备运行期间，同时设备的复杂性对维护保养人员和维保设备设施也提出了更高的要求。

为了更专业地对游乐设施设备进行使用和维护保养，社会上出现了专业的第三方维保团队，可以为游乐园定期提供专业的维修保养工作，这样就解决了目前国内大多数中小型游乐园的维护保养工作，同时提高了维护保养的效率。但由于目前法规标准的限制，专业维保团队还需要具备相当的维保资质和相关能力认证，因此在目前阶段还未全面开展相关业务。而国外的大型主题乐园普遍采用专业的第三方维护保养团队，如著名的德国 TUV 检测等。

游乐设施产品的多样化和复杂化要求游乐设施使用单位需要专业的场地和专业维保装备进行设备的日常维护保养。如国外著名的迪士尼和环球影城主题乐园，均建设了专业的维保工厂，配备了专业的维保设备。每年的定期检验和针对故障的专业维修都在维保工厂进行。而国内，即便是大型主题乐园，在专业化维保场地和维保设备方面仍有待提高。

为了更好地掌握游乐设施设备的运行状况和使用情况，使用维护信息化是目前的主要发展趋势。通过信息化数据库，将设备日常运行和维护保养数据进行电子化归档和管理。通过数据分析，可以掌握设备的健康状况，有利于发现设备维保的重点和难点，同时可以实现设备信息的可追溯性。国外大型主题乐园已实现整个乐园管理的信息化，不仅仅包含游乐设施设备的日常管理和维保，还与整个乐园的管理体系进行结合，通过大数据分析掌握每台设备的运行状况，通过联锁控制机制，对不能满足运行要求的设备进行封闭，切实保证了设备的运行安全。在国内，某些大型主题乐园也开展了游乐设施设备信息化建设工作，利用数据库和传感器技术代替传统的纸笔检验维修记录方式，更容易保证检验维修数据的真实性和可追溯性。但目前的信息化建设仍有很多值得完善的地方，这也是目前我们的努力方向。

（4）检验检测向状态监测、故障诊断和信息化方向发展。由于游乐设施产品的发展趋势，导致设备可能存在的风险比以往任何时候都要大，这也就给传统的使用维护和检验检测方式提出了挑战。传统的针对游乐设施的静态参数检验无法获知设备的动态运行特性，也就无法在设备运行阶段提出预警和可能出现的故障，因此检验对保证设备安全运行的贡献不大。鉴于此，越来越多的游乐设施设计制造单位和使用单位开始关注如何实现设备的动态性能监测和检测。如华强集团率先在全国方特主题公园中安装了动态记录仪（俗称黑匣子），用来检测主要游乐设施的运行参数，如电压、电流、转速、温度等状态参数，但这种仅仅是设备局部的性能参数，无法反映整个设备的运行情况，因此还有很多工作需要完善。

同时，为了提高设备在使用维护阶段的检验质量，国内部分主题公园开展了运行管理系统的开发和应用，通过信息化系统实现数据的积累和维护，既提高了维护效率，避免了人为因素干扰，同时有利于从大数据的角度发现设备可能存在的缺陷，提高了故障检出率，从而从根本上保证了设备的安全运行。

在使用维护和检验检测信息化方面，美国的迪士尼和环球影城走在了世界前列，他们利用先进的信息管理系统，不仅仅实现了设备维护保养方面的电子化和数据化，同时将整个公园的人员管理、后勤管理等各个方面纳入其中。同时，信息管理系统还能实现检验维护和设备运行的联锁控制，即设备存在维护检修方面的问题，信息管理系统会自动屏蔽发车信号，从根本上保证了设备的安全和人员安全。

## 四、国内外大型游乐设施行业现状比对分析

近年来，随着我国大型游乐设施行业规模不断扩大，我国大型游乐设施行业的设计制造、使用维护、检验检测能力不断提升，与国外的差距逐步缩小，在设计制造、使用维护方面处于跟跑水平，在检验检测方面处于并跑水平，具体如表1–1所示。

**表1–1　国内外行业发展现状比对分析**

| 序号 | 环节 | 国外 | 国内 | 我国水平 |
|---|---|---|---|---|
| 1 | 设计制造 | ➢ 富有创意<br>➢ 虚拟仿真、有限元分析等先进计算方法<br>➢ 极限状态设计法<br>➢ 先进工艺和装备<br>➢ 多年设计制造积累的经验和领先的技术 | ◆ 缺少创意，仿制较多<br>◆ 开始应用虚拟仿真、有限元分析等先进计算方法<br>◆ 许用应力设计法为主<br>◆ 传统工艺、装备落后<br>◆ 掌握部分设备核心技术，质量体系较为完善 | 跟跑 |
| 2 | 使用维护 | ➢ 在使用维保方面占据领先地位<br>➢ 使用管理信息化水平高<br>➢ 部分有状态监测和故障诊断功能<br>➢ 维保团队专业化、庞大<br>➢ 专用的维修保养车间、检测工具、信息化系统<br>➢ 配备了专业的无损检测、磨损检测、结构变形检测等多种检测工具 | ◆ 使用维保两极分化状态，存在比较明显的差距<br>◆ 使用管理水平较低<br>◆ 部分有简单的状态监测功能<br>◆ 传统维保方式<br>◆ 维修团队人员少、技术水平低<br>◆ 自检能力逐步增强 | 跟跑 |
| 3 | 检验检测 | ➢ 常规检验手段<br>➢ 常规无损检测方法<br>➢ 加速度测试和应力测试服务<br>➢ 概念审核、设计审核、制造与质量评估、验收测试、定期检验等检验 | ◆ 常规检验手段<br>◆ 常规无损检测方法<br>◆ 加速度、应力、振动、无损检测等检测能力逐步增强<br>◆ 设计文件鉴定、型式试验、验收检验、定期检验等检验 | 并跑 |

## 五、游乐设施在国民经济和人民日常生活中的作用

大型游乐设施事关我国数以亿计的广大乘客尤其是青少年、儿童的生命安全，其安全性一直是社会关注的热点，媒体极为关注，百姓也十分关心。因此，在八大类特种设备中，大型游乐设施被称为“特种设备中的特种设备”。

大型游乐设施既是装备制造业的一部分，也是国家旅游产业的一部分。近年来，随着国家相关政策的出台和居民消费水平的日益提高，我国大型游乐设施行业得到了迅猛发展，也带动了旅游产业及相关产业，有力地促进了经济和社会的发展。

（1）游乐设施满足人们娱乐休闲需求。游乐设施通过项目体验满足人们的娱乐休闲需求。部分游乐设施通过各种身体或感官体验使乘客享受设备带来的刺激，从而释放工作和生活压力；家庭游乐设施通过家庭成员互动，感受亲子温馨。同时，与游乐设施相配套的餐饮、酒店、购物等附属设施进一步提升了人们的幸福感，例如典型的上海迪士尼旅游度假区，通过游乐设施、游乐衍生品（卡通玩偶、T恤、玩具等）、特色饮食、主题酒店、特色购物街等，带给人们童话般的享受和体验，极大地满足了人们的休闲需求。

（2）游乐设施产业带动旅游及相关产业的发展。游乐设施产业是旅游产业的重要组成部分，在促进旅游及相关产业发展方面起到了积极作用。游乐设施产业的蓬勃发展，带动了旅游景区周边休闲、餐饮、酒店、交通、购物等一系列相关产业的发展。目前，以欢乐谷、方特为代表的国内新一代主题乐园更多地将旅游、观光、购物和酒店住宿等融为一体，全方位立体式开发游客的消费潜能。同时，游乐设施产业的游客聚集效应带动了相关房地产及商业地产产业的迅猛发展。游乐设施产业还带动了旅游消费的进一步升级，带来了大量的就业机会，推动当地经济的发展。

（3）游乐园促进文化交流，体现文化传承，促进社会和谐。游乐设施具有独特的社会属性。游乐设施在给人民群众带来了精神和身体愉悦的同时，增强了人民的幸福体验，促进了社会和谐和发展。同时，游乐设施的载体——游乐园提供了一个文化交流的平台，促进了文化的交流和发展。游乐园及其代表的主题文化，体现了中华博大精深的传统文化，进一步弘扬了中华文化。例如，华强方特的东方神画主题乐园，通过游乐设施和中国传统文化的巧妙结合，游客在享受感官刺激的同时，还能进一步感受中华文化的魅力。

## 六、大型游乐设施面临的形势和挑战

### （一）满足人们对美好生活需要对大型游乐设施高质量发展提出的要求

当前，随着我国经济实力的不断增强，人民生活质量不断改善，更加注重精神文化需求。大型游乐设施是承载乘客游乐的载体，带给人们刺激、欢乐等丰富多彩的娱乐体验，是人们美好生活的重要组成部分。

美好生活的需要对大型游乐设施提出了更高的要求：

（1）安全可靠是大型游乐设施最基本的要求。

（2）对更高、更快、更加新颖、更加刺激的追求驱动大型游乐设施不断创新发展。

（3）对游乐园的故事性、主题性提出了更多需求。

（4）对更好游乐体验的追求引导游乐设施舒适性、交互性的提升。

**（二）创新、协调、绿色、开放、共享五大发展理念对大型游乐设施高质量发展提出的要求**

将五大发展理念融入到游乐设施的高质量发展中，在创新、协调、绿色、开放、共享五个方面提出了以下要求：

（1）创新方面：对更高、更快、更加新颖、更加刺激的追求驱动大型游乐设施不断创新发展。大型游乐设施发展的本质是创新，新型游乐设备的灵魂正是不断创新的设计。

（2）协调方面：人们对游乐的需求复杂多样，应协调主题乐园与中小型乐园、大型设备与小型设备、安全性与经济性之间的关系，力求大型游乐设施整体共同发展。

（3）绿色方面：大型游乐设施与景区、公园密不可分，其设计、制造、安装、使用、维保、报废全寿命周期必须考虑对环境的影响，推动大型游乐设施制造业实现持续发展。

（4）开放方面：当下国际合作已成为推动各行各业进一步发展的必然趋势，自然也成为国内大型游乐设施行业整体向前发展的必由之路。秉持开放的发展理念要求国内游乐设施行业积极参与大型游乐设施国际活动，参与国际标准的制修订，带领中国游乐设施走向更广阔的国际市场。

（5）共享方面：秉持共享的理念要求游乐设施行业面向各年龄段研发形式多样的游乐产品，让所有人共享游乐体验。

只有将创新、协调、绿色、开放、共享五大发展理念融入到大型游乐设施的高质量发展过程中，才能实现大型游乐设施行业高质量发展。

**（三）智能制造、绿色制造、柔性制造等对大型游乐设施制造业高质量发展提出的要求**

大型游乐设施制造具有个性化、单件小批量、生产周期相对较长的特点。智能制造可以显著提高大型游乐设施产品质量、生产效率，同时保证了其产品质量可控可追溯；绿色制造显著减少了大型游乐设施全寿命周期的物耗、能耗和环境污染，如改进制造、安装过程中工艺，使用更易降解的新材料代替玻璃钢制品等；柔性制造具有生产能力的柔性反应能力和供应链的敏捷及精准的反应能力，特别适合产品种类繁多、单件小批量生产的大型游乐设施行业。因此，引领大型游乐设施制造业向智能制造、绿色制造、柔性制造发展，是完善大型游乐设施标准的重要方向之一。

## 第二节　游乐设施定义、分级、结构特征

### 一、游乐设施定义

游乐设施是人们为达到娱乐和健身目的，利用机、电、光、声等原理制造的提供游客进行游戏和娱乐活动的机电一体化设备。按照运用的先进技术和设备结构不同，它经历了由游艺机向游乐设施发展的阶段。游乐设施被列为特种设备后，又提出了大型游乐设施的概念。对它们的具体定义，相关法规和标准已有具体明确的表述。

**（一）《游乐设施术语》（GB/T 20306—2017）定义**

按照《游乐设施术语》（GB/T 20306—2017），对游乐设施定义如下：

（1）游艺机。这是一种具有动力驱动，供游客进行游乐的器械。随着游乐业的发展，这类游乐器械现已被统称为游乐设施，游艺机这一名称使用已越来越少。

（2）游乐设施。这是一种在特定的区域内，承载游客游乐的运行载体。广义上既包括具有动力的游乐器械，也包括为游乐而设置的构筑物和其他附属装置，以及无动力的游乐载体。

（3）大型游乐设施。这是一种用于经营目的，承载游客游乐的最大运行线速度大于或者等于 2m/s，或者运行高度距地面高于或者等于 2m 的载人大型游乐设施。

（4）移动式游乐设施。这是一种无专用土建基础，同时又方便拆装、移动和运输的游乐设施。

（5）有动力类游乐设施。这是一种具有动力驱动，承载游客进行游乐的设施。

（6）无动力类游乐设施。这是一种游客无需动力驱动进行游乐的设施。

（7）水上游乐设施。这是一种为达到娱乐目的借助水域、水流或其他载体而建造的水上设施，如游乐池、水滑梯、造浪机、水上自行车、游船等。

**（二）大型游乐设施定义**

按照《特种设备安全监察条例》（国务院令第 549 号），大型游乐设施是指用于经营目的，承载乘客游乐的设施，其范围规定为设计最大运行线速度大于或者等于 2m/s，或者运行高度距地面高于或者等于 2m 的载人大型游乐设施。用于体育运动、文艺演出和非经营活动的大型游乐设施除外。

移动式大型游乐设施，是指无专用土建基础，方便拆装、移动和运输的大型游乐设施。

大型游乐设施定义当中涉及“用于经营目的”的行为是指直接通过大型游乐设施的运营使用，获取经济利益的行为。“承载乘客游乐”明确乘客的游乐目的，不是以运动健身、交通代步为目的。

规定速度和高度的意义：用速度和高度来界定大型游乐设施的范围，主要考虑到乘客在乘坐大型游乐设施意外撞击、跌落时，产生伤害的风险程度。“设计最大运行线速度”是指根据设备设计文件标定的线速度，线速度可以根据标定的其他技术参数进行转化，如：转马设备只标定转速和回转直径，则该设备的设计线速度可以根据转速和直径计算得出。如制造单位为躲避监管，故意错误标定线速度，则可通过设计文件等进行核对，确定设备是否纳入安全监察范围；“运行高度”是指乘客约束物支承面（如座位面）距可能引发乘客跌落至地面的最低处。

移动式大型游乐设施无须专用土建基础，但设备安全并非与基础毫无关联，其对基础的平整度及承载力是有一定要求的。纳入移动式大型游乐设施范围的，要遵守相应要求。

**（三）小型游乐设施定义**

按照《小型游乐设施安全规范》（GB/T 34272—2017），小型游乐设施是指在公共场所使用，承载儿童游乐的设施，且该设备不属于《特种设备安全监察条例》中规定的大型游乐设施。如滑梯、秋千、摇马、跷跷板、攀网、转椅、室内软体等游乐设施。

2019 年 9 月 19 日，国务院安委会办公室下发《关于加强游乐场所和游乐设施安全监管工作的通知》（以下简称《通知》），《通知》要求市场监管部门按照相关法律法规要求切实加强大型游乐设施安全监察，完善游乐设施安全标准。配合有关部门委托相关技术机构开展风险评估、检验检测等技术服务工作，为小型游乐设施安全管理提供指导和服务。

文件要求：市场监管部门按照相关法律法规要求切实加强大型游乐设施安全监察，完善游乐设施安全标准。配合有关部门委托相关技术机构开展风险评估、检验检测等技术服务工作，为小型游乐设施安全管理提供指导和服务。

## 二、大型游乐设施的安全监督管理

我国目前的特种设备安全监管体制是，国家市场监督管理总局承担综合管理特种设备安全监察、监督工作的责任，公安、建设、交通、铁道、旅游、民航等部门在职能范围内负责有关特种设备的监管。为了进一步明确责任、理顺体制，国务院特种设备安全监督管理部门对全国特种设备安全实施监督管理；国务院有关部门依照法律、行政法规的规定，在各自职责范围内对有关的特种设备安全实施监督管理。这样规定，考虑了我国监管体制的现实状况，在强化特种设备综合监管部门职能的基础上，也明确了其他部门的管理职责。

国家对特种设备实行专项安全监督管理，是我国政府的一贯做法，也是世界各国对特种设备监督管理的通行做法。特种设备安全监督管理部门，是指国家市场监督管理总局及各级地方市场监督管理部门。国家市场监督管理总局负责全国大型游乐设施安全监察工作的综合管理，县级以上地方市场监督管理部门负责本行政区域内大型游乐设施安全监察工作。

特种设备安全监督管理包括：特种设备安全监督管理部门对特种设备生产、经营、使用单位和检验、检测机构实施的监督检查、行政执法和行政许可的实施、事故的调查处理等。

国务院对特种设备采用目录管理方式，由国务院负责特种设备安全监督管理的部门制定，报国务院批准后执行。以目录的形式明确实施监督管理的特种设备具体种类、品种范围，是为了明确各部门的责任，规范国家实施安全监督管理工作。大型游乐设施属于八大类特种设备之一，严格按照特种设备目录规定的类别和品种进行监管。

为明确特种设备监管的大型游乐设施范围，确保大型游乐设施安全使用，按照《特种设备目录》(国质检锅〔2014〕114 号)，纳入安全监察范围的大型游乐设施共有十三大类别，如表 1–2 所示。

**表 1–2 纳入安全监察范围的大型游乐设施**

| 代码 | 种类 | 类别 | 品种 |
| --- | --- | --- | --- |
| 6000 | 大型游乐设施 | 大型游乐设施，是指用于经营目的，承载乘客游乐的设施，其范围规定为设计最大运行线速度大于或者等于 2m/s，或者运行高度距地面高于或者等于 2m 的载人大型游乐设施。用于体育运动、文艺演出和非经营活动的大型游乐设施除外 | |
| 6100 | | 观览车类 | |
| 6200 | | 滑行车类 | |
| 6300 | | 架空游览车类 | |
| 6400 | | 陀螺类 | |
| 6500 | | 飞行塔类 | |
| 6600 | | 转马类 | |
| 6700 | | 自控飞机类 | |
| 6800 | | 赛车类 | |
| 6900 | | 小火车类 | |

续表 1-2

| 代码 | 种类 | 类别 | 品种 |
| --- | --- | --- | --- |
| 6A00 | | 碰碰车类 | |
| 6B00 | | 滑道类 | |
| 6D00 | | 水上游乐设施 | |
| 6D10 | | | 峡谷漂流系列 |
| 6D20 | | | 水滑梯系列 |
| 6D40 | | | 碰碰船系列 |
| 6E00 | | 无动力游乐设施 | |
| 6E10 | | | 蹦极系列 |
| 6E40 | | | 滑索系列 |
| 6E50 | | | 空中飞人系列 |
| 6E60 | | | 系留式观光气球系列 |

## 三、大型游乐设施的分级

为适应大型游乐设施安全管理的现状，确保大型游乐设施的安全使用，2007 年国家质量监督检验检疫总局发布《关于调整大型游乐设施分级并做好大型游乐设施检验和型式试验工作的通知》（国质检特函〔2007〕373 号），对大型游乐设施的分级进行调整，将大型游乐设施分为 A、B、C 三级。

对《游乐设施安全技术监察规程（试行）》（国质检锅〔2003〕34 号）附件 2 “游乐设施分级表” 进行如下调整：缩小原 A 级设备范围，提高原 B 级设备分级上限参数，原 C 级设备范围不变，具体分级方法见表 1-3。

表 1-3 中分级参数的含义如下：

乘客：指设备额定满载运行过程中同时乘座游客的最大数量。对单车（列），乘客是指相连的一列车同时容纳的乘客数量。高度：对观览车系列，指转盘（或运行中座舱）最高点距主立柱安装基面的垂直距离（不计算避雷针高度，以上所得数值取最大值）；对水上游乐设施，指乘客约束物支承面（如滑道面）距安装基面的最大竖直距离。轨道高度：指车轮与轨道接触面最高点距轨道支架安装基面最低点之间垂直距离。运行高度：指乘客约束物支承面（如座位面）距安装基面运动过程中的最大垂直距离。对无动力类游乐设施，指乘客约束物支承面（如滑道面、吊篮底面、充气式游乐设施乘客站立面）距安装基面的最大竖直距离，其中高空跳跃蹦极的运行高度是指起跳处至下落最低的水面或地面。

单侧摆角：指绕水平轴摆动的摆臂偏离铅垂线的角度（最大 180°）。

回转直径：对绕水平轴摆动或旋转的设备，指其乘客约束物支承面（如座位面）绕水平轴的旋转直径。对陀螺类设备，指主运动做旋转运动，其乘客约束物支承面（如座位面）最外沿的旋转直径。对绕垂直轴旋转的设备，指其静止时座椅或乘客约束物最外侧绕垂直轴为中心所得圆的直径。

**表 1–3 大型游乐设施分级**

| 类别 | 主要运动特点 | 型式 | 主要参数 | | |
|---|---|---|---|---|---|
| | | | A 级 | B 级 | C 级 |
| 观览车类 | 绕水平轴转动或摆动 | 观览车系列 | 高度≥ 50m | 50m> 高度≥ 30m | 其他 |
| | | 海盗船系列 | 单侧摆角≥ 90°，或乘客≥ 40 人 | 90°> 单侧摆角≥ 45°，且乘客 <40 人 | |
| | | 观览车类其他型式 | 回转直径≥ 20m，或乘客≥ 24 人 | 单侧摆角≥ 45°，回转直径 <20m，且乘客 <24 人 | |
| 滑行车类 | 沿架空轨道运行或提升后惯性滑行 | 滑道系列 | 滑道长度≥ 800m | 滑道长度 <800m | 无 |
| | | 滑行车类其他型式 | 速度≥ 50km/h，或轨道高度≥ 10m | 50km/h> 速度≥ 20km/h，且 10m> 轨道高度≥ 3m | 其他 |
| 架空游览车类 | | 全部型式 | 轨道高度≥ 10m，或单车（列）乘客≥ 40 人 | 10m> 轨道高度≥ 3m，且单车（列）乘客 <40 人 | 其他 |
| 陀螺类 | 绕可变倾角的轴旋转 | 全部型式 | 倾角≥ 70°，或回转直径≥ 12m | 70°> 倾角≥ 45°，且 12m> 回转直径≥ 8m | 其他 |
| 飞行塔类 | 用挠性件悬吊并绕垂直轴旋转、升降 | 全部型式 | 运行高度≥ 30m，或乘客≥ 40 人 | 30m> 运行高度≥ 3m，且乘客 <40 人 | 其他 |
| 转马类 | 绕垂直轴旋转、升降 | 全部型式 | 回转直径≥ 14m，或乘客≥ 40 人 | 14m> 回转直径≥ 10m，运行高度≥ 3m，且乘客 <40 人 | 其他 |
| 自控飞机类 | | | | | |
| 水上游乐设施 | 在特定水域运行或滑行 | 全部型式 | 无 | 高度≥ 5m 或速度≥ 30km/h | 其他 |
| 无动力游乐设施 | 弹射或提升后自由坠落（摆动） | 滑索系列 | 滑索长度≥ 360m | 滑索长度 <360m | 无 |
| | | 无动力类其他型式 | 运行高度≥ 20m | 20m> 运行高度≥ 10m | 其他 |
| 赛车类、小火车类、碰碰车类、电池车类 | 在地面上运行 | 全部型式 | 无 | 无 | 全部 |

滑道长度：指滑道下滑段和提升段的总长度。

滑索长度：指承载索固定点之间的斜长距离。

倾角：指主运动（转盘或座舱旋转）绕可变倾角轴做旋转运动的设备，其主运动旋转轴与铅垂方向的最大夹角。

速度：指设备运行过程中座舱达到的最大线速度，水上游乐设施指乘客达到的最大线速度。

## 四、大型游乐设施常见类型与结构

游乐设施的分类与制定游乐设施标准有关，因为游乐没施种类繁多，且运动形式各有不同，这给管理工作提出了更高的要求。从游乐设施法规和标准制定的角度讲，不可能每种游乐设施都制定一个标准。目前，主要是按游乐设施的结构和运动形式进行分类管理，通常将结构运动形式相似的游乐设施划分为同一设备类型，共有15种设备类型，即观览车类、滑行车类、架空游览车类、陀螺类、飞行塔类、转马类、自控飞机类、水上游乐设施、无动力游乐设施、赛车类、小火车类、碰碰车类、电池车类、光电打靶类和滑道类。具体分类和定义见表1–4。

**表1–4　大型游乐设施的分类及定义**

| 序号 | 类别 | 定义 |
|---|---|---|
| 1 | 观览车类 | 乘人部分绕水平轴回转或摆动及运动形式类似的游乐设施 |
| 2 | 滑行车类 | 沿起伏架空的轨道滑行，有惯性滑行特征及运动形式类似的游乐设施 |
| 3 | 架空游览车类 | 沿架空轨道运行，由人力、电力和内燃机等驱动及运动形式类似的游乐设施 |
| 4 | 陀螺类 | 乘人部分绕可变倾角的轴旋转及运动形式类似的游乐设施 |
| 5 | 飞行塔类 | 乘人部分用挠性件吊挂，边升降边绕垂直轴回转及运动形式类似的游乐设施 |
| 6 | 转马类 | 乘人部分绕垂直轴旋转并伴随一定行程的上下起伏及运动形式类似的游乐设施 |
| 7 | 自控飞机类 | 乘人部分由刚性支撑臂支撑，绕中心垂直轴回转并独立自控升降及运动形式类似的游乐设施 |
| 8 | 赛车类 | 沿地面指定线路运行及运动形式类似的游乐设施 |
| 9 | 小火车类 | 沿地面轨道运行，由电力、内燃机及其他动力驱动及运动形式类似的游乐设施 |
| 10 | 碰碰车类 | 在固定的车场内运行，由电力、人力和内燃机等驱动，车体可相互碰撞的游乐设施 |

**续表 1-4**

| 序号 | 类别 | 定义 |
|---|---|---|
| 11 | 滑道类 | 由型材或槽型材料制成，呈坡型铺设或架设在地面上，由乘客操纵滑车沿固定线路滑行的游乐设施 |
| 12 | 水上游乐设施 | 借助水域、水流或其他载体，为达到娱乐目的而建造的水上设施 |
| 13 | 无动力游乐设施 | 本身无动力驱动，由乘客操作或娱乐体验的游乐设施 |

### （一）观览车类游乐设施

观览车类游乐设施的主要运动特点是乘人部分绕水平轴转动或摆动。观览车类可分为观览车系列、飞毯系列、太空船系列、摩天环车、海盗船系列和组合式观览车系列等。

（1）观览车系列。运动特点是乘人部分绕水平轴转动。覆盖范围原则是：以高度分级，并向下覆盖。高度大于等于 50m 为 A 级，高度小于 50m、大于等于 30m 为 B 级，高度小于 30m 为 C 级。

观览车也称摩天轮（见图 1-1），是一种乘人部分绕水平轴转动类游乐设施。

图 1-1　摩天轮

（2）飞毯系列。其运动特点是乘客随船绕水平轴做 360° 转动，但是不翻滚。飞毯系列全部是 A 级。覆盖范围原则是以承载人数向下覆盖。产品有飞毯、阿拉伯飞毯、摇滚排排坐等。

飞毯（见图 1-2）是利用惯性积累的能量时而上升，时而急速下降，如同儿时的秋千。交替而至的失重感，让人血脉贲张，让视野淡出淡入。

（3）太空船系列。运动特点是绕水平轴做 360° 转动，乘客翻滚。太空船系列全部是 A 级。覆盖范围原则是按结构形式划分，承载人数向下覆盖。产品有超级飞船、罗马战车（直冲云霄）、穿梭时空（见图 1-3）等。

图 1-2　飞毯

图 1-3　穿梭时空

（4）摩天环车。运动特点是沿圆形轨道绕水平轴做 360° 转动，乘客翻滚。摩天环车全部是 A 级。覆盖范围原则是以承载人数向下覆盖。产品有摩天环车等。

摩天环车（见图 1–4）有 4 ~ 6 个座位，围成一个圆状的座舱。开始运行时，座舱先在原地旋转，然后像钟摆一样左右摆动。座舱沿封闭的环形轨道摆动幅度越来越大，乘客如同在惊涛骇浪中冲浪，忽而置身浪尖，忽而置身浪谷，惊险刺激，趣味无穷，最后越过最高点时乘客头朝下整个倒立过来，转过几圈，速度渐渐减慢，摆动的幅度越来越小。

（5）海盗船系列。运动特点是海盗船船体绕水平轴往复摆动，乘客不翻滚。覆盖范围原则是以承载人数向下覆盖。单侧摆角大于等于 90° 或乘客大于等于 40 人为 A 级，单侧摆角小于 90° 、大于等于 45° 且乘客小于 40 人为 B 级，单侧摆角小于 45° 为 C 级。产品有海盗船等。

海盗船游艺机（见图 1–5）的船体模仿 18 世纪欧洲猖獗一时的海盗船。当乘客乘坐于海盗船之上，仿佛又回到了 18 世纪，在感观上给人以时光倒退的感觉。海盗船船体被吊装在空中，乘客乘坐在海盗船上，随之由缓至急地往复摆动，犹如莅临惊涛骇浪的大海之中，时而冲上浪峰，时而跌入谷底，惊险刺激，极具娱乐性。

图 1–4 摩天环车

图 1–5 海盗船

（6）组合式观览车系列。运动特点是主运动绕水平轴运动，兼有其他运动形式，该系列不能归属前 5 种形式。覆盖范围原则是按结构形式划分，承载人数向下覆盖。回转直径大于等于 20m 或乘客大于等于 24 人为 A 级；单侧摆角大于等于 45° 、回转直径小于 20m，且乘客小于 24 人为 B 级；除 A 级、B 级外的运行最大线速度大于等于 2m/s 或运行高度距地面大于等于 2m 的组合式观览车系列产品为 C 级。产品有超级飞船、疯狂列车、大摆锤（挑战者之旅、木星）、翻江倒海（超级波浪翻滚、火星）、空中飞舞（见图 1–6）、滑翔谷等。

大摆锤（挑战者之旅、木星）（见图 1–7）是国内最新颖的大型游艺机，远观设备，动如重锤舞蹈，静如莲花开放；夜间，灯光随着强劲的音乐节奏缤纷闪烁，游客仿佛置身于光怪陆离的茫茫宇宙中，真切地品尝感官刺激的盛宴。游客坐在圆形的座舱上，随大臂 240° 的加速往复摆动，座舱 360° 顺时针或逆时针旋转，锤臂左右往复运动，幅度渐大。

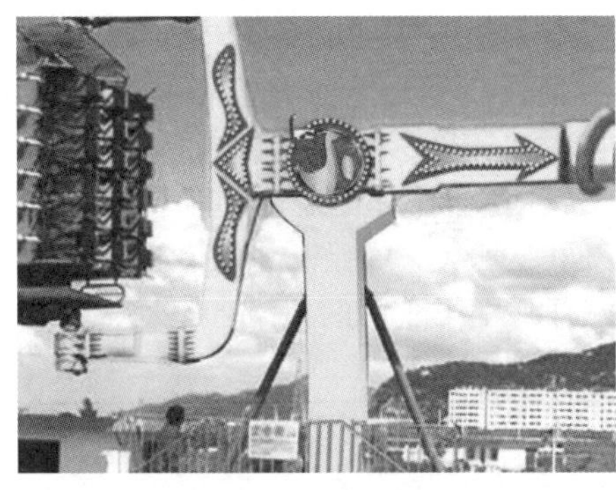

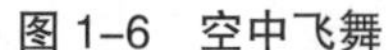

图 1-6 空中飞舞

图 1-7 大摆锤

**（二）滑行车类游乐设施**

运动特点是车辆本身无动力，由提升装置提升到一定高度后，靠惯性沿轨道运动，或车辆本身有动力，在起伏较大的轨道上运行。滑行车类游乐设施可分为单车滑行车系列、多车滑行车系列、弯月飞车系列、滑道系列、激流勇进和其他形式滑行类等。

（1）单车滑行车系列。线路上单车运行，以结构形式、速度或高度分级。覆盖原则是按结构形式划分，以速度、承载人数向下覆盖。速度大于等于 40km/h 或轨道高度大于等于 5m 为 A 级；满足速度大于等于 20km/h 或轨道高度大于等于 3m，除 A 级外为 B 级；运行的最大线速度大于等于 2m/s 或运行高度距地面大于等于 2m，除 A 级、B 级外为 C 级。产品有单环双螺旋过山车（见图 1–8）、悬挂式过山车、单环往复式过山车、太空飞车、滑行龙、矿山车、溶洞飞车侏罗纪探险、大青虫（见图 1–9）等。

图 1-8 单环双螺旋过山车

图 1-9 大青虫

（2）多车滑行车系列。线路上多车运行，以结构形式、速度或高度分级。覆盖范围原则是按结构形式划分，以速度、承载人数向下覆盖。速度大于等于 40km/h 或轨道高度大于等于 5m 为 A 级；速度大于等于 20km/h 或轨道高度大于等于 3m，除 A 级外为 B 级；运行的最大线速度大于等于 2m/s 或运行高度距地面大于等于 2m，除 A 级、B 级外为 C 级。主要产品有宇宙旅行、丛林鼠、自旋滑车、蝙蝠自旅滑车（小悬挂）、疯狂老鼠、探空过山车等。

疯狂老鼠游艺机（见图 1–10）同属于多车滑行车系列游艺机，用于各种游乐场所。滑车由爬升装置牵引到轨道最高点后，借势能和动能的互相转换，沿轨道倾斜下滑，高速由下而上做惯性运动，犹如一只疯狂老鼠滑行奔跑。

（3）弯月飞车系列。沿半圆轨道滑行。速度大于等于 20km/h 或轨道高度大于等于 3m 为 B 级；运行的最大线速度大于等于 2m/s 或运行高度距地面大于等于 2m，除 B 级外为 C 级。弯月飞车系列没有 A 级。覆盖范围原则是以速度、承载人数向下覆盖。

弯月飞车（见图 1–11）是弯月飞车系列中乘客自行操作的一种电力驱动的滑行类游艺机。该设备沿弯月形轨道运行。乘客脚踏开关可驱动飞车滑行，乘客双向反复驱动，可保持飞车运行高度，之后限时断电制动停车。游客乘坐飞车，两人配合驱动，往复曲线滑行，如同波涛冲浪、滑雪速降，全力参与更显刺激。

图 1–10　疯狂老鼠

图 1–11　弯月飞车

（4）滑道系列。运动特点是小车沿轨道下滑。滑道长度大于等于 800m 为 A 级，滑道长度小于 800m 为 B 级，滑道系列没有 C 级。主要产品有槽式滑道（见图 1–12）、轨式滑道（见图 1–13）等。

图 1–12　槽式滑道

图 1–13　轨式滑道

（5）激流勇进。运动特点是在水中滑行。以水中滑行速度或轨道高度分级，速度大于等于 40km/h 或轨道高度大于等于 5m 为 A 级；满足速度大于等于 20km/h 或轨道高度大于等于 3m，除 A 级外为 B 级；运行的最大线速度大于等于 2m/s 或运行高度距地面大于等于 2m，除 A 级、B 级外为 C 级。覆盖范围原则是按提升高度向下覆盖。主要产品有激流勇进、琼斯冒险等。

激流勇进（见图 1–14）是一种游客体验水上乐趣的游乐设施，水路全长有几百米，游客乘坐游船在迂回曲折的水道中随波逐流、悠然自得，当一切看似平静的时候，游船由坡顶上主传动带将船提升至数米高的坡顶，刹那间就从高空急速俯冲下来，挑战自我激情，在下坡水道上，浪花飞溅，掀起大浪，人们驾驶游船似乘风破浪，激流勇进。

（6）其他形式滑行类。它们不能归属于前五类，主运动沿轨道滑行。以速度或轨道高度分级。速度大于等于 50km/h 或轨道高度大于等于 10m 为 A 级；满足速度大于等于 20km/h、小于 50km/h 或轨道高度大于等于 3m、小于 10m 为 B 级；运行的最大线速度大于等于 2m/s 或运行高度距地面大于等于 2m，除 A 级、B 级外为 C 级。覆盖范围原则是按结构形式划分，主要安全技术参数向下覆盖。主要产品有探空过山车、迪斯科（神州飞碟）（见图 1-15）、星空之门、迪斯科转盘、激浪旋艇、旋转的士高。

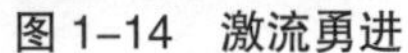

图 1-14　激流勇进

图 1-15　神州飞碟

**（三）架空游览车类游乐设施**

运动特点是沿架空轨道运行。架空游览车类游乐设施可分为电力单轨列车系列、电力双轨列车系列、脚踏车系列和其他形式架空游览车类等。

（1）电力单轨、双轨列车系列。架空游览车类全部形式的游乐设施，轨道高度大于等于 10m 或单车（列）乘客大于等于 40 人为 A 级；轨道高度大于等于 3m、小于等于 10m，且单车（列）乘客小于 40 人为 B 级；运行的最大线速度大于等于 2m/s 或运行高度距地面大于等于 2m，除 A 级、B 级外为 C 级。覆盖范围原则是按结构形式划分，承载人数向下覆盖。

环园列车（见图 1-16）属电力单轨列车系列电力驱动型游乐项目。游客乘坐列车沿高架轨道而行，或穿行于树梢、屋脊之间，或跨越池塘、河流，既可代步行走，又可一路欣赏美景。

（2）脚踏车系列。主要产品是高架车、UFO 飞碟车等。

UFO 飞碟车（见图 1-17）等即飞碟状单轨脚踏高架车，是轨道架空、人力驱动、单车运行的游乐项目。游客乘坐在飞碟形状的游览车上蹬踏，在高架轨道上，轻松自由，或停或止，悠然自得，别有情趣，游览园内风光。它是青少年喜欢的游乐代步工具。

图 1-16　环园列车

图 1-17　UFO 飞碟车

（3）其他形式架空游览车类。它们不能归属于前两种形式，如太空漫步等。

太空漫步（可增加爬坡功能）（见图 1–18）外形仿佛来自太空的飞行器，新颖时尚，是一种创意新颖的架空游览车类游乐设施。既保留了脚踏车的前行功能，又增加了自动行驶功能。游客可换到自动挡，车体将自动前行。车体上设置了感应装置，当后车追上前车时，前车自动由脚踏挡变为自动前行，使车行驶流畅。在行进中，游客可通过转向盘使车体 360° 旋转，欣赏四周的美景，同时，游客通过仪表盘上的按键选择喜欢的乐曲，在音乐中漫步，心旷神怡。

**（四）陀螺类游乐设施**

运动特点是座舱绕可变倾角的轴做回转运动，主轴大都安装在可升降的大臂上。陀螺类可分为陀螺类系列和组合式陀螺系列。

（1）陀螺类系列。以倾角或回转直径分级，倾角大于等于 70° 或回转直径大于等于 12m 为 A 级；满足倾角大于等于 45° 、小于 70° 或回转直径大于等于 8m、小于 12m 为 B 级；运行的最大线速度大于等于 2m/s 或运行高度距地面大于等于 2m，除 A 级、B 级外为 C 级。覆盖范围原则是倾角、回转直径向下覆盖。主要产品有橄榄球、勇敢者转盘（见图 1–19）、双人飞天、飞身靠壁等。

图 1–18　太空漫步

图 1–19　勇敢者转盘

双人飞天游艺机（见图 1–20）也是一种陀螺类游艺机，外形美观，色彩鲜艳。机器启动之后，转盘绕垂直轴逐渐转动，乘客乘坐在吊椅上，在水平回转的同时，臂架徐徐升起，乘客时而冉冉升空，时而飘然下降，犹如在悠然自得的仙境游玩，像乘坐降落伞一般在空中徘徊。吊椅中的乘客可尽情地领略因重力变化而被抛在空中的新鲜感，在彩灯闪烁的夜幕下游玩情趣更浓。

（2）组合式陀螺系列。主要产品有天旋地转、欢乐风火轮、金星（极速风车）、流星锤等。

天旋地转游艺机（见图 1–21）属于组合式陀螺系列。该游艺机造型和装饰豪华大方，别有特色，是由大臂绕倾斜轴旋转，座舱绕水平轴作正反向翻转。运行时，游客乘坐其上，三维多变的翻滚运动使游客可以感受 360° 翻转的感觉。忽而被托上浩瀚苍穹，忽而被翻下深渊，使人有种天旋地转的非凡刺激感。

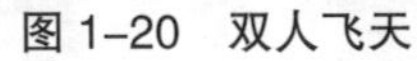

图 1-20　双人飞天

图 1-21　天旋地转

**（五）飞行塔类游乐设施**

运动特点是用挠性件悬挂吊舱，边升降边绕垂直轴旋转。飞行塔类可分为旋转飞椅系列、青蛙跳系列、探空飞梭系列、观览塔系列和其他组合式飞行塔系列等。

飞行塔系列游乐设施的全部形式，运行高度大于等于 30m 或乘客大于等于 40 人为 A 级；运行高度大于等于 3m、小于 30m 且乘客小于 40 人为 B 级；运行的最大线速度大于等于 2m/s 或运行高度距地面大于等于 2m，除 A 级、B 级外为 C 级。

（1）旋转飞椅系列。主要产品有摇头飞椅、旋风飞椅、摇摆旋转伞等。

摇头飞椅游艺机（见图 1-22）是一种新颖的飞行塔类游乐设施。本设备由机座、主柱、立柱、轨道、升降套筒、转盘、吊椅、驱动装置、微机控制系统等组成。立柱做公转运动，顶部大转盘上升、倾斜、摇摆式反方向自转运动，在离心力的作用下起伏飞旋，三种运动完美叠加在一起。乘坐在悬挂环链吊椅上的乘客，随转盘的转动而徐徐升起，仿佛在空中飞舞翱翔，由于转盘的升高，垂直柱头角度渐渐偏转，使游客犹如置身于波涛起伏的大海中此起彼伏，上下翻飞，其乐无穷。

图 1-22　摇头飞椅

（2）青蛙跳系列。主要产品是青蛙跳游艺机。

青蛙跳游艺机（见图 1-23）属于一种匀速升高、分段下降的游乐设施，设备配有 6 个座位。操作人员待游客坐下并扣好安全带、杆后，将游客升高到一定高度，然后会跳跃式分段下降，犹如坐在大青蛙的背上蹦蹦跳跳的感觉。深受游客，特别是青少年游客的喜爱。

（3）探空飞梭系列。主要产品有探空飞梭（见图 1-24）、高空探索、跳楼机（见图 1-25）、自由落体等。

探空飞梭游艺机，能模仿宇宙飞船的发射动作，让游客亲身体验宇航员以 20m/s 时速升空时的速度和在太空中失重的感觉。乘客在座位上坐好，放下安全压杆，系好安全带，储蓄在发射罐中的压缩空气突然被释放，急速流向缆索气缸，推动气缸中的活塞快速向下运动，向下运动的活塞带动吊挂在缆索上的升降车向上运动，坐在升降车上的乘客在极短的时间内被发射至接近塔架的顶部，紧接着在重力的作用下急速跌落，然后按程序慢慢向下降落，最后乘客安全返回地面。该游艺机极度刺激，深受广大青少年的喜爱。

图 1-23　青蛙跳

图 1-24　探空飞梭

图 1-25　跳楼机

（4）观览塔系列。主要产品有跳伞观览塔、观光跳伞塔、世博和谐塔等。

观光跳伞塔（见图 1-26）可以看成是一种独立于建筑物之外的把观光和模拟跳伞融为一体的游乐设施。观览舱可一次把人数众多的乘客运载到高空，并通过观览舱的回转欣赏周围各方位的美景。而跳伞设施则是把乘客提升到高空，然后高速下降，使乘客既可感受到悬空感，又可感受到瞬间的失重感，从而使游客得到一种在其他场合不能得到的特殊感受。

（5）其他组合式飞行塔系列。它们不能归属于前几种类型。

**（六）转马类游乐设施**

运动特点是座舱安装在回转盘或支撑臂上，绕垂直轴或倾斜轴回转，或绕垂直轴转动的同时有小幅度摆动。转马类游乐设施可分为转马系列、荷花杯系列、滚摆舱系列、爱情快车系列和其他形式转马系列等。

转马类游乐设施的全部形式，回转直径大于等于 14m 或乘客大于等于 40 人为 A 级；回转直径大于等于 10m、小于 14m 且运行高度大于等于 3m，乘客小于 40 人为 B 级；运行的最大线速度大于等于 2m/s 或运行高度距地面大于等于 2m，除 A 级、B 级外为 C 级。

转马系列游艺机，运动特点是回转盘绕垂直轴旋转，乘客自身上下运动。主要产品有豪华转马、转马、小转马、豪华双层转马。

（1）豪华双层转马（见图 1-27）是一种现代游艺机械，它拥有富丽堂皇的外观、精美华丽的装饰、绚丽的灯饰和现代的模拟声响，犹如一顶旋转的音乐皇冠。该设备由机座、主柱、轨道、升降套筒、上下层转盘、吊椅、驱动装置、微机控制系统等组成。上下双层独立控制结构。下层顺时针旋转，上层逆时针旋转。游客乘坐在色彩斑斓、形态各异的木马上奔腾跳跃、四蹄生辉，欣赏优美动听的音乐，仿佛置身于仙境般的童话世界，犹如驰骋在草原上。

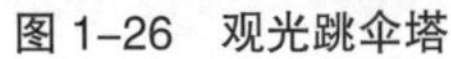

图 1-26　观光跳伞塔

图 1-27　豪华双层转马

（2）荷花杯系列游艺机。运动特点是回转盘绕垂直轴旋转，乘客座舱自身旋转。主要产品有转转杯、美人鱼、浪卷珍珠（见图 1-28）等。

（3）滚摆舱系列游艺机。运动特点是转动架绕垂直轴旋转，乘客座舱自身翻滚。主要产品有滚摆舱（见图 1-29）等。

图 1-28　浪卷珍珠

图 1-29　滚摆舱

（4）爱情快车系列。运动特点是回转盘绕垂直轴旋转，乘客座舱自身摆动。主要产品有宇航车、大青虫、大苹果、爱情快车、火凤凰、音乐船（见图 1-30）等。

（5）其他形式转马系列。它们不能归属于前四种形式。主要产品有反斗转盘（见图 1-31）等。

图 1-30 音乐船

图 1-31 反斗转盘

### （七）自控飞机类游乐设施

运动特点是乘人部分绕中心轴运动并做升降运动，乘人部分大都安装在回转臂上。自控飞机类可分为自控飞机系列、章鱼系列和其他形式自控飞机系列等。

自控飞机类游乐设施的全部形式，回转直径大于等于 14m 或乘客大于等于 40 人为 A 级；回转直径大于等于 10m、小于 14m 且运行高度大于等于 3m，乘客小于 40 人为 B 级；运行的最大线速度大于等于 2m/s 或运行高度距地面大于等于 2m，除 A 级、B 级外为 C 级。

（1）自控飞机系列游艺机。运动特点是乘客座舱自身不旋转。主要产品有白象戏水、自控飞机（见图 1–32）、自控飞碟、金鱼戏水、小飞象、恐龙狂欢、动物王国、超级秋千、空战机、弹跳机、激情跳跃（见图 1–33）等。

图 1–32 自控飞机

图 1–33 激情跳跃

白象戏水游艺机属于绕垂直轴旋转的自控飞机类游艺机，该设备运转时，基础位于圆环形水槽的正中央，座舱置于环形水面上方。当设备运转时，基础周围布置的若干个喷泉同时喷射出各式各样的水柱，在阳光的照耀下形成五颜六色的光环，雾里映着太阳，云中彩虹万道，游客在水雾中荡来荡去，上下飞舞。座舱装饰繁多，颜色绚丽，主要装饰为大齿轮、小风车、小老鼠等，中央最高处的小飞象憨态可掬，惹人喜爱。16 只座舱就是 16 个造型各异的小象，造型卡通，美观大方，在水面上跳跃行走，乘客自主控制升降，极具趣味性，同时有一定的刺激性，适合各类游客乘坐。

自控飞机类游艺机上有 8 架飞机。每架飞机设有前后两排座位，8 架飞机围绕中间火箭盘旋。乘客可按自己的意愿，随时按下操作按钮，使飞机上升、降落或停止在某一高度。飞机酷似在蓝天翱翔，乘客可享受到无穷乐趣。

（2）章鱼系列游艺机。运动特点是主运动绕垂直轴旋转、升降，乘客座舱自身旋转。主要产品有章鱼、星球大战等。

章鱼游艺机（见图 1–34）是多转体复合运动游乐项目。乘客乘坐于座舱之中，在公转与自转的运动之中，又有起伏升降的娱乐趣味性，5 只旋臂在旋转中此起彼伏，就像巨大的章鱼游荡于汹涌的大海之中。因离心力引起的重力变化产生一种被抛在空中的感觉，乘客能充分领略其惊险的快感。它操作安全简便，备有紧急停止装置、限制座椅摆动角度的按钮等安全装置。

（3）其他形式自控飞机系列。它们不能归属于前两种形式。主要产品有时空穿梭机（见图 1–35）、动感电影平台、音乐喷泉等。

图 1–34　章鱼游艺机

图 1–35　时空穿梭机

### （八）水上游乐设施

水上游乐设施是借助于水进行游乐的设施，可分为峡谷漂流系列、水滑梯系列、碰碰船系列、造浪机系列、水上自行车系列和组合式水上游乐设施等。

水上游乐设施的全部形式，高度大于等于 5m 或速度大于等于 30km/h 为 B 级；运行的最大线速度大于等于 2m/s 或运行高度距地面大于等于 2m，除 B 级外为 C 级。水上游乐设施无 A 级。

（1）峡谷漂流系列游艺机。运动特点是在特定的水域运行或滑行。

峡谷漂流（见图 1–36）是目前国内外最流行、最具震撼力的现代大型主题游乐项目，由数百米长的混凝土水道、人工塑造山石景观、水泵站、储水池、过人天桥、候船室、旋转站台、控船机构、控水流装置、漂流筏、漂流筏提升机及电气控制系统和监控系统等 12 个主要部分组成。峡谷漂流游乐项目既讲究景观之美，又展现现代科技之精粹。游客乘坐漂流筏离开站台之后，依靠两台大流量水泵的水流向前推动，其速度根据水道不同段的形状和挡水堰的位置而变化。

（2）水滑梯系列（见图 1–37）。运动特点是在水域运行或滑行。主要产品为高速变坡滑道水滑梯等。

图 1–36　峡谷漂流

图 1–37　水滑梯系列

（3）碰碰船系列、造浪机系列、水上自行车系列游艺机。运动特点是在水域运行或滑行。主要产品有碰碰船（见图 1–38）、水上挑战者 ( 见图 1–39)、水上骑士、造浪机、人脚踏船、加勒比海战等。

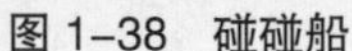

图 1–38　碰碰船

图 1–39　水上挑战者

（4）组合式水上游乐设施。它们在特定水域运行或滑行，不能归属于前四类。主要产品有戏水乐园、小小世界、小小漂流、电瓶船、小快艇等。

**（九）赛车类游乐设施**

运动特点是沿地面指定线路运行。赛车类可分为场地赛车系列、越野赛车系列和其他形式赛车类游艺机等，全部属于 C 级。

（1）场地赛车系列、越野赛车系列游艺机。运动特点是沿地面指定线路运行，最大线速度大于等于 2m/s。覆盖范围原则是按结构形式划分，速度向下覆盖。主要产品有赛车、小跑车、高速赛车、旋风赛车、卡丁车、豪华型赛车、拉力赛车等。

卡丁车（见图 1–40）是自控型游乐设施，车体美观大方。主车结构架使用无缝合金钢管，空间结构经焊接而成，坚固耐用，不易变形。车座为汽车用皮质软座椅及防滚架，符合北美安全标准，舒适安全，并配有四点式安全带；车体两侧铺有铝合金踏板，上下车方便；皮质赛车转向盘在驾车时手感良好，易于操作。卡丁车的最大优点是防撞性能好、马力强劲。游客自己驾驶车辆在车场自由行驶，施展自己的驾驶技能，前进、后退、左右转弯，冲撞躲闪，乐趣丛生，是青少年极为喜欢、百玩不厌、极具安全的游乐设施。卡丁车是适合在室内、室外场地娱乐的车型。

图 1–40　卡丁车

（2）其他形式赛车类游艺机。它们不能归属于前两种形式。主要产品有旋风赛车等。

旋风赛车（见图 1–41）外观美观、新颖，性能优良，仪表盘上设有速度显示装置，车上的计算机控制中心能随时用语言提示驾驶失误，在运行中有高保真的音响伴奏，玩起来紧张、刺激，其乐无穷。驾驶旋风赛车可使驾驶者在游戏中体验到驾驶顶级赛车的感受。旋风赛车是深受人们喜爱的一种游乐设施。

**（十）小火车类游乐设施**

运动特点是沿地面轨道运行。它分为内燃机驱动小火车和电力驱动小火车 2 个品种，全部属于 C 级。

（1）内燃机驱动小火车游艺机采用内燃机驱动，其沿地面轨道运行。主要产品有大型仿古小火车等。

大型仿古小火车（见图 1–42）采用优质柴油发动机为动力装置，综合了国内外小火车的优点，结构独特，整体造型优美，视野宽阔，操作方便灵活，运行平稳，安全可靠，噪声小，无污染，乘坐舒适，可以与列车相媲美。小火车绕公园一周，乘客可以尽情浏览公园的风光，行驶速度时快时慢，其乐无穷，深受游客的喜爱。

图 1–41　旋风赛车

图 1–42　大型仿古小火车

（2）电力驱动小火车类游艺机采用直流电机为动力装置，沿地面轨道运行。主要产品有小火车、龙车、马戏小火车、动物戏车、猴抬轿等。

小火车（见图 1–43）设计新颖，整体优美，视野宽阔，乘坐舒适，动力系统设计别具一格，采用直流电动机驱动，设计有变速箱、传动轴、前后桥差速器、四轮驱动带四轮液压制动等结构。其最大特点是结构紧凑小巧，操作方便灵活，运行平稳，安全可靠，噪声小，无污染。游客乘坐电动小火车，沿轨道行驶，速度时快时慢，尽情欣赏周围风光，其乐无穷。电动小火车深受游客的喜爱。

**（十一）碰碰车类游乐设施**

运动特点是用电力、内燃机或人力驱动，乘客自己操作。碰碰车类仅碰碰车系列一个品种，运行的最大线速度大于等于 2m/s，全部为 C 级游艺机。主要产品有电力碰碰车、电池碰碰车、双人星际战车、挑战者等。

碰碰车类游艺机分为有天网（见图 1–44）和无天网（见图 1–45）两类碰碰车。在车场内，游客可以充分施展自己的驾驶技能，随意行驶，前进后退、左右转弯，冲撞躲闪，乐趣丛生，百玩不厌，是一种极其安全的游乐设施。

图 1–43　小火车

图 1–44　有天网碰碰车

### （十二）电池车类游乐设施

运动特点是以电池为动力，在地面上运行，一般为乘客自己操作，速度小于等于 5km/h，适合儿童乘坐，全部为 C 级。覆盖范围原则是按速度、承载人数向下覆盖。电池车类仅有电池车系列一个品种。主要产品有西红柿车、电池车（见图 1–46）、坦克战车、吉普车、警车等。

图 1–45　无天网碰碰车

图 1–46　电池车

### （十三）无动力类游乐设施

运动特点是弹射或提升后自由坠落。无动力游乐设施分为高空蹦极系列、弹射蹦极系列、小蹦极系列、华所系列、空中飞人系列、系留式观光气球系列和组合式无动力游乐设施等 7 个品种。

（1）高空蹦极系列游艺机。蹦极也称机索跳，是一项非常刺激的户外休闲活动。跳跃者站在约 40m（相当于 10 层楼）高的桥梁、塔顶、高楼、吊车甚至热气球上，把一端固定的一根长长的橡皮绳绑在踝关节处，然后两臂伸开，双腿并拢，头朝下跳下去。绑在跳跃者踝部的橡皮绳很长，足以使跳跃者在空中享受几秒的自由落体。当人体落到离地面一定距离时，橡皮绳被拉开、绷紧，阻止人体下落，当到达最低点时橡皮绳回弹，人被拉起，随后又落下，这样反复多次。覆盖范围原则是以高度向下覆盖。主要产品有高空蹦极（见图 1–47）、世界最高蹦极点等。

人们把火箭蹦极、弹射塔、空中飞人称为惊险蹦极三部曲。从 1997 年 5 月至今，我国已建成并正常运营的蹦极跳台有 20 多座。北京房山十渡风景区的八渡麒麟山的悬崖上建成了国内首家蹦极跳台，距地面 48m。北京市怀柔区青龙峡风景区的蹦极台建于 1998 年 6 月，塔高 68m，是当时国内最高的蹦极塔。南非东开普敦省齐齐卡马山中一座名为布劳克朗斯的大桥上拥有世界上最高的蹦极点 ( 见图 1–48)，高度为 216m；第二高的蹦极点在瑞士的一个风景点的缆车上，高度为 160m；第三高的蹦极点位于津巴布韦与赞比亚交界的维多利亚瀑布的一座桥上，高度为 111m。

图 1-47　高空蹦极

图 1-48　世界最高蹦极点

（2）弹射蹦极系列游艺机是向上弹射。在北京怀柔雁栖湖畔 1998 年 9 月建成的火箭蹦极塔，弹起高度为 50m。包括弹射支架、滑轮组件、弹性绳、吊挂安全带和动力装置，弹射支架具有左、右支架动力装置引出的两根拉力绳、弹性绳连接弹射舱。参与者坐在弹射舱内，然后用特制的发射器将人弹向高空，再下落反弹多次。覆盖范围原则是以高度、承载人数向下覆盖。主要产品有火箭式蹦极（见图 1-49）等。

（3）小蹦极系列游艺机是向上弹射，高度小于 10m。覆盖范围原则是以高度、承载人数向下覆盖。主要产品有欧洲小蹦极（见图 1-50）。

图 1-49　火箭式蹦极

图 1-50　欧洲小蹦极

（4）滑索系列游艺机。运动特点是在重力作用下，沿着斜拉的钢丝绳从高处向低处飞速滑下。滑索长度大于等于 360m 为 A 级，滑索长度小于 360m 为 B 级，滑索系列无 C 级。覆盖范围原则是按结构形式划分。主要产品有速降、滑索、飞人等。

滑索（见图 1-51）主要由钢筋混凝土基础、上站及下站门型结构支架、吊具（包括滑车和吊带，其中滑车分为双轮和四轮，以及带限速和不带限速等形式）、缓冲装置、防护装置、吊具回收装置、承载索、牵引索等组成。乘客穿戴柔性吊具悬挂在滑动小车下，以斜拉的一根或两根钢丝绳为轨道，利用重力，可以轻松跨越山谷、河流、湖面等障碍，从高处向低处飞速滑下。滑索运动充满速度感和刺激性，让乘客体会到凌空飞渡的新奇感受，因此深得游客的喜爱。

（5）空中飞人系列的主要参数是运行高度距地面大于等于 2m。覆盖范围原则是以高度、承载人数向下覆盖。主要产品有空中飞人（见图 1–52）、蹦极轰炸机等。

图 1–51 滑索

图 1–52 空中飞人

（6）系留式观光气球系列。主要参数是运行高度距地面大于等于 2m。覆盖范围原则是以高度、承载人数向下覆盖。主要产品有观光气球等。

（7）组合式无动力游乐设施。主要参数不能归属于前面各种形式。运行的最大线速度大于等于 2m/s 或运行高度距地面大于等于 2m。覆盖范围原则是按结构形式划分，主要安全技术参数向下覆盖。主要产品有海洋球、宝来乐、树屋、儿童乐园等。

# 第二章　游乐设施基础知识

## 第一节　材料

### 一、游乐设施常用材料

游乐设施常用材料有金属材料和非金属材料两部分。金属材料有黑色金属和有色金属;非金属材料有橡胶、玻璃钢、尼龙、聚氨酯、塑料和硬木等。《游乐设施安全技术监察规程（试行）》和《大型游乐设施安全规范》（GB 8408—2018）都对游乐设施常用材料做出了规定和要求。

**（一）金属材料**

常用的金属材料以黑色金属为主，游乐设施常见的黑色金属主要有碳素钢、合金钢、锻钢、铸钢、铸铁、轴承钢、不锈钢等。游乐设施中常用的材料是钢，主要用于结构件和零部件。钢是以铁为主要元素，含碳量一般在 2% 以下，并含有其他元素的材料。

1. 碳素钢

碳素钢的性能主要取决于碳含量，碳含量越高，钢的强度越高，塑性越低。碳素钢分为碳素结构钢（GB/T 700）、优质碳素结构钢（GB/T 699）。游乐设施常用的碳素结构钢有 Q235B、Q235C、Q345B 等，常用的优质碳素结构钢有 20 钢、45 钢等。

在游乐设施中使用碳素钢应注意如下主要事项：

（1）不宜使用牌号为 A 的材料，因为这类材料的冷弯试验只有在需方要求时才做。当冷弯试验合格时，抗拉强度的上限可不作为交易的条件。

（2）游乐设施规定下列情况的承重结构和构件不宜采用 Q235 沸腾钢：①直接承受动力载荷或振动载荷且需要验算疲劳的焊接结构；②工作温度等于或低于 -20℃，直接承受动力荷载或振动载荷但可不验算疲劳的焊接结构；③工作温度等于或低于 -20℃，直接承受动力荷载且需要验算疲劳强度的非焊接结构；④承受静力荷载的受弯及受拉的重要承重焊接结构；⑤工作温度等于或低于 -30℃的所有承重焊接结构。

（3）由于中高碳钢焊接性能较差，尽量避免使用中高碳钢作为焊接结构的构件（如 45 钢）。

2. 合金钢

合金钢是为了改善钢的性能，根据不同要求加入一种或几种合金元素而形成的钢。不同的合金元素使钢获得不同的性能。如，铬能提高硬度、高温强度和耐腐蚀性，镍能提高强度而不降低韧性，锰能提高强度、韧性和耐磨性，硅可提高弹性极限和耐磨性(但降低韧性)。合金钢的性能不仅与化学成分有关，在很大程度上还取决于适当的热处理。

合金钢分为普通低合金钢、合金结构钢、合金工具钢和特殊合金钢。机械零件常用的是合金结构钢。游乐设施常用的低合金结构钢（GB/T 1591）有 Q345、Q390，常用的合金结构钢（GB/T 3077）有 35SiMn、40Cr、42CrMo、20CrMnTi、40CrNiMoA、42CrNiMoA、45CrNiMoVA 等。

游乐设施的轴属于重要零件，由于轴所受的载荷情况较为复杂，其横截面上的应力多为交变应力，所以要求其材料具有良好的综合力学性能。

轴的材料常采用优质碳素结构钢和合金结构钢。优质碳素结构钢比合金结构钢价格低廉，强度也低一些，但优质碳素结构钢对应力集中的敏感性低。常用的优质碳素结构钢有 35 钢、40 钢、45 钢和 50 钢等，其中以 45 钢最为常用。为保证材料的力学性能，通常都要进行调质或正火处理，对于重要的轴，还要进行表面强化处理。

当对轴的强度和耐磨性要求较高，或在高温或腐蚀性介质等条件下工作时，必须采用合金结构钢。对于耐磨性和韧性要求较高的轴，可选用 20Cr、20CrMnTi 等低碳合金结构钢，轴颈部位还要进行渗碳淬火处理。对于在高速和重载下工作的轴，可选用 38CrMoAlA、40CrNi 等合金结构钢。对于中碳合金结构钢，一般采用调质处理，以提高其综合力学性能。

3. 锻钢

游乐设施的一些重要的异形部位，往往采用锻造的形式来加工，以便得到更好的力学性能。锻件合金钢应符合《锻件用结构钢牌号和力学性能》（GB/T 17107）的要求。

4. 铸钢

铸钢包括碳素铸钢和合金铸钢。游乐设施直接使用铸钢的地方比较少，主要用于制造承受重载荷的大型零件或形状复杂、力学性能要求较高的零件，如用于制造承受重载荷的大型齿轮、联轴器等。

5. 铸铁

铸铁是脆性材料，其抗拉强度、塑性、韧性均较差，不能进行碾压和锻造，但其减振性和耐磨性较好。可用于速度不高、接触应力较大的行走轮，如小火车疯狂老鼠的行走轮等。

6. 不锈钢

游乐设施常用不锈钢有奥氏体和马氏体，如 0Cr18Ni9、1Cr13、2Cr13 等，其化学成分和力学性能应符合《不锈钢棒》（GB/T 1220）的要求。

**（二）非金属材料**

随着科技的发展，有许多非金属材料的性能已大大提高，可用于游乐设施的制造中。下面介绍的是比较常见的几种材料。

1. 橡胶

橡胶是高弹性聚合物，橡胶按原料分为天然橡胶和合成橡胶。天然橡胶就是由三叶橡胶树割胶时流出的胶乳经凝固、干燥后制得的。合成橡胶是由人工合成方法制得的，采用不同的原料（单体）可以合成出不同种类的橡胶。橡胶在游乐设施中主要应用在赛车的轮胎，液压和气压系统中的胶管，电气施工中的胶带、电缆，以及部分防撞缓冲装置上。

（1）采用橡胶材料时，应充分考虑其耐候性、耐蚀性及有害物质含量的控制，还要根据具体使用情况定期更换橡胶零件。

（2）驱动轮和支承轮采用橡胶时，其力学性能应符合表 2-1 的规定。采用橡胶充气轮时，充气压力应适度。

表 2-1　橡胶材料力学性能

| 项 目 | 指 标 | 项 目 | 指 标 |
|---|---|---|---|
| 抗拉强度（MPa） | ≥ 12 | 橡胶与铁心附着强度（MPa） | ≥ 1.30 |
| 扯断伸长率（%） | ≥ 400 | 邵氏硬度（推荐值） | 70 ~ 85 |
| 磨耗减量 (cm/1.61km) | ≤ 0.9 | | |

2. 玻璃钢材料

玻璃钢学名为玻璃纤维增强塑料。它是一种以玻璃纤维及其制品（玻璃布、带、毡、纱等）作为增强材料，用合成树脂作基体材料的复合材料。在游乐设施中，玻璃钢主要用于水上游乐设施、座舱及装饰物等。有关玻璃钢和玻璃钢制件应满足《游乐设施安全技术监察规程（试行）》和《大型游乐设施安全规范》（GB 8408—2018）的有关要求。

（1）玻璃钢表面应光滑无裂纹，色调均匀。水滑梯用玻璃钢应符合以下要求：树脂应有良好的耐水性和良好的抗老化性能；玻璃纤维应采用无碱玻璃纤维，纤维表面必须有良好的浸润性；厚度应不小于 6mm，法兰厚度应不小于 9mm。

（2）水滑梯滑道内表面不允许存在小孔、皱纹、气泡、固化不良、浸渍不良、裂纹、缺损等缺陷；背面不允许存在固化不良、浸渍不良、缺损、毛刺等缺陷，切割面不允许存在分层、毛刺等缺陷；距 600mm 处用肉眼观察，不能明显看出修补痕迹、伤痕、颜色不均、布纹、凸凹不平、集合等缺陷。

（3）玻璃钢制件应符合的要求：不允许有浸渍不良、固化不良、气泡、切割面分层、厚度不均等缺陷；表面不允许有裂纹、破损、明显修补痕迹、布纹显露、皱纹、凸凹不平、色调不一致等缺陷，转角处过渡要圆滑，不得有毛刺；玻璃钢件与受力件直接连接时应有足够的强度，否则应预埋金属件。玻璃钢件的力学性能应符合表 2-2 的规定。

表 2-2　玻璃钢件的力学性能

| 项 目 | 指 标 | 项 目 | 指 标 |
|---|---|---|---|
| 抗拉强度（MPa） | ≥ 78 | 弹性模量度（MPa） | ≥ $7.3 \times 10^3$ |
| 抗弯强度（MPa） | ≥ 147 | 冲击韧度（J/cm） | ≥ 11.7 |

3. 尼龙材料

聚酰胺俗称尼龙，英文名称 Polyamide（简称 PA），是分子主链上含有重复酰胺基团“—［NHCO］—”的热塑性树脂的总称。它是一种韧性角状半透明或乳白色结晶树脂。尼龙具有很高的机械强度，软化点高，耐热，摩擦因数低，耐磨损，自润滑性、吸振性和消音性好，耐油、耐弱酸、耐碱、电绝缘性好，以及有自熄性、无毒、无臭、耐候性好、染色性差等优点。其缺点是吸水性大，影响尺寸稳定性和电性能。尼龙与玻璃纤维的亲合力良好，而玻璃纤维与尼龙结合，可降低树脂吸水率，增加强度，并使其能在高温、高湿的条件下工作。

游乐设施使用的尼龙材料主要有尼龙材料编织的安全带、安全网，尼龙棒制成的车轮和轴套。其力学性能应符合表 2–3 的规定。

**表 2–3　尼龙材料的力学性能**

| 项目 | 指标 | 项目 | 指标 |
|---|---|---|---|
| 抗拉强度（MPa） | ＞ 73.6 | 硬度 HBW | ＞ 21 |
| 抗弯强度（MPa） | ＞ 138 | 热变形温度（℃） | ＞ 70 |
| 冲击韧度（$J/cm^2$） | ＞ 39.2 | | |

4. 聚氨酯材料

聚氨酯是一种新型的有机高分子材料，被誉为“第五大塑料”，因其卓越的性能而被广泛应用于国民经济各领域。聚氨酯是一种很特别的聚合物。它由硬段和软段组成，硬段部分玻璃化转变温度很低，具有塑料的特性；软段部分玻璃化转变温度高于室温很多，具有橡胶的特性。在聚氨酯的合成过程中，通过控制聚合反应，可以调节聚合物的硬段和软段的比例，从而使聚氨酯表现为塑料或橡胶。

游乐设施中采用聚氨酯材料时，其力学性能应符合表 2–4 的规定。

**表 2–4　材料的力学性能**

| 邵氏硬度 | 300% 定伸强度（MPa） | 断裂强度（MPa） | 断裂伸长率(%) | 永久变形(%) | 剥离强度(N/m) |
|---|---|---|---|---|---|
| 80 ± 5 | ≥ 10 | ≥ 35 | ≥ 450 | ≤ 15 | $40 \times 10^3$ |
| 90 ± 5 | ≥ 12 | ≥ 40 | ≥ 450 | ≤ 20 | $50 \times 10^3$ |
| ≥ 95 | ≥ 14 | ≥ 45 | ≥ 400 | ≤ 30 | $60 \times 10^3$ |

5. 硬木材料

在游乐设施中，硬木主要用作地板和座椅材料，但它也常作为大型过山车的结构组件材料。

《游乐设施安全技术监察规程（试行）》和《大型游乐设施安全规范》（GB 8408—2018）中都要求：游乐设施使用木材时，应选用强度高、不易开裂的硬木，木材的含水率应小于 18%，并且必须进行阻燃和防腐处理。

6. 塑料

塑料是具有塑性行为的材料。所谓塑性，是指受外力作用时发生形变，外力取消后，仍能保持受力前的状态。塑料的弹性模量介于橡胶和纤维之间，受力能发生一定形变。软塑料接近橡胶，硬塑料接近纤维。塑料是一种利用单体原料通过合成或缩合反应聚合而成的可以自由改变形体样式的高分子化合物。它由合成树脂及填料、增塑剂、稳定剂、润滑剂、色料等添加剂组成，主要成分是合成树脂。根据塑料的特性，通常将塑料分为通用塑料、工程塑料和特种塑料三种类型。游乐设施中主要用的是工程塑料，主要用于按钮、开关、仪表等。

## 二、力学性能

### （一）钢材种类

游乐设施上大量使用各种钢材。钢材种类繁多，一般分为：

（1）板材。板材按厚度可分为薄板、中板和厚板，其规格以厚度（mm）表示，厚板的厚度为 20 ~ 60mm，中板的厚度为 3 ~ 20mm，薄钢板的厚度为 0.2 ~ 3mm。

（2）管材。管材按生产方式分为有缝钢管和无缝钢管，按形状可分为圆管和异形管。对无缝钢管用符号“Φ”和“外径 × 壁厚（mm）”表示，例如，无缝钢管“Φ108×4”。

（3）型材。型材按照断面形状可分成角钢、槽钢、工字钢、圆钢、方钢、六角钢、钢轨、异形型钢等。

角钢分为等边和不等边两种，等边角钢在图纸上常用“∠边长 × 厚度”的毫米数来表示。不等边角钢常用“∠两个边长 × 厚度”表示。

工字钢的型号常用符号“I”和高度的厘米数来表示，其中有些型号又因翼缘的宽度和腹板厚度不同分为 a、b、c 等，如“I28a”。

槽钢的型号用符号“［”和高度的厘米数来表示，其中有些型号又因翼缘的宽度和腹板厚度不同分为 a、b、c 等，如“［20a”，槽钢的断面是不对称的，如使用不当会发生偏转，造成事故。一般将两根槽钢背靠背贴在一起使用比较稳定。

### （二）外力、内力和应力

（1）外力。物体受到其他物体对它作用的力，叫作外力。外力在游乐设施中称为载荷。载荷可分为变载荷和永久载荷等。

（2）内力。外力使物体发生变形时，在物体的内部也伴随着产生一种抵抗变形的力，这种抵抗力就叫作内力。当外力存在时，内力和外力互相平衡，并随外力的增大而增大，随外力撤除而消失。但当外力达到某一极限时，就会使构件发生破坏。

（3）应力。单位面积上的内力叫作应力。应力的大小与构件所受的总内力成正比，与截面面积成反比，见式（2–1）。应力的常用单位为帕（Pa）或兆帕（MPa）。

$$\sigma = \frac{F}{A} \tag{2-1}$$

式中：$\sigma$ 为应力，MPa；$F$ 为内力，N；$A$ 为截面面积，$mm^2$。

### （三）弹性变形与塑性变形

（1）弹性变形。物体受外力作用会产生变形，若外力取消，变形能完全消失，物体恢复原来的形状，物体的这种性质叫作弹性，能完全消失的变形叫弹性变形。

（2）塑性变形。若外力取消后变形不能完全消失，有一部分变形残留下来，这种不能完全恢复原来形状的性质叫作塑性，残留下来的变形叫塑性变形。游乐设施不允许发生塑性变形。

### （四）极限应力、安全系数

（1）极限应力。物体断裂或产生较大变形时的应力叫作极限应力，并以符号 $\sigma_b$ 表示。

（2）安全系数。作用在游乐设施构件上的实际应力，当达到极限应力时，构件就要破坏，所以在实际使用中绝不允许构件的应力达到极限应力。为弥补材料的不均匀性及残余应力，并考虑外力性质及数值的不准确性、构件制作时的不精确性和施工作业的安全性，一般要求材料的实际工作应力只是极限应力的几分之一，即将极限应力除以一个大于 1 的系数，这个系数就是安全系数。安全系数的使用，能保证构件安全地工作。

安全系数的选取要全面考虑，根据不同材料和不同用途，选定不同的安全系数。游乐设施零部件及焊缝应进行应力计算，其承受的最大应力与材料极限应力的比值为安全系数，得出的安全系数 $n$ 必须满足《大型游乐设施安全规范》的要求。

**（五）强度、刚度和稳定性**

（1）强度：构件在载荷作用下抵抗破坏的能力。游乐设施各构件在规定的载荷作用下仍能正常工作，即表明其有足够的强度。强度还包括疲劳强度，当循环载荷的最大计算应力小于材料的疲劳极限时，零部件为无限寿命计算的疲劳安全系数。当循环载荷的最大计算应力大于材料的疲劳极限时，用疲劳载荷谱计算零部件的使用寿命。

（2）刚度：构件在载荷作用下抵抗变形的能力。游乐设施在规定的载荷作用下，其构件的下挠值不超过允许值，即表明具有足够的刚度。对游乐设施有变形要求的某些构件，应进行刚度计算。

（3）稳定性：构件在载荷作用下保持原有平衡状态的能力。如细长杆件在轴向压力作用下不致发生突然弯曲而失稳，即满足了稳定性的要求。为防止结构失稳，对细长、薄壁结构件需要进行整体和局部稳定性计算。

游乐设施的构件是由各种型材制成的，要使游乐设施满足安全要求，各构件就必须符合强度、刚度及稳定性条件，这就要求各种构件所承受的应力不超过材料的各项力学性能指标。

## 第二节　机械传动

工作机械一般都要靠原动机供给一定形式的能量（多数是机械能）才能工作。但是，把原动机和工作机械直接连接起来的情况是很少的，往往需要在二者之间加入传递动力或者改变运动状态的传动装置。根据工作原理的不同，可将传动分为两类：机械传动（机械能不能改变为另一种形式能的传动）和电传动（机械能改变为电能，或电能改变为机械能的传动）。

在工业生产中，机械传动是一种最基本的传动方式。分析一台机器时，不论是车床、内燃机还是液压机等，其工作过程实际上包含着多种机构和部件的运动过程。例如，经常应用摩擦轮、带轮、齿轮、链轮、螺杆和蜗杆等，组成各种形式的传动装置来传递能量。

用来传递运动和动力的机械装置叫作机械传动装置。按其传递运动和动力的方式，机械传动可分为摩擦传动、啮合传动、液力传动和气力传动。按运动副构件的接触方式可分为直接接触传动和有中间挠性件（带、链等）的传动两种。这里仅介绍几种常见的传动方式。

### 一、带传动

**（一）概述**

根据工作原理的不同，带传动可分为摩擦传动和啮合传动两类。

带传动的工作原理是利用带作为中间挠性件，依靠带与带轮之间的摩擦力或啮合来传递运动和（或）动力的。如图 2–1 所示，把一根或几根闭合成环形的带张紧在主动轮和从动轮上，使带与两带轮之间的接触面产生正压力（或使同步带与两同步带轮上的齿相啮合），当主动轴 $O_1$ 带动主动轮回转时，依靠带与两带轮接触面之间的摩擦力（或齿的啮合）使从动轮带动从动轴 $O_2$ 回转，实现两轴间运动和（或）动力的传递。

**（二）带传动的主要类型和特点**

（1）摩擦式带传动。如图 2–1 所示，平带的横截面为扁平矩形，内表面为工作面。而 V 带的横截面为等腰梯形，两侧面为工作面。根据楔形面的受力分析可知，在相同压紧力和相同摩擦因数的条件下，V 带产生的摩擦力要比平带约大 3 倍，所以 V 带传动能力强，结构更紧凑，应用最广泛。圆带的横截面为圆形，只用于小功率传动，如缝纫机、仪器等。摩擦式带传动的带工作一段时间后，会由于松弛而使初拉力降低，需重新张紧，以保证带传动的正常工作。

（2）啮合式带传动。啮合式带传动是靠带的齿与带轮上的齿相啮合来传递动力的，较典型的同步带传动如图 2–2 所示。

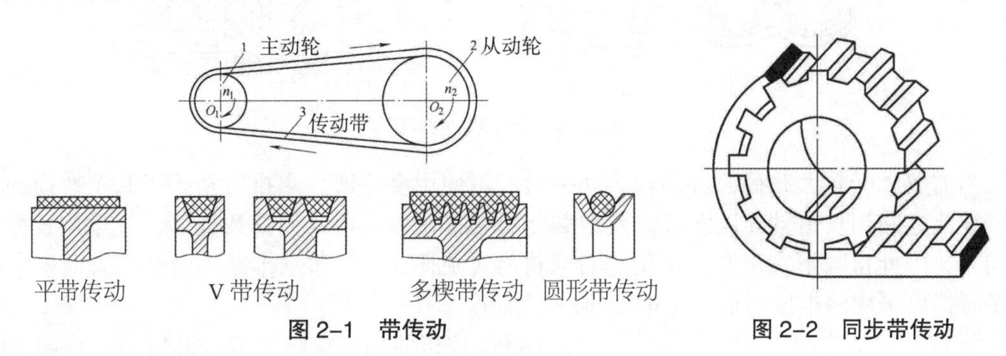


图 2–1　带传动　　　图 2–2　同步带传动

## 二、链传动

**（一）概述**

链传动是由链条和具有特殊齿形的链轮组成的传递运动和（或）动力的传动。它是一种具有中间挠性件（链条）的啮合传动。如图 2–3 所示，当主动链轮 1 回转时，依靠链条 3 与两链轮之间的啮合力，使从动链轮 2 回转，进而实现运动和（或）动力的传递。

**（二）链传动的常用类型**

链传动的类型很多，如图 2–4 所示，最常用的是滚子链和齿形链。

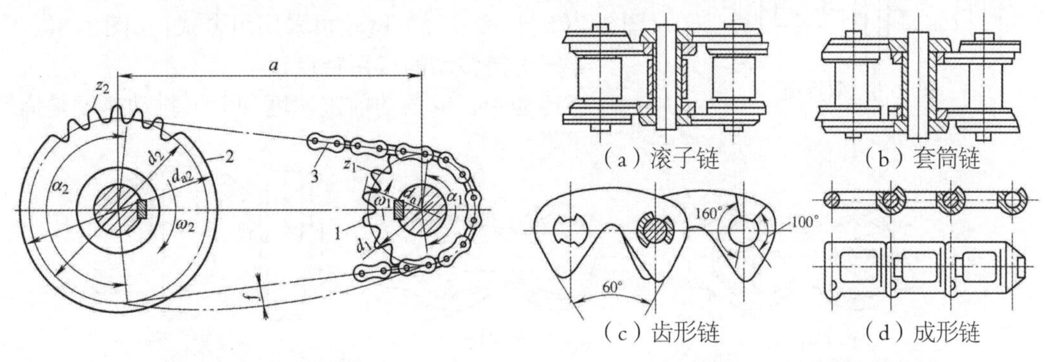


图 2–3　链传动简图　　　图 2–4　链传动的类型

图 2-5 所示为滚子链（套筒滚子链），由外链板、内链板、销轴、套筒和滚子组成。销轴与外链板、套筒与内链板分别采用过盈配合连接组成外链节、内链节，销轴与套筒之间采用间隙配合构成外、内链节的铰链副（转动副），当链条屈伸时，内、外链节之间就能相对转动。滚子装在套筒上，可以自由转动，当链条与链轮啮合时，滚子与链轮轮齿相对滚动，两者之间主要是滚动摩擦，从而减小了链条和链轮轮齿的磨损。

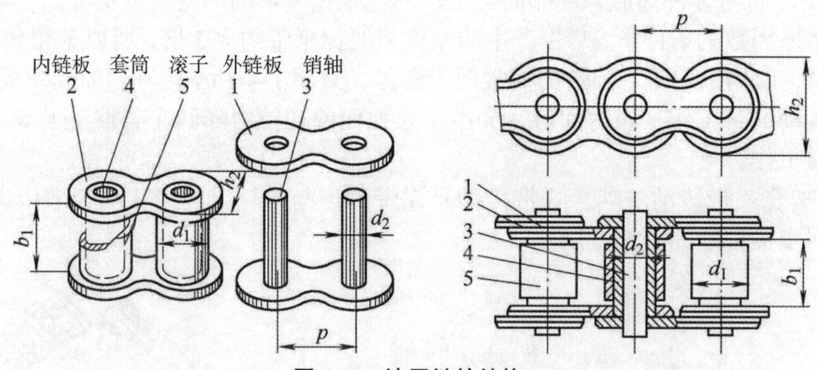


图 2-5　滚子链的结构

当需要承受较大载荷、传递较大功率时，可使用多排链。多排链相当于几个普通的单排链彼此之间用长销轴连接而成。其承载能力与排数成正比，但排数越多，越难使各排受力均匀，因此排数不宜过多，常用的有双排链（见图 2-6）和三排链。当载荷大而要求排数多时，可采用两根或两根以上的双排或三排链。

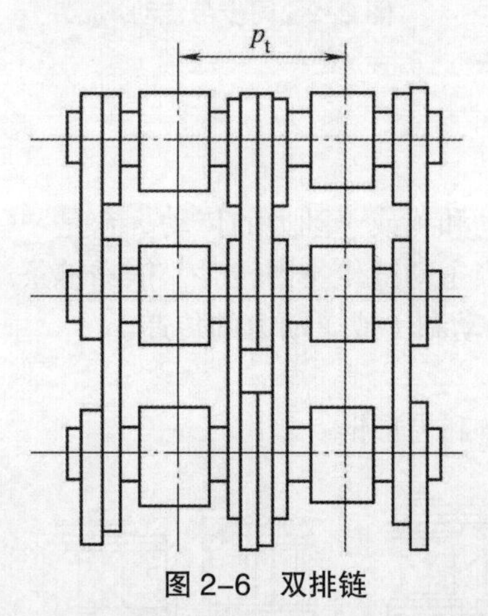


图 2-6　双排链

滚子链的连接使用连接链节或过渡链节：当链条两端均为内链节时，使用由外链板和销轴组成的可拆卸连接链节，用开口销（钢丝锁销）或弹性锁片连接 [ 见图 2-7（a）、（b）]，连接后链条的链节数为偶数。当链条一端为内链节另一端为外链节时，使用过渡链节连接 [ 见图 2-7（c）]，连接后链条的链节数为奇数。由于过渡链节的抗拉强度较低，因此应尽量不采用。

链轮的结构如图 2-8 所示。小直径的链轮制成实心式 [ 见图 2-8（a）]，中等直径的链轮可制成孔板式 [ 见图 2-8（b）]，大直径的链轮可采用组合式 [ 见图 2-8（c）]。

### （三）链传动的应用特点

链传动中，链条的前进速度和上下抖动速度是周期

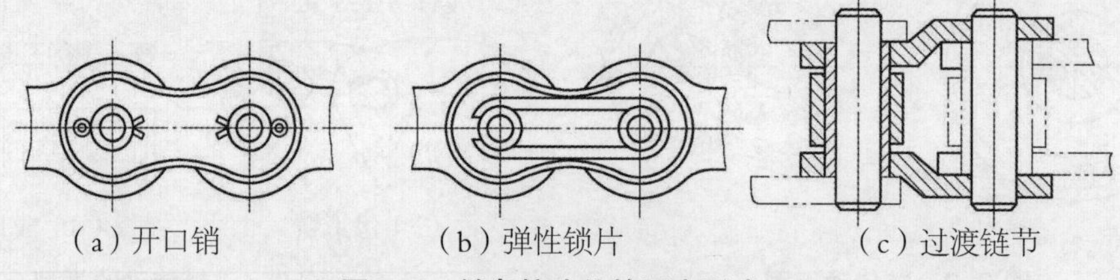

（a）开口销　　（b）弹性锁片　　（c）过渡链节

图 2-7　链条接头处的固定形式

性变化的，链轮的节距越大，齿数越少，链速的变化就越大。当主动链轮匀速转动时，从动链轮的角速度及链传动的瞬时传动比都是周期性变化的，因此链传动不宜用于对运动精度有较高要求的场合。链传动的不均匀性特征，是由于围绕在链轮上的链条形成了正多边形这一特点所造成的，故称为链传动的多边形效应。

链轮的转速越高、节距越大、齿数越少，则传动的动载荷就越大。链节和链轮啮合瞬间的相对速度，也将引起冲击和动载荷。链节距越大，链轮的转速越高，则冲击越强烈。

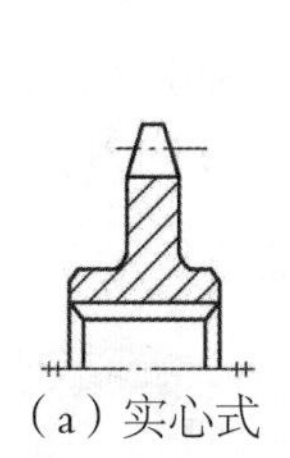

（a）实心式

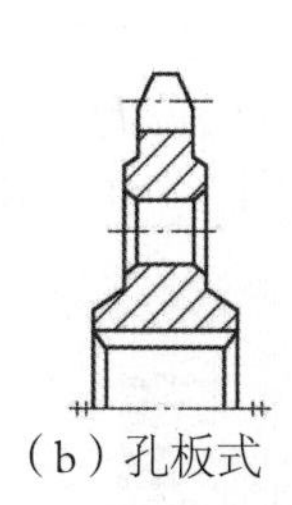

（b）孔板式

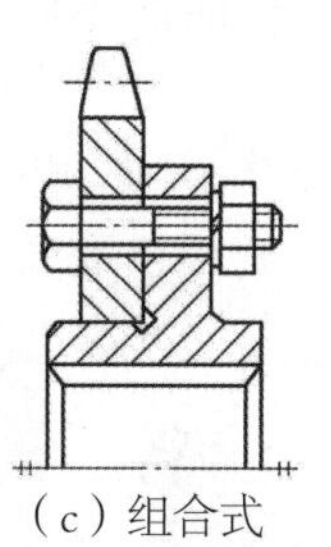

（c）组合式

图 2-8　链轮的结构

## 三、齿轮传动

### （一）齿轮传动的应用特点

1. 齿轮、齿轮副与齿轮传动

齿轮是任意一个有齿的机械元件，它利用齿与另一个有齿元件连续啮合，从而将运动传递给后者，或者从后者接受运动。

齿轮副是由两个互相啮合的齿轮组成的基本机构，两齿轮轴线相对位置不变，并各绕其自身的轴线转动。

齿轮传动是利用齿轮副来传递运动和（或）动力的一种机械传动，如图 2-9 所示。齿轮副的轮齿依次交替地接触，从而实现一定规律的相对运动的过程和形态称为啮合。齿轮传动属于啮合传动。当齿轮副工作时，主动轮 $O_1$ 的轮齿 1, 2, 3, 4, …，通过啮合点（两齿轮轮齿的接触点）处的法向作用力 $F_n$，逐个推动从动轮 $O_2$ 的轮齿 1′, 2′, 3′, 4′, …，使从动轮转动并带动从动轴回转，从而实现将主动轴的运动和动力传递给从动轴。

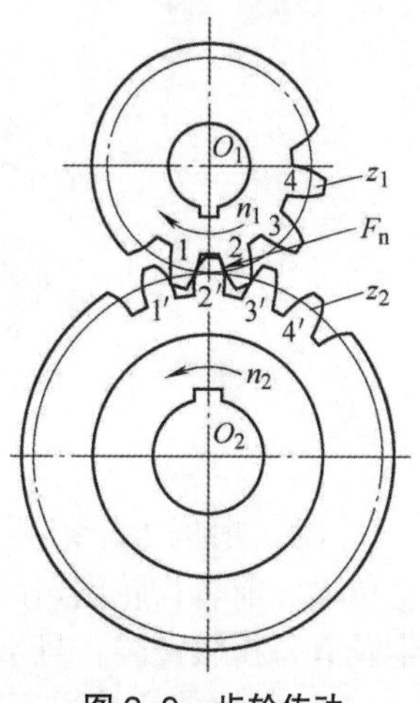


图 2-9　齿轮传动

2. 传动比

齿轮传动的传动比是指主动齿轮与从动齿轮角速度（或转速）的比值，也等于两齿轮齿数的反比，即

$$i_{12}=\frac{\omega_1}{\omega_2}=\frac{n_1}{n_2}=\frac{z_2}{z_1} \tag{2-2}$$

式中：$\omega_1$、$n_1$ 分别为主动齿轮的角速度和转速；$\omega_2$、$n_2$ 分别为从动齿轮的角速度和转速；$z_1$ 为主动齿轮齿数；$z_2$ 为从动齿轮齿数。

齿轮副的传动比不宜过大，否则会使结构尺寸过大，不利于制造和安装。通常，圆柱

齿轮副的传动比 $i \leqslant 8$，圆锥齿轮副的传动比 $i \leqslant 5$。

### （二）齿轮传动的常用类型

齿轮的种类很多，齿轮传动可以按不同方法进行分类。

（1）根据齿轮副两传动轴的相对位置不同，齿轮传动可分为平行轴齿轮传动（见图 2-10）、相交轴齿轮传动（见图 2-11）和交错轴齿轮传动三种。平行轴齿轮传动属于平面传动，相交轴齿轮传动和交错轴齿轮传动属于空间传动。

（2）根据齿轮分度曲面不同，齿轮传动可分为圆柱齿轮传动（见图 2-10）和锥齿轮传动（见图 2-11）。

（3）根据齿线形状不同，齿轮传动可分为直齿齿轮传动 [ 见图 2-10（a）、（d）、（e）和图 2-11（a）]、斜齿齿轮传动 [ 见图 2-10（b）、图 2-11（b）] 和曲齿齿轮传动 [ 见图 2-11（c）]。

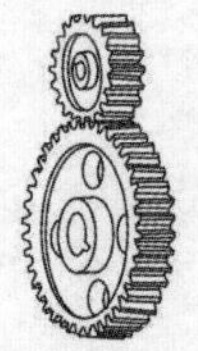
（a）直齿圆柱齿轮

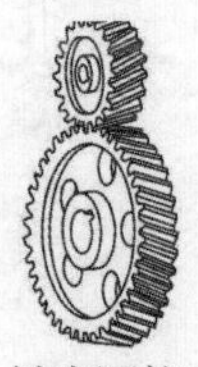
（b）斜齿圆柱齿轮

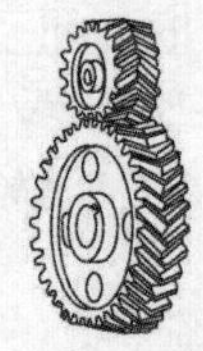
（c）人字齿四柱齿轮

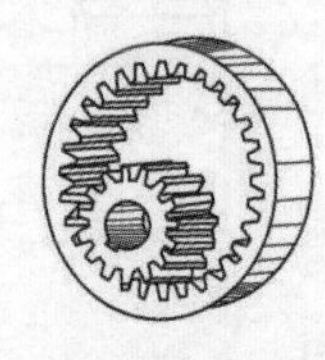
（d）内啮合圆柱齿轮

（e）齿轮齿条啮合

图 2-10　平行轴齿轮传动

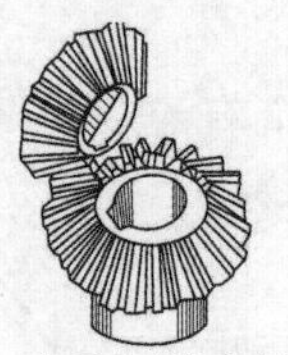
（a）直齿圆锥齿轮

（b）斜齿圆锥齿轮

（c）曲齿圆锥齿轮

图 2-11　相交轴齿轮传动

（4）根据工作条件不同，齿轮传动可分为闭式齿轮传动、开式齿轮传动和半开式齿轮传动。前者齿轮副封闭在刚性箱体内，并能保证良好的润滑。后者齿轮副外露，易受灰尘及有害物质侵袭，且不能保证良好的润滑。

（5）按使用情况不同，齿轮传动可分为动力齿轮传动（以动力传输为主，常为高速重载传动或低速重载传动）和传动齿轮传动（以运动准确为主，一般为轻载高精度传动）。

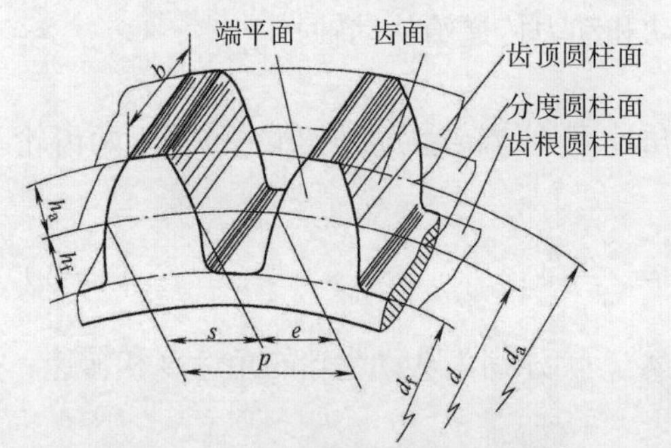

图 2-12　直齿圆柱齿轮的几何要素

（6）按齿面硬度不同，齿轮传动可分为软齿面齿轮（齿面硬度≤ 350HBS）传动和硬齿面齿轮（齿面硬度＞ 350HBS）传动。

（7）根据轮齿齿廓曲线不同，齿轮传动可分为渐开线齿轮传动、摆线齿轮传动和圆弧齿轮传动等，其中渐开线齿轮传动应用最广。

齿轮的基本参数包括模数、中心距、基本齿廓、变位系数等。其中，直齿圆柱齿轮的几何要素如图 2-12 所示。

# 第三节　液压传动和气压传动

## 一、液压传动

### （一）液压系统组成

液压系统是以液体为工作介质，以液体的压力能进行运动和动力传递的一种传动方式，其传动模型如图 2–13 所示。与机械传动相比，液压系统具有传递动力大、体积小、重量轻、结构紧凑、易于调速控制和实现自动化等许多优点，因此在游乐设施中广泛应用。

液压系统主要是由动力元件（液压泵）、执行元件（液压缸或液压马达）、控制元件（各种阀）、辅助元件等液压元件和工作介质（液压油）构成的。

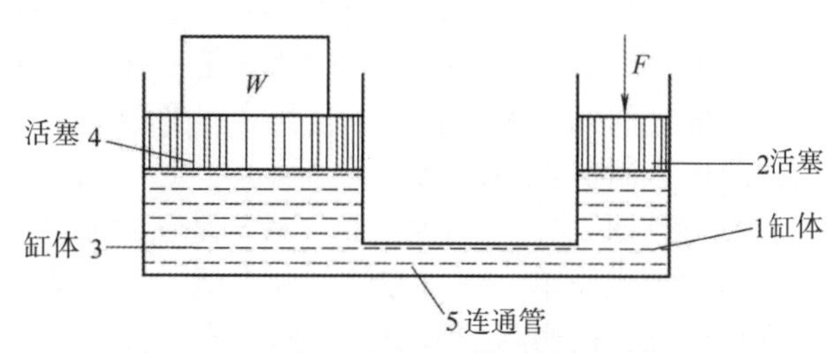


图 2–13　液压系统的传动模型

液压元件有动力元件、执行元件、控制元件和辅助元件等4类。

（1）动力元件，是利用液体把原动机的机械能转换成液压能，也是液压系统中的动力部分。它主要包括齿轮泵、叶片泵、柱塞泵、螺杆泵等。

（2）执行元件，是将液体的液压能转换成机械能的部分。它主要包括液压缸和液压马达。液压缸有活塞液压缸、柱塞液压缸、摆动液压缸、组合液压缸等；马达有齿轮式液压马达、叶片液压马达、柱塞液压马达等。

（3）控制元件，是根据需要无级调节液动机的速度，并对液压系统中工作液体的压力、流量和流向进行调节与控制。它包括方向控制阀、压力控制阀和流量控制阀。方向控制阀有单向阀、换向阀等，压力控制阀有溢流阀、减压阀、顺序阀、压力继电器等，流量控制阀有节流阀、调速阀、分流阀等。

（4）辅助元件，是指除上述三部分以外的其他元件，包括蓄能器、过滤器、冷却器、加热器、油管、管接头、油箱、压力计、流量计和密封装置等。

### （二）液压缸与液压马达

液压缸和马达是将液体的液压能转换成机械能器件，其中，液压缸做直线运动，马达做旋转运动。

#### 1. 液压缸的类型和特点

按运动方式分，液压缸可分为直线运动（活塞式、柱塞式）液压缸、摆动（摆动液压缸）液压缸；按作用方式分，它又可分为单作用液压缸和双作用液压缸。单作用液压缸又分为活塞单向作用（由弹簧使活塞复位）的液压缸和柱塞单向作用（由外力使柱塞返回）的液压缸两种。双作用液压缸又分为活塞双作用左右移动速度不等的液压缸和双柱塞双作用的液压缸；按结构形式分为活塞式、柱塞式、摆动式 3 种液压缸。

#### 2. 液压缸的结构

液压缸由缸体组件、活塞组件、密封装置等部分组成。常用的缸体组件结构如图 2–14

所示。另外，还有缸筒和端盖采用拉杆连接和焊接式连接的结构。活塞组件由活塞、活塞杆组成，它又分为整体式和分体式两种。

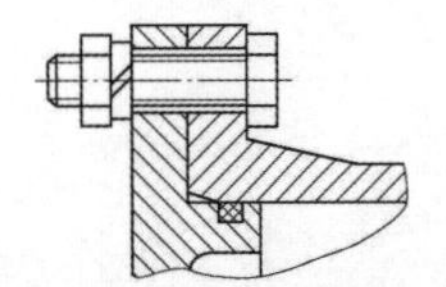

（a）缸筒和端盖采用法兰连接

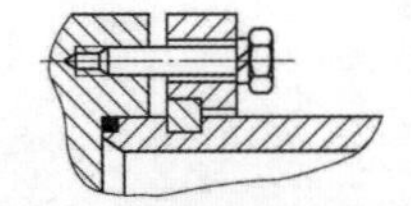

（b）筒和盖采用半圆连接

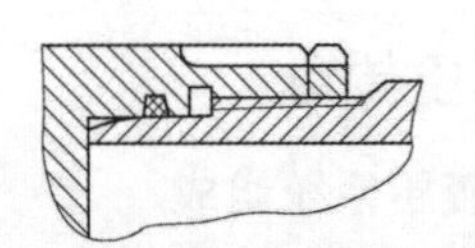

（c）筒和盖采用螺纹连接

**图 2–14 缸体组件结构**

（1）密封装置，液压缸中的密封主要指活塞和缸体之间，活塞杆和端盖之间的密封，用于防止内、外泄漏。密封装置的要求是：在一定工作压力下，具有良好的密封性能；相对运动表面之间的摩擦力要小，且稳定；要耐磨，工作寿命长，或磨损后能自动补偿；使用维护简单，制造容易，成本低。

（2）密封形式，有间隙密封、活塞环密封和密封圈密封 3 种。一般使用密封圈密封。其优点是，结构简单，制造方便，成本低；能自动补偿磨损；密封性能可随压力加大而提高，密封可靠；被密封的部位，表面不直接接触，所以加工精度可以降低；既可用于固定件，也可用于运动件。

（3）液压马达，是把液压能转变为机械能的一种能量转变装置。从能量互相转换的观点看，泵和马达可以依据一定条件而转化。当马达带动其转动时，即为泵，输出液压油（流量和压力）；当向其通入液压油时，即为马达，输出机械能（转矩和转速）。从工作原理上讲，它们是可逆的，但由于用途不同，故在结构上各有其特点。因此，在实际工作中大部分泵和马达是不可逆的。

## 二、气压传动

气压传动是以压缩空气作为工作介质传递运动和动力。其工作原理是利用空气压缩机把电动机或其他原动机输出的机械能转换为空气的压力能，然后在控制元件的控制下，通过执行元件把压力能转换为直线运动或回转运动形式的机械能，从而完成各种动作并对外做功。气压传动系统的组成与液压传动系统相似，也由四部分组成：①动力元件（气压发生装置，包括空压机）；②执行元件（包括气缸和气马达）；③控制元件（包括各种压力、流量、方向控制阀）；④辅助元件（包括油水分离器、干燥器、过滤器等气源净化装置以及储气罐、消声器、油雾器、管网等）。

气压传动系统由气源装置、执行元件、控制元件和辅助元件四部分组成。气源装置一般由电动机、空气压缩机、储气罐等组成，并为系统提供符合一定质量要求的压缩气体。气动执行元件把压缩气体的压力能转换为机械能，用来驱动工作部件，包括气缸和气动马达。控制元件用来调节气流的方向、压力和流量，相应地分为方向控制阀、压力控制阀和流量控制阀。辅件元件包括净化空气用的分水滤气器、改善空气润滑性能的油雾器、消除噪声的消声器及管子连接件等。在气压传动系统中，还有用来感受和传递各种信息的气动传感器，如图 2–15 所示。

由于气压传动的介质为压缩空气，故在传动性能上有许多优点：①空气作为介质，介质清洁，费用低，维护处理方便，不存在变质，管道不易堵塞；②空气黏度很小，管道压力损失小，便于集中供应和长距离输送；③气压传动反应快，动作迅速，一般只需 0.02 ~ 0.3s 就可以建立起需要的压力和速度；④压缩空气的工作压力较低，一般为 $(4 \sim 8) \times 10^5$Pa，因此降低了对气动元件的材质和加工精度的要求，使元件制作容易、成本低；⑤空气的性质受温度的影响小，高温下不会发生燃烧和爆炸，故使用安全，温度变化时，其黏度变化极小，不会影响传动性能。

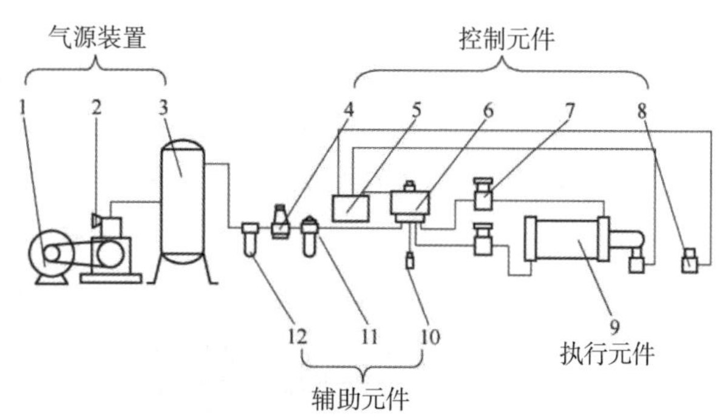


**图 2-15 气压传动系统的组成示意图**

1—电动机；2—空气压缩机；3—储气罐；
4—压力控制阀；5—逻辑元件；6—方向控制阀；
7—流量控制阀；8—行程阀；9—气缸；
10—消声器；11—油雾器；12—分水滤气器

气压传动的主要缺点是：①气动的压力低，相同的力结构尺寸大，气动装置的出力受到一定限制 ( 一般不宜大于 10 ~ 40kN)；②由于空气的可压缩性，气动装置的动作稳定性差，当外载荷变化时，对速度影响更大；③气动装置的噪声较大。

还需指出的是，气压传动所用的压缩空气通常由空气压缩机站集中供给的空气压力较高，压力波动较大，因此需用调压阀将气压调节到每台设备实际需要的压力，并保持降压后压力值的稳定。气压传动不仅可以实现单机自动化，而且可以控制流水线和自动线的生产过程。关于气压传动的设计计算，可参阅有关专著和手册。

气压传动系统与其他传动方式的性能比较见表 2-5。

**表 2-5 气压传动系统与其他传动控制方式的性能比较**

| 方式<br>项目 | | 操作力 | 动作快慢 | 环境要求 | 构造 | 负载变化影响 | 远程操作 | 无级调速 | 工作寿命 | 维护 | 价格 |
|---|---|---|---|---|---|---|---|---|---|---|---|
| 流体 | 气压 | 中等 | 较快 | 适应性 | 简单 | 较大 | 中距离 | 较好 | 长 | 一般 | 便宜 |
| | 液压 | 最大 | 较慢 | 不怕振 | 稍复杂 | 较小 | 短距离 | 良好 | 一般 | 要求高 | 稍贵 |
| 电 | 电气 | 中等 | 快 | 要求高 | 稍复杂 | 几乎没有 | 远距离 | 良好 | 较短 | 要求较高 | 稍贵 |
| | 电子 | 最小 | 最快 | 要求特高 | 复杂 | 几乎没有 | 远距离 | 良好 | 短 | 要求更高 | 很贵 |
| 机械系统 | | 较大 | 一般 | 一般 | 一般 | 几乎没有 | 短距离 | 较困难 | 一般 | 简单 | 一般 |

## 第四节 电气安全防护

游乐设备电气系统是其运行的指挥控制中心，可是由于电气设备失灵或损坏导致电击或电火的发生、由于控制电路的失灵或损坏导致机械误动作、由于电源的干扰或故障及动力电路失灵或故障造成的机械误动作、由于滑动和滚动的接触的电路断开或粘连引起安全功能失效、由于电气设备外部和内部产生的电干扰等都严重威胁着乘客的安全，所以只有采用合理和可靠的电气安全保护系统，才是游乐设备安全运行的保障。

安全防护是电气系统中必要的保护环节，它涉及电气系统的各个环节，下面以游乐设备机械流程图对各个环节应具备的安全防护系统进行分析，见图 2–16。

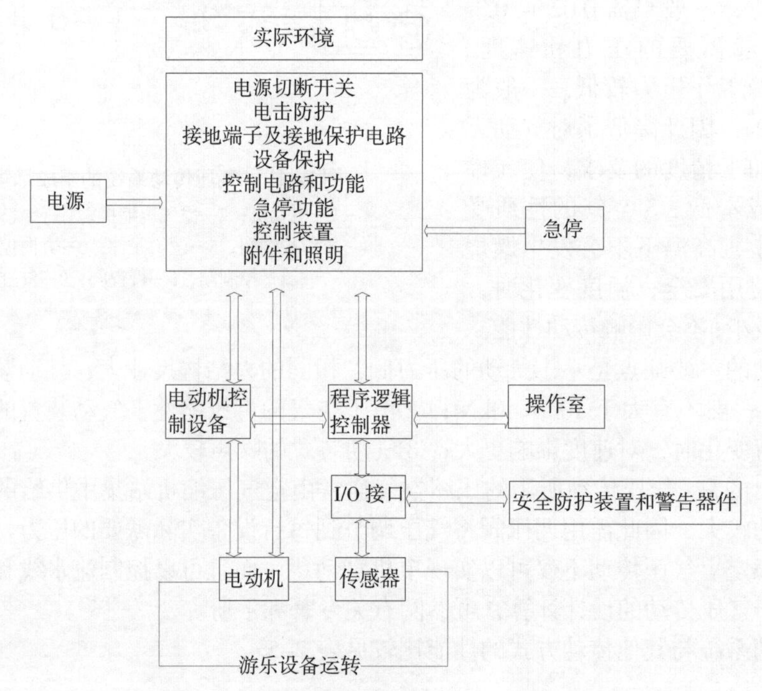


**图 2–16 游乐设备机械流程**

## 一、环境条件和电击防护

### （一）环境条件

（1）环境空气温度。电气设备应能正常工作在空气温度 5 ~ 40℃范围内，对于非常热及寒冷的环境，对电气元件需有额外要求。

（2）湿度。当环境温度为 40℃时，相对湿度不超过 50%。

（3）海拔。电气设备应能在海拔 1000m 以下正常工作，如在特殊的海拔环境下，对电气元件需有额外的要求。

（4）电磁兼容。电气设备采用电容器、电感器、压敏电阻或电气连接的导电外壳作屏蔽抑制电磁干扰，通过采用合适的滤波器和时延及合理的布线形式消除干扰。

（5）游乐设施不应设置在高压输配电架空线路通道内。

### （二）电击防护

电气设备应具备在直接接触与间接接触的情况下保护人们免受电击的能力。

（1）安装在水泵房、游泳池等潮湿场所的电气设备及使用非安全电压的装饰照明设备，应有剩余电流动作保护装置。剩余电流保护装置的技术条件应符合《剩余电流动作保护电器（RCD）的一般要求》（GB/T 6829—2017）和《剩余电流动作保护装置安装和运行》

（GB/T 13955—2017）的有关规定，其技术额定值应与被保护线路或设备的技术参数相配合；用于直接接触电击防护时，应选用 0.1s、30mA 高灵敏度快速动作型的剩余电流保护器。在间接接触防护中，采用自动切断电源的剩余电流保护器时，应正确地与电网的接地型式相配合。

（2）用外壳做防护的直接接触的最低防护等级为 IP2X 或 IPXXD。

（3）在安装、维护、检验时，需要察看危险区域或人体某个部分（例如手臂）需要伸进危险区域的设施，应有防止误启动控制装置，一般可采取下列措施：①控制或连锁元件设置于危险区域，并只能在此处闭锁或启动；②具有可拔出的开关钥匙。

## 二、接地和避雷

### （一）接地保护电路

（1）低压配电系统的接地型式应采用 TN–S 系统或 TN–C–S 系统。符合《低压配电设计规范》（GB 5005—2011）的规定。

（2）电气接地保护应采用等电位连接。

（3）电气设备正常情况下，不带电的金属外壳、金属管槽、电缆金属保护层、互感器二次回路等必须与电源线的 PE 线可靠连接，低压配电系统保护重复接地电阻应不大于 10Ω。

接地装置的设计和施工应符合《交流电气装置的接地设计规范》（GB/T 50065-2011）、《电器装置安装工程接地装置施工及验收规范》（GB 50169—2016）的规定。

### （二）避雷接地防护

高度大于 15m 的游乐设施和滑索上、下站及钢丝绳等应装设避雷装置，高度超过 60m 时还应增加防侧向雷击的避雷装置。引下线宜采用圆钢或扁钢，圆钢直径不应小于 8mm，扁钢截面不应小于 48mm$^2$，其厚度不应小于 4mm。当利用设备金属结构架做引下线时，截面和厚度不应小于上述要求，在分段机械连接处应有可靠的电气连接。引下线宜在距地面 0.3 ~ 1.8m 装设断接卡或连接板，并应有明显标志。避雷装置的接地电阻应不大于 30Ω。避雷装置的设计和施工应符合 GB 50057 的规定。

### （三）参考的电气标准

（1）《低压配电设计规范》（GB 50054）。

（2）《电气装置安装工程接地装置施工及验收规范》（GB 50169）。

（3）《剩余电流动作保护器的一般要求》（GB 6829）。

（4）《机械安全机械电气设备 第 1 部分：通用技术条件》（GB 5226.1）。

（5）《家用和类似用途电器的安全 第 1 部分：通用要求》（GB 4706.1）。

（6）《电机外壳防护等级》（GB 4208）。

（7）《电工成套装置中的指示灯和按钮的颜色》（GB 2682）。

## 三、电气设备的保护

（1）由于短路而引起的过电流，应采用过电流保护。

（2）电机过载：额定功率大于 0.5kW 以上的电动机应配备过载保护（过载保护器、温度传感器、过流保护器）。

（3）接地故障保护。

（4）闪电和开关浪涌引起的过电压保护。

（5）异常温度保护。

（6）失压或欠电压保护。

（7）机械或机械部件超速保护。

（8）相序错误保护。

保护装置具有选择性，在刀开关上安装熔丝或熔断器，便组成了兼有通断电路和短路保护作用的开关电器；断路器是进行失压、欠压、过载和短路保护的电器；熔断器对过载反应不灵敏，不宜用于过载保护，主要用于短路保护；接触器有过载保护能力，却没有短路保护功能，有些电器既有控制作用，又有保护作用，如行程开关既可控制行程，又能作为极限位置的保护；自动开关既能控制电路的通断，又能起短路、过载、欠压等保护作用；漏电断路器用于对线路漏电的保护，以及运用物理参数进行检测并加以控制的电路，如检测电压、电流、相序、频率、转速、速度、加速度、角度、流量、水位、温度、张紧力等通过检测电路加以控制，对检测出不正常的物理量并使此分支路停止工作等合理地控制电路。

## 四、控制电路和控制功能

（1）控制电路应提供过流保护装置。

（2）低压配电系统电控制系统必须满足游乐设施运行工况和乘客安全。采用逻辑程序控制时，逻辑控制应合理可靠，能满足设备安全运行要求。

（3）采用自动控制或连锁控制时应有维修（维护）模式，应使每个运动能单独控制。

（4）采用自动控制或连锁控制，当误操作时，设备不允许有危及乘客安全的运动。

（5）采用无线遥控和接近开关等控制时，应充分考虑发射和接受感应组件抵抗外界干扰能力和对工作环境的敏感性，并应有故障检测及信号报警系统。

（6）游乐设施启动前应设必要的音响等信号装置。

## 五、安全电压

安全电压额定值的等级为42V、36V、24V、12V、6V。

（1）乘客易接触部位（高度小于2.5m或安全距离小于500mm范围内）的装饰照明电压应采用不大于50V的安全电压。

（2）由乘客操作的电器开关应采用不大于24V的安全电压，对于工作电压难以满足上述要求的设备，其开关的操作杆和操作手柄等类似结构，应符合《家用和类似用途电器的安全　第1部分：通用要求》（GB 4706.1—2005）中的规定。

（3）带电在地面行驶的游乐设施，如儿童小火车等，轨道电压应不大于50V。架空行驶的游乐设施，如架空列车等，滑接线高度低于2.5m处应设置安全栅栏和安全标识。

# 第三章　游乐设施安全保护装置及其设置

大型游乐设施的安全装置是确保大型游乐设施安全必不可少的重要组成部分。安全装置包括乘人安全束缚装置（安全带、安全压杠和挡杆）、锁紧装置、止逆行装置（止逆装置）、制动装置、超速限制装置（限速装置）、运动限制装置（限位装置）、防碰撞及缓冲装置等。

## 第一节　乘人安全束缚装置

自 2010 年以来，国内发生的多起大型游乐设施事故均与束缚装置有关，一方面，中小型游乐设施制造单位对 B、C 级大型游乐设施的乘人安全束缚装置重视不够，安全分析能力较差，研究不透，设计制造出来的装置安全隐患较多；另一方面，运营使用单位对其日常检查、保养不到位，设施功能失效后还在继续使用。虽然《游乐设施安全技术监察规程（试行）》和《大型游乐设施安全规范》（GB 8408—2018）中对乘人安全束缚装置都有相应要求，但这些都是通用要求，一定要结合设备的运动特点、结构原理、适应对象，通过安全分析、安全评估，优化设计，设置合理的乘人安全束缚装置，确保其可靠有效。

近年来大型游乐设施事故原因分析表明，作业人员未有效锁紧安全压杠、乘客自行打开安全挡杆或安全带、安全带断裂或未系安全带等，是造成乘客伤亡的主要原因。据不完全统计，截至 2018 年底，全国共有大型游乐设施 15287 台，其中水上游乐设施 1851 台、陆地设备 13436 台，陆地设备中，境内制造设备 11551 台，境外制造设备 431 台，型式试验备案设备 481 台，原厂不存在的设备 82 台，另有 891 台设备存疑，制造单位认为不是该企业生产的。2006 年以来，大型游乐设施事故中与乘客束缚装置有关的 26 起，而 2014 年以来 27 起大型游乐设施事故中就有 17 起事故与乘客束缚装置有关。

从近年来游乐设施事故统计分析，针对乘客束缚装置失效原因大体可分为以下几种（见图 3-1）：

（1）未确认锁紧安全压杠、安全档杆、安全带即启动设备。

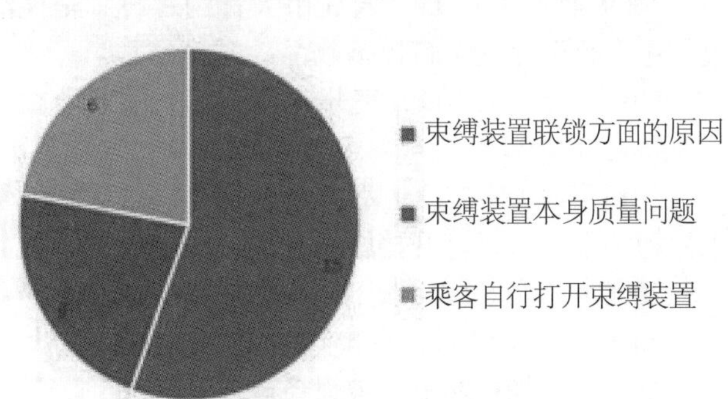


图 3-1　束缚装置失效原因分析

2006 年 4 月 16 日，贵阳河滨公园“穿梭时空”乘客坠亡。原因：未锁紧安全压杠即启动设备。

2006 年 5 月 7 日，西安兴庆宫公园“高空揽月”乘客坠伤。原因：未锁紧安全压杠即启动设备。

2007 年 2 月 22 日，重庆沙坝公园“探空梭”乘客坠亡。原因：未锁紧安全压杠即启动设备。

2009 年 8 月 26 日，柳州市龙潭公园“旋转飞车”乘客摔落致重伤。原因：操作人员未确认压杠锁紧，未系安全带即启动设备。

2010 年 1 月 31 日，合肥逍遥津“遨游太空”乘客被抛出致伤。原因：乘客体型过胖，压杠未锁紧即启动设备。

2015 年 2 月 20 日，商洛金凤山儿童游乐园“狂呼”乘客坠亡。原因：未锁闭安全压杠，启动设备导致游客坠亡。

2015 年 3 月 28 日，黄石雷山风景区“滑索”乘客坠亡。原因：滑车安全带承载绳未挂即放行。

2015 年 5 月 1 日，温州平阳县游乐园“狂呼”乘客坠亡。原因：操作员未疏散游客，未锁紧安全压杠。设备异常转动。

2009 年 5 月 28 日，齐齐哈尔龙沙公园“三维太空环”乘客被挤压致亡。原因：未系安全带即启动设备。

2011 年 7 月 16 日，桂林灵川古东景区“滑道”检修员被抛出死亡。原因：检修员乘坐滑车，未系安全带即启动设备。

2013 年 9 月 15 日，西安秦岭欢乐世界“极速风车”乘客坠伤。原因：操作员屏蔽安全联锁保护装置，安全压杠未锁紧导致乘客被甩出。

2014 年 2 月 1 日，义乌乐园“疯狂飞碟”乘客坠伤。原因：乘客体型不满足乘坐条件（7 岁儿童），安全压杠无法有效压紧被甩出。（一般不超过 75kg）

2015 年 9 月 12 日，武汉中山公园 “大章鱼”乘客摔伤。原因：安全压杠未压实，操作员未检查。

2017 年 2 月 3 日，重庆丰都县朝华公园张辉游乐场“遨游太空”乘客坠亡。原因：安全压杠未压实，安全带未系紧，安全带被拉断。

2018 年 4 月 21 日，许昌西湖公园“飞鹰”乘客坠亡。原因：未确认安全压杠锁紧，拦腰安全带未系，兜裆安全带自行缝合断裂。

2018 年 5 月 30 日，合肥欢之岛乐云“滑索”乘客坠亡。原因：未系安全带，操作员打开放行挂钩及放行门后离岗，滑车下滑导致乘客坠亡。

（2）乘客自行打开安全挡杆、安全带。

2009 年 8 月 24 日，通辽市大青沟森林“旱地滑车”乘客违章致亡。原因：乘客乘坐过程中自行解除安全带捡拾物品，被撞致亡。

2014 年 5 月 18 日，宿州“海盗船”乘客坠亡。原因：设备未停稳，乘客自行打开，下车坠亡。

2014 年 10 月 2 日，海口美兰航空嘉年华游乐场“摇头飞椅”乘客坠伤。原因：设备未停稳，乘客自行打开挡杆。

2016 年 2 月 8 日，佛山乐园娱乐中心“爬山车”乘客坠亡。原因：乘客自行解开安全带。

2016 年 4 月 14 日，扬州瘦西湖游乐场“超级秋千”乘客被碾压致亡。原因：设备未停稳，乘客自行打开挡杆跳下，被设备碾压。

2017 年 7 月 30 日，北京乐多港“飞行影院”乘客坠亡事故。原因：乘客自行解开安全带。

（3）安全带断裂。

2014 年 4 月 30 日，鞍山八角台公园“小蹦极”乘客坠亡。

2016 年 2 月 22 日，渑池县仰韶广场 “高空揽月”乘客坠亡。

（4）其他。

2016 年 3 月 11 日，国家森林公园森龙游乐场“摩天环车”安全员坠亡。原因：安全员为乘客系安全带，操作员启动设备将安全员甩出。

2018 年 4 月 6 日，湖北十堰人民公园 “阿拉伯飞毯”游客甩出受伤事故。原因：游客进入操作间，误启动设备导致乘客未系安全带被甩出。

## 一、安全带和安全压杠

### （一）安全带

安全带宜采用尼龙编织带等适于露天使用的高强度带子，不要采用棉线带、塑料带、人造革带及皮带，因为前 3 种安全带的强度较弱，易破损；皮带经雨淋后，易变形断裂。安全带的带宽应不小于 30mm，安全带破断拉力不小于 6000N。安全带宜分成两段，分别固定在座舱上，安全带与机体的连接必须可靠，可以承受可预见的乘人各种动作产生的力。若直接固定在玻璃钢件上，其固定处必须牢固可靠，否则应采取埋设金属构件等加强措施，如图 3–2 所示。安全带作为第二套束缚装置时，可靠性按其独立起作用设计。

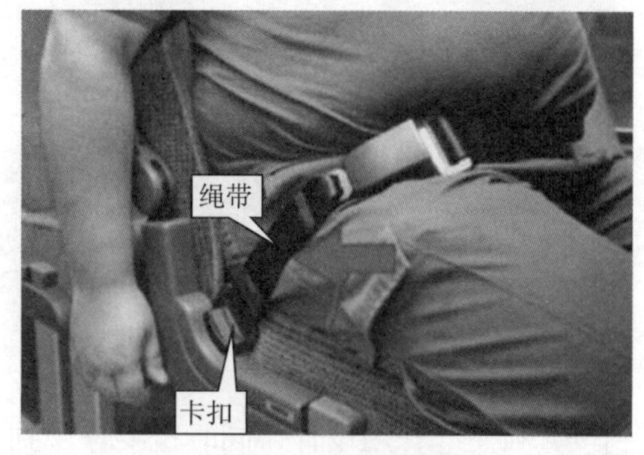


图 3–2 安全带连接

1. 安全带的分类及锁扣形式

按照安装方式和固定点的差异，安全带大体可分为两点式、三点式、全背式三种。

（1）两点式。这种安全带按乘人不同的约束位置可分为腰带和肩带。腰带只限制乘人的腰部移动，肩带只限制乘人的上半身移动，如图 3–3 所示。腰带的缺点是，设备运行过程中如有冲击或变速度时使得腹部受力很大，而且上身容易前倾，大大增加了乘人头部受伤的可能性。肩带斜挎于胸前，可防止上身的前倾，但设备有冲击、翻滚或变速度时，腰、髋部容易滑出，而且膝部活动空间较大，容易碰伤。翻滚类游乐设施不能使用肩式安全带，人倒立时此安全带在垂直方向上作用不大。

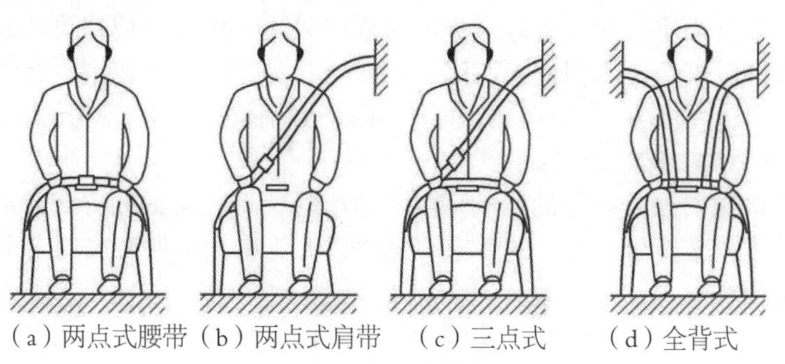


图 3–3 安全带的形式

（2）三点式。这种安全带在游乐设施上作用很大，一定要大范围推广，它是腰式和肩式安全带的组合，达到限制乘人躯体前移和限制上身过度前倾的目的。

（3）全背式。这种安全带是左右对称的肩带，保护效率最高，但作业人员操作不方便，一般用于比较危险的游乐设施上。

目前安全带锁扣形式有以下几种，如图 3–4 所示。

（a）飞机安全带（b）汽车安全带（一）（c）汽车安全带（二）

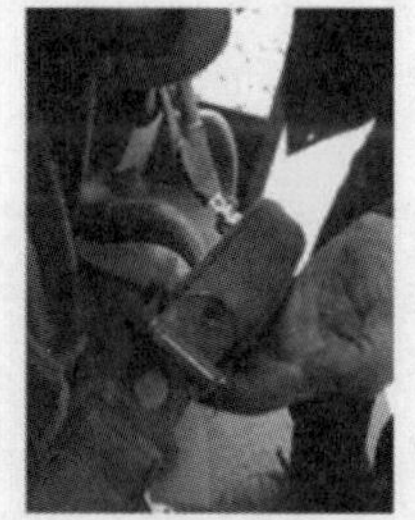

（d）摩擦锁紧型带扣

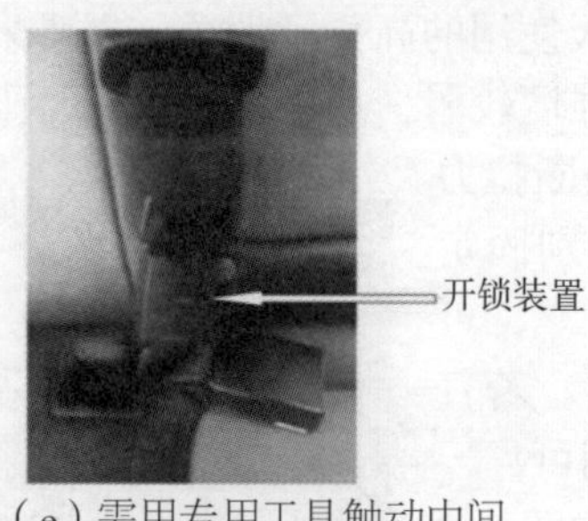


（e）需用专用工具触动中间红色开锁装置的带扣

**图 3–4　安全带带扣(锁扣)**

通过分析可知，图 3–3 中前四种锁扣乘人很容易自己打开，设备运行过程中如果乘客特别紧张或儿童没有安全意识，可能无意识地碰触到开锁按钮，安全带就打开了，进而起不到保护作用。第五种相对比较可靠，必须要操作人员用专用工具才能打开锁具。

2. 使用场合

安全带常常单独用于轻微摇摆或升降速度较慢，没有翻转、没有被甩出危险的游乐设施上，如常见的自控飞机、转马、架空游览车等设备；安全带作为辅助束缚装置时，其可靠性既要考虑到按其独立起作用设计，同时也要考虑到锁扣不能轻易被打开，还能充分地把游客束缚在座位上。

3. 常见危险

允许儿童乘坐的设备，由于儿童对危险性认知不够，很多行为不可控制，比如在乘坐自控飞机时，虽然系好了安全带，但运转过程中，儿童可能自行打开安全带锁扣或无意识地碰到锁扣而打开，在离心力的作用下很容易被甩出，作业人员可加强现场管理来提醒乘客规避这样的风险，但其也有麻痹大意的时候。

4. 相关建议

此类设备设计制造时建议设置儿童专座，同时要求安全带锁扣不易被儿童打开，通过安全带本体的可靠性而不是通过管理来规避这样的风险。设计单位在设计时还要结合设备的运动特点，设置的安全带不但约束游客的不安全行为，同时还要把游客约束在一定的安全空间内，在变加速度情况下，不至于使身体跟周边物体发生碰撞，导致人员受伤。因此，还要考虑安全带的结构形式及锁扣形式。

因此，生产单位要根据设备的运动特点、适应对象选择合适的安全带形式和锁具，既要满足《大型游乐设施安全规范》的要求，又要以人为本，确保游客的安全。

**（二）安全压杠**

对于运行时产生翻滚运动或冲击比较大的运动的大型游乐设施，为了防止乘人脱离乘坐物，应当设置相应形式的安全压杠。

1. 结构形式及工作原理

根据使用场合不同，安全压杠可分为护胸压肩式和压腿式两种。安全压杠的基本形式如图 3–5 所示，其开启和下压动作都很简单，就是压杠围绕支点 $O$ 旋转。

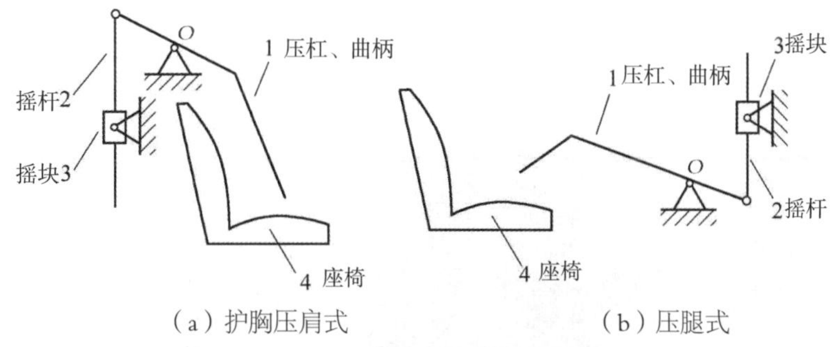


（a）护胸压肩式　　（b）压腿式

**图 3–5　安全压杠的基本形式**

（1）护胸压肩式安全压杠。这种安全压杠常用于座舱翻滚、颠倒及人体上抛的游乐设备，如过山车、垂直发射或自由落体穿梭机、翻滚类的高空揽月、乘人会倒悬的天旋地转多自由度的游乐设备。一般此类设备离地面的距离较高、运动惯性较大，乘人在游玩该类游艺机时有可能会脱离座位被甩出舱外而受到意外伤害。为防止乘人脱离座位，就必须用护胸压肩式安全压杠强制乘人坐在座位上。游玩时，当乘人身体欲往上抬离座位时，压杠的挡肩部分将挡住肩膀；若身体要往前去，则压杠的护胸部分又挡住胸口。这样就将乘人限制在座位和靠背的很小活动范围内，防止意外受伤。

护胸压肩式安全压杠的内芯采用钢管（棒）弯制而成，外面与人的肩膀和胸口以及脸颊接触部位包裹较软的橡胶或织物，这样既保证了足够的机械强度，又不至于挫伤乘人的身体。

目前市场上的游乐设备越来越追求刺激，设备多自由度运转，为了防止护胸压肩式安全压杠在使用过程中失效，大部分设备还加装了辅助的独立安全保护装置，如安全带等，如图 3–6 所示。有的压杠前端还加装了气动插销锁紧，如图 3–7 所示。它可以防止主锁紧装置失效，导致压杠可自由打开，这样可有效地确保乘人的安全。

**图 3–6　辅助安全带**

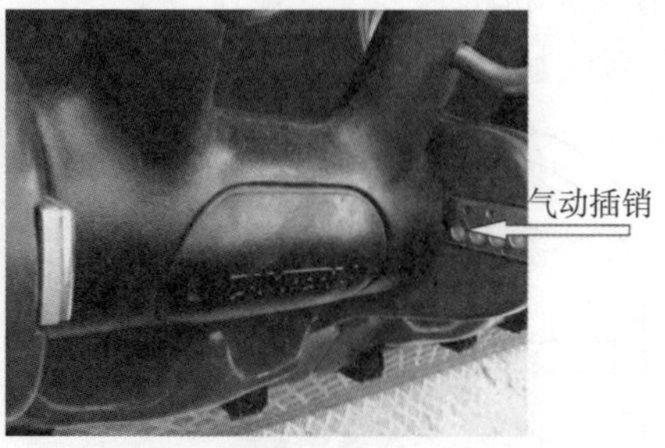


**图 3–7　安全压杠端部二次保护**

冲击较大或翻滚类的设备加设独立安全带时，要确保将乘客在座椅和安全压杠间活动空间限制在很小的范围内，防止活动空间大了，由于冲击的作用，不断与压杠、压杠根部、座席间发生碰撞，导致头部、肩部、身体其他部位受伤；设备倒立时，有可能出现乘客从压杠间隙内甩出的现象。因此，应根据实际情况，设置合理的安全带形式。对冲击较大或翻滚类设备，在设置护胸压肩安全压杠的同时，建议设置如图 3–8 所示的柔性束缚装置，能充分将乘客束缚在很小的活动空间内。

（2）压腿式安全压杠。这种安全压杠主要用于不翻滚、冲击不大的游乐设施，如惯性滑车、海盗船、美人鱼等设备，如图 3–9、图 3–10 所示。压杠压在乘人的大腿根部，不让乘人站起来离开座位，以免乘人被甩出舱外。压腿式安全压杠也是由钢管制成的，外面包有橡胶或织物。

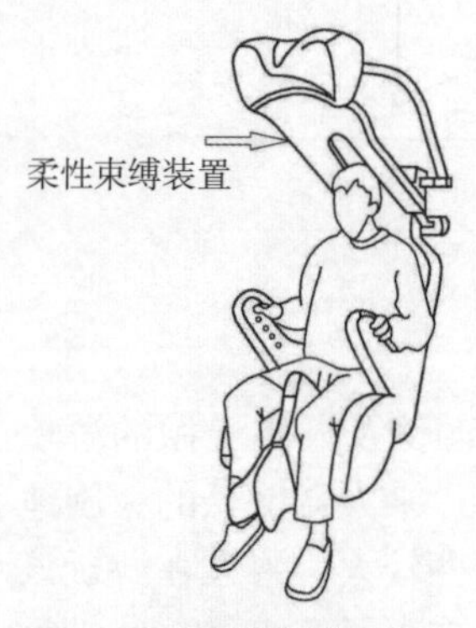

图 3–8 柔性束缚装置

图 3–9 压腿式安全压杠的外形

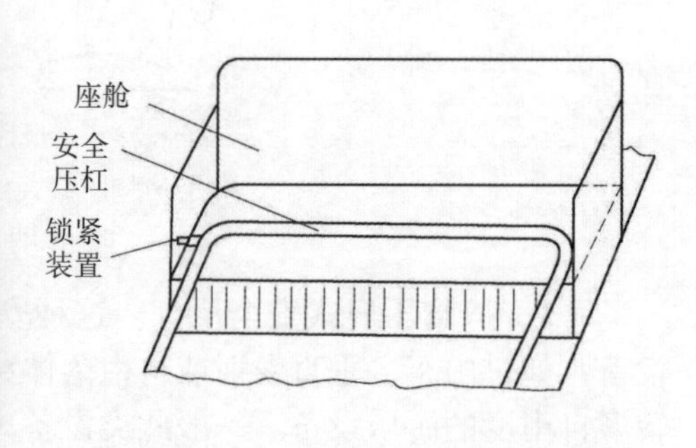

图 3–10 压腿式安全压杠的结构

2. 相关安全要求

（1）游乐设施运行时有可能发生乘人被甩出去的危险，因此必须设置相应形式的安全压杠。

（2）安全压杠本身必须具有足够的强度和锁紧力，保证乘人不被甩出或掉下，并在设备停止运行前始终处于锁定状态。

（3）锁定和释放机构可采用手动或自动控制方式。当自动控制装置失效时，应能够用手动开启。

（4）当设备有乘员时，释放机构应不能随意打开，而操作人员可方便和迅速接近该位置，操作释放机构。

（5）安全压杠行程应无级或有级调节，压杠在压紧状态时，端部的游动量不大于 35mm。安全压杠压紧过程动作应缓慢，施加给乘人的最大力，对成人不大于 150N，对儿童不大于 80N。

（6）乘坐物有翻滚动作的游乐设施，其乘人的肩式压杠应有两套可靠的锁紧装置。

### （三）挡杆

挡杆是一种简易的安全装置，常用于不翻滚、冲击不大的游乐设施中，例如部分自控飞机、海盗船、双人飞天等。挡杆既可以起到阻挡乘人不安全行为的作用，又可以当扶手。其结构形式比较简单，如图 3–11 所示。

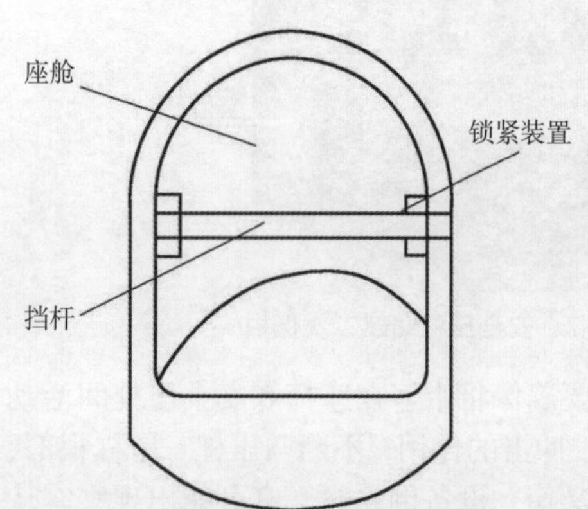

图 3–11 安全挡杆

挡杆由于结构简单，锁紧装置很容易被乘客打开，特别是旋转或摆动设备，在设备运行过程中或未停稳时，乘人打开挡杆锁紧装置，很容易导致事故，国内已发生多起此类事故，如摇头飞椅、超级秋千等设备。因此，设计制造时应考虑乘人不能轻易地打开锁紧装置，比如增加开锁的难度或开锁装置乘客很难接触到。

## 二、锁具

锁具是乘人安全束缚装置的另一个重要组件。锁具有开启和关闭两个状态，当它处于关闭状态时，安全保护装置正好将乘人约束在座位上，在游乐设施运行过程中，锁具必须有效地将乘人约束在座位上，不能自行打开且乘人不能打开，必须当设备停止后由操作人员打开，让乘人离开座位。

### （一）游乐设施常用的锁具

锁具形式有很多种，最常见的有棘轮棘爪、曲柄摇块机构等锁具。

1. 棘轮棘爪锁具

棘轮棘爪也是一种常见的锁紧装置，如图 3-12 ~ 图 3-14 所示。这类锁具就是直接在压杠的回转轴处安装一个棘轮，再配以一个带弹簧的棘爪或卡销，当乘人或服务人员将压杠往身体方向压下时，棘轮转动，棘爪或卡销落入棘齿的底部，由于棘爪或棘轮具有止逆作用，此时压杠不能往回转动，也就是说，压杠能挡住乘人的身体，不让乘人脱离座位。棘爪或销卡弹簧保证棘爪始终与棘齿接触，卡到棘齿后不松开。如果棘轮有多个齿，则压杠可以继续往下压，直到棘爪卡到最后一个棘齿位置。目前大部分翻滚类或冲击较大的游乐设施所用的安全压杠，其锁紧装置如果是机械式棘轮棘爪，则一般采用双棘轮棘爪装置，当一套失效时，另一套还保持有效状态，保证乘人在空中不至于掉落下来。如要开锁，只需一个机构从棘轮上的棘齿中拔出棘爪或卡销，这样棘轮就可以反向旋转抬起压杠了。

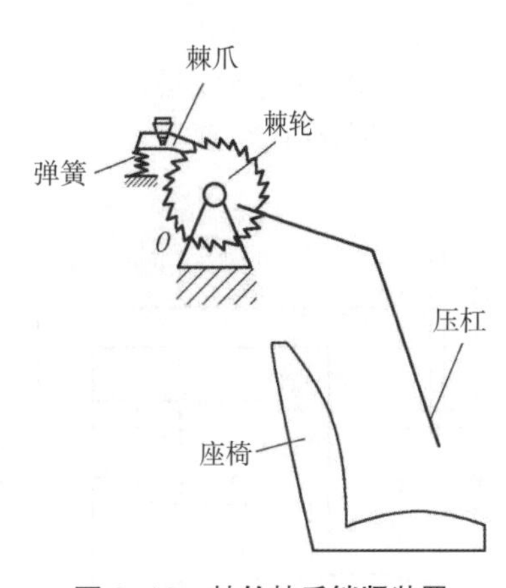

图 3-12　棘轮棘爪锁紧装置

图 3-13　棘轮棘爪的锁紧

图 3-14　双棘轮棘爪的锁紧

注意事项：

（1）棘轮棘爪型安全压杠的空行程较大，应确保安全压杠在压紧状态时端部的游动量不大于 35mm。

（2）压杠臂、曲柄、曲轴、棘爪、棘轮、曲柄轴及曲柄与曲轴焊缝的强度应进行校核计算，以满足使用要求。

2. 曲柄摇块机构锁具

该机构从机械原理上分析可以归类于曲柄摇块类四连杆机构，即由一个滑块（两个构件）、曲柄及机架共 4 个构件组成，压杠就是曲柄。该机构只有一个运动自由度，曲柄（压杠）做主动件带动滑块做直线运动，或者滑块做直线运动带动曲柄（压杠）绕 $O$ 点旋转。如果将机构中的一个构件锁住，则该机构变成 0 自由度，其他构件也就不能运动了。人体安全保护装置就运用这一特性。利用直线运动的滑块较容易实现锁定运动的特点，在需要锁紧时，只需将滑块锁定，则曲柄（压杠）也就不能转动了，而将滑块锁定解除时，曲柄（压杠）也就能绕 $O$ 点转动了。

锁定滑块做直线运动的锁具形式繁多，下面以缸筒类锁具和定位销杆类锁具为例，详细介绍曲柄摇块类锁具。

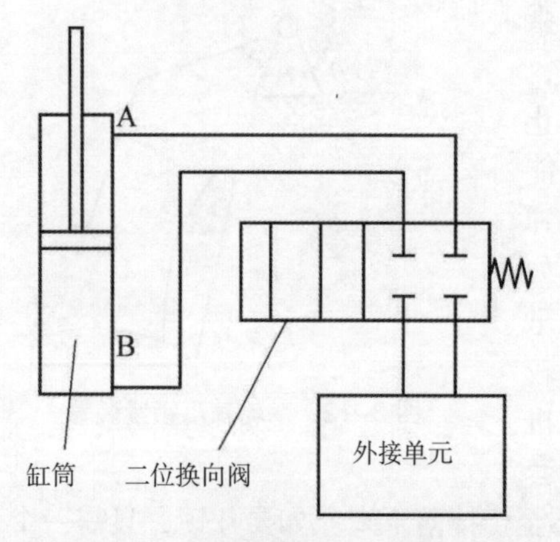


图 3-15　缸筒类锁具的工作原理

（1）缸筒类锁具。其工作原理如图 3-15 所示。它以缸筒、活塞作为滑块的两个构件，在缸筒内充填一定的介质推动活塞运动，如果在缸筒内活塞的两端充满油液，就是我们通常讲的液压缸处于锁紧状态。若缸筒两端油口（A 口和 B 口）保持畅通，则活塞能在缸筒内自如地移动；若将两端进出口封堵住，利用液压压缩性极小的特性，活塞就不能动了，此时，也就锁定了滑块的运动。也可以这样说，锁住缸筒内的油液，也就锁住了压杠的动作，控制缸筒两端的油液流动或截止，主要靠二位换向阀液压元件实现。它是一个 O 形结构的二位换向阀，当二位换向阀处于通位置（图中左侧位置）时，油液能够流动，锁具就能打开；而当二位换向阀处于断位置（图中右侧位置）时，油道被关闭，锁具就闭锁。

缸筒内油液的流动分为无动力源和有动力源两种，所谓的无动力源，是指通过人力（可能再加上弹簧力）转动压杠推动活塞运动，迫使油液从缸筒一端的油口流入到缸筒的另一端；而有动力源则是通过一个动力泵站系统向缸筒的一端注入液压油，推动活塞移动，带动压杠转动。这两种方式可在图 3-15 中的外接单元中接入相应系统加以实现。比较上述两种形式，前者结构简单，但须乘人自己或服务员帮助才能使压杠保护到位；而后者的压杠靠服务人员的推动操作实现转动，无须人力帮忙，但需要一个动力源，因而结构大，元器件多。在不同的游乐设施上，可分别选用上述两种油液动力形式。一般对于惯性类游乐设施，要求紧凑的车辆结构，多选用前者；而有些可以实现一套动力源供多套人体安全装置的游乐设施，则可选用后者。

缸筒类锁具的一个最大的优点是能实现无级锁定，即能锁定在任何位置上。换句话说，压杠能适应不同体形的乘人，使之始终紧贴乘人的身体，既不紧紧压迫乘人，又没有过大的端部游动量。但该锁具对液压件的密封性要求较高，如二位换向阀换向不到位或漏油，锁具就锁不住；若缸筒内密封圈失效，将导致油液内漏或外泄，使活塞在空隙中运动，压杠就锁不住了。该类失效对无动力源性锁具危害尤甚。除了上述失效现象，由于安装时液压缸中心线和活塞杆中心线不同心，还会出现活塞杆螺纹根部断裂或折弯的现象，如图 3–16 和图 3–17 所示。

图 3–16 液压锁紧活塞杆断裂

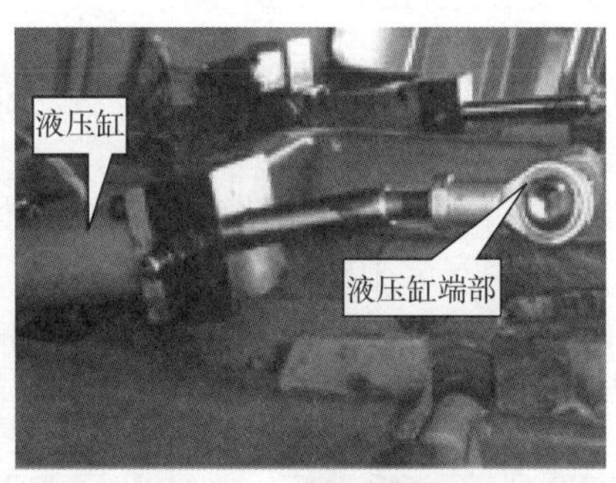


图 3–17 活塞杆折弯

图 3–18 所示的安全压杠采用的保险措施可以有效保护乘人。这种安全压杠锁紧装置由压紧构件、执行构件、安全锁紧和保险构件等部分组成。其中，对乘人身体挡压、阻止身体上下滑溜的压紧构件由压杠 12 和横筒 15 构成；操纵压紧构件上抬和下落的执行构件由转轴 10、扭力夹板 4、摇臂 8、拉杆 3、销轴 7 和主缸 2 构成；承担安全锁紧和保险作用的构件由锁紧安全销 14、弧形插板 13、保险销 5 和保险板 6 构成，其中刚体总成有两组焊接件：一组是摇臂 8、保险板 6 和中套 9 焊接而成；另一组是压杠 12 的两端分别与两组扭力夹板 4 套装后环焊，压杠 12 的“U”形下部凸处用 3 根钢管连接施焊后再与横筒 15 的中部焊接。上述两组焊件分别用平键与转轴 10 中部连接（用两条月牙键与两端连接），构成刚体总成。两个扭力夹板 4 和中套 9 又各套入转轴 10 中，并用平键连接。中套 9 置于两个扭力架板 4 的中间，摇臂 8 和保险板 6 垂直焊接在中套 9 上，主缸 2 的下端用销轴与机座 1 铰链，与主缸 2 连接的拉杆 3 上端用销轴 7 与摇臂 8 连接。两只安全销 14 安装在横筒 15 的两端分别可插入弧形插板 13 的孔中。弧形插板 13 用螺钉拧紧在机座 1 上，保险销 5 的小缸体的前端面轴向紧贴在位于机座 1 上部与保险板 6 相对的托架上。

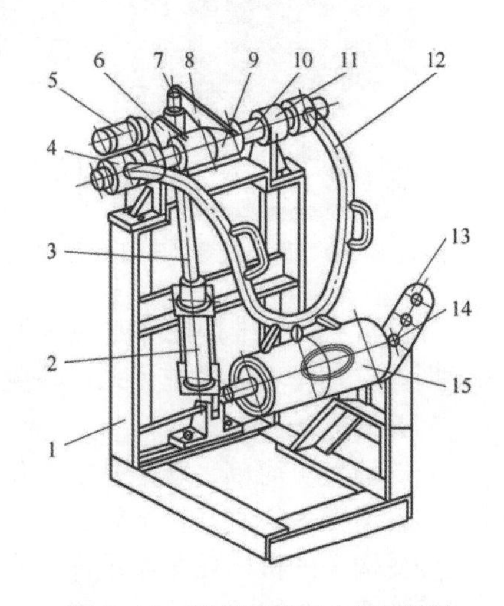


图 3–18 带保险的安全压杠锁具

1—机座；2—主缸；3—拉杆；4—扭力夹板；5—保险销；6—保险板；7—销轴；8—摇臂；9—中套；10—转轴；11—轴座；12—压杠；13—弧形插板；14—锁紧安全销；15—横筒

（2）定位销杆类锁具。其工作原理如图 3–19 ~ 图 3–21 所示。它由带齿孔的销杆和带销齿的滑套组成。滑套在销杆上做直线运动，滑套内有带弹簧的销齿，销齿和销杆上的

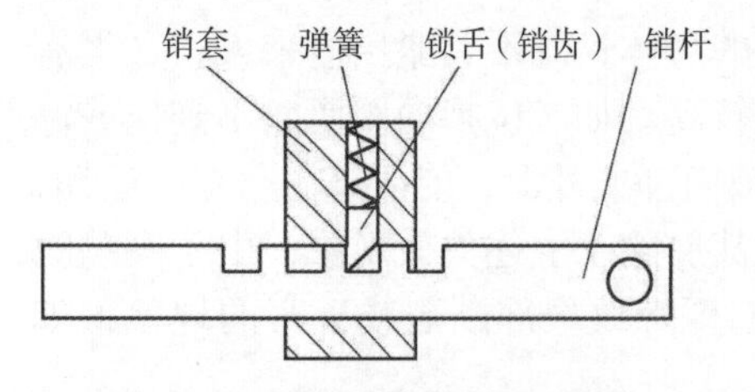


图 3-19　定位销杆锁具示意图

缺口相配有止逆作用（只能做相对一个方向的运动），当销齿卡入到销杆上的齿孔内，滑套就再也不能反向滑动了，此时，滑块机构锁定。在这里，滑块的运动由压杠带动，压杠与曲柄相连，压杠绕 $O$ 点旋转，就带动滑块做直线运动了。相对应的压杠动作是允许往座椅方向下压，但不能反向推离乘人的身体。为适应不同体形的乘人，一般在销杆上设置多个齿孔，使销套上的销齿能定位在多个位置上，这样乘人身体与压杠的间隙可以更小。

这类锁具开锁时只需通过一套开锁装置将销齿拔出齿孔，销杆就能反向移动了。有时候，在销套上安装两个以上销齿，既增加销齿的强度，又提高了锁位的可靠性。

（3）摩擦型安全压杠。

由锁紧环与锁紧杆构成，锁紧时由弹簧推动锁紧环与锁紧杆成一角度并紧紧压在一起，如图 3-22 所示。

图 3-20　齿条锁紧（一）

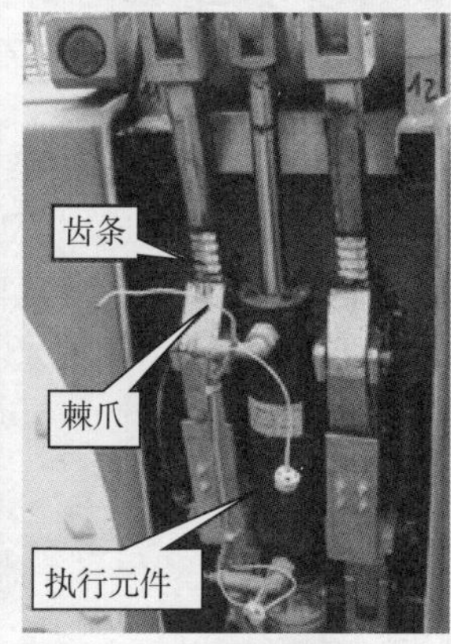


图 3-21　齿条锁紧（二）

图 3-22　摩擦型安全压杠

注意事项：①维护保养时应确保锁紧杆表面光滑，没有油污，以免锁紧失效发生事故。②定期检验时应对焊缝进行无损检测。

3. 其他形式的锁具

有的锁具更简单，就是外加卡位器，每个压杠有一个卡位器安装在乘人手不能接触到的地方，当乘人入座并拉下压杠后，由服务人员按下卡位器锁紧压杠。另外，还有一些运用连杆机构中的机构死角原理设计自锁装置，当压杠转过一个极限角（死角）后，压杠就不能反推了，要推开压杠，只能由服务人员打开解锁装置。

对于绳带式人体保护装置的锁具，多采用插入卡口式，即将绳带一端卡口插入绳带另一端有锁舌的插座中，锁舌在弹簧的作用下卡在卡口中，这样绳带就系在乘人的身上了。如果要开锁，只需压下锁舌就能抽出卡扣。

对于挡杆锁具就更简单了，一般采用很方便的插销式或像门锁一样的弹簧撞击式，弹簧撞击式的撞头通常采用锲块式，拉动挡杆到位后，撞头插入孔内。复杂一点的锁紧装置采用气动装置或液压锁紧。图 3-23 所示为液压锁紧安全挡杆，液压回路中的二位二通电磁阀为常开式，游乐设施停止运转时，电磁阀不通电形成通路，液压缸上下腔连通，安全挡杆可自由摆动。游乐设施启动后，电磁阀通电，油路被切断，则安全挡杆被锁住，起到安全保护作用。为防止电磁阀失效，导致安全挡杆锁不住，最好再辅助插销挂钩等装置。

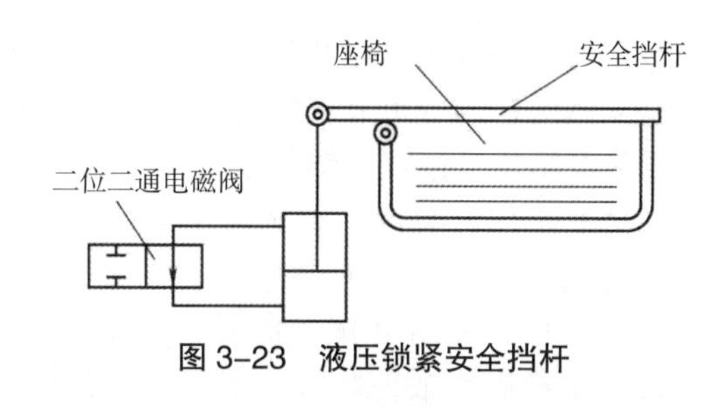

图 3–23 液压锁紧安全挡杆

**（二）锁具锁紧方式**

压杠常采用的锁紧方式有液压锁紧、气动锁紧、机械锁紧，这些方式应均要求乘人不能自行打开。

（1）液压锁紧。这种方式一旦漏油，锁紧装置将会失效，导致压杠不能把游客充分地约束在座位上。其缺点是容易漏油，液压缸活塞杆螺纹处容易变形、断裂等。

（2）气动锁紧。一般都要采用气压把锁紧装置打开，锁紧状态时，气路系统处于无气状态。

（3）机械锁紧。常见的有齿条锁紧、棘轮棘爪锁紧等，比较可靠。

**（三）锁具的开锁方法**

锁具在设计时，要求乘人不能自己打开，必须由操作人员或服务人员打开，防止乘人在设备运行时误动作安全装置，导致事故的发生。因此，锁具一定要可靠有效。开锁的方法基本分为四类：机械式、电磁式、人力和自动行程开锁。

（1）机械式开锁。这种方式是通过一套机械装置，利用外力打开锁具。这类机械装置多为动力推拉杆装置。它特别适合多套压杠的同时开启。常见的动力设备有压缩空气动力、液压动力或电力推杆式动力，它只能设在站台内的特定位置，由操作人员控制。游乐设施停止到位时，操作人员用动力推上推杆，通过机械开锁装置打开锁具。当操作人员退回动力放下推杆装置，或游乐设施离开站台的特定位置，锁具就自动闭锁，乘人无法自己解锁。

（2）电磁式开启。这种方式是选用常闭式电磁二位换向阀对缸筒两端的油液做出封闭和接通的选择：当电磁阀不通电时，缸筒两端的油液是封闭的；若电磁阀通电，换向阀的阀芯移位，缸筒两端的油液与外界接通，活塞就可以移动了。一般在游乐设施的站台内设置一个输电装置，当游乐设施停稳在站台时，操作人员按动按钮，通过输电装置向电磁换向阀输电，使电磁阀换向，将缸筒两端的油液与外界接通，这样压杠就能推离乘人的身体了，此过程即为开锁。如操作人员停止向电磁二位换向阀输电，则换向阀阀芯复位，缸筒两端油液又被封闭了，压杠就又被上锁了。在除站台外的其他游乐设施运行区域，不允许安装输电装置，电磁阀始终得不到电，这也确保了压杠始终是上锁的。

（3）人力开锁。这种方式是利用人力通过一套开锁装置进行解锁，如踏板、推杆及搭扣，而乘人是不能自行使用的。

（4）自动行程开锁。这种方式是当游艺机停稳站台，碰到设置在站台内的自动开锁装置而自动打开锁具。游艺机一出站台，脱离了自动开锁装置，锁具又自动锁上。该种开锁方式可靠度不太高，可作为辅助保护装置。

**（四）锁具的安全要求**

对安全装置的锁具的要求是：一是锁具可靠，一旦锁住，压杠不能再推离乘人身体，而且要具有一定的强度和刚度；二是锁具由操作人员打开，乘人不能自行打开。这两项要求是人体保护装置可靠性的必要条件。在正常情况下，只能在站台内打开锁具，在站台外及游乐设施运行过程中锁具是打不开的。

对安全压杠有以下要求：①对于乘坐物有翻滚动作或冲击较大的游乐设施，应至少有两套独立的、可靠的锁紧装置，而且至少有一套为机械锁紧形式，确保锁紧功能的安全。②安全压杠锁紧有联锁控制时，压紧未到位或联锁装置失效时，游乐设施应不能启动，并且宜设置提醒报警装置。③安全压杠锁紧装置为气动系统控制时，气压系统失效时应处于锁紧状态。锁定和释放机构可采用手动或自动控制方式。④设计锁紧装置释放机构时应考虑操作人员便于接近、操作方便，并确保不能被乘人打开。⑤操作人员需采用存储能源手动释放锁紧装置时，应使用专用的存储能源装置，如电池、蓄能器，液压或气动。

**（五）乘人安全束缚装置的要求和选型**

1. 安全束缚装置的要求

当游乐设施运行时，乘人有可能在乘坐物内被移动、碰撞、甩出或滑出时，必须设有乘人安全束缚装置（也用作约束乘人的不当行为）。对危险性较大的大型游乐设施，必要时应考虑设置两套独立的束缚装置。束缚装置可采用安全带、安全压杠、挡杆等，具体要求如下：①束缚装置应可靠、舒适，与乘人直接接触的部件有适当的柔软性。束缚装置的设计应能防止乘人某个部位被夹伤或压伤，应容易调节，操作方便。②束缚装置应可靠固定在游乐设备的结构件上，在正常工作状态下必须能承受发生的最大作用力。③乘人装置的座位结构和型式设计应具有一定的束缚功能。其支撑件尽量减少现场焊接。④对于束缚装置的锁紧装置，在游乐设施出现功能性故障或急停刹车的情况下，仍能保持其闭锁状态，除非因疏导乘人而采取紧急措施。

乘人安全束缚装置主要由护圈和锁紧装置两部分组成。因此，安全束缚装置可以按护圈和锁紧装置两种形式分类。若以护圈形式分类，可分为压杠式和绳带式两种，压杠式又有护胸式和压腿式；若以锁具形式分类，可分为缸筒类和卡销类两种，卡销类又有棘轮棘爪、卡位销和挂钩 3 种形式。

2. 安全束缚装置的选型

通过对乘人安全束缚装置的安全分析，结合《大型游乐设施安全规范》（GB 8408—2018）6.8.3.1 中关于五个理论加速度区域设置不同乘人安全束缚装置的相关要求，设计制造人体束缚装置时可参照其相关要求，并依据设备的性能、运行方式、速度及其结构的不同，以及成人或儿童的身体特征，设置相应形式的乘人安全束缚装置。束缚装置的选型应结合设备的具体情况考虑，如：①加速度方向、大小、作用点、持续时间和角加速度等；②乘载系统的结构形式和束缚情况、座椅面的结构形式和摩擦情况；③乘客的姿态，如翻滚、倾斜等；④侧面加速度，如持续的侧面加速度大于或等于 $0.5g$ 时，座位、靠背、头枕、护垫等设计应做特殊考虑。

束缚装置宜参考图 3–24 中设计加速度的 5 个区域来选型。图中的加速度为“持续加速度”而非“冲击加速度”。根据每个加速度区域的特点分别选择对应等级的束缚装置，束缚装置可组合使用。不同等级的束缚装置要求见表 3–1。

**表3-1 束缚装置准则**

| 类 型 | 不同要求 | 1 级 | 2 级 | 3 级 | 4 级 | 5 级 | 5 级冗余 |
|---|---|---|---|---|---|---|---|
| 每套束缚装置保护的乘人数量 | 1. 不需要束缚装置 | ★ | | | | | |
| | 2. 每套束缚装置保护的乘人数量：可以用于 1 名或多名乘人 | | ★ | ★ | | | ★ |
| | 3. 一套束缚装置仅保护一名乘人 | | | | ★ | | |
| 锁紧位置 | 1. 锁紧位置固定或根据乘人情况调整 | | ★ | | | | ★ |
| | 2. 锁紧位置根据乘人情况调整 | | | ★ | ★ | | |
| 锁紧类型 | 1. 乘人或操作人员均可锁紧束缚装置 | | ★ | | | | |
| | 2. 乘人或操作人员均可手动或自动锁紧束缚装置，操作人员需确认束缚装置已锁紧 | | | ★ | | | |
| | 3. 束缚装置只应自动锁紧 | | | | ★ | ★ | |
| | 4. 只允许操作人员手动或自动锁紧束缚装置 | | | | | | ★ |
| 释放类型 | 1. 乘人或操作人员均可释放束缚装置 | | ★ | | | | |
| | 2. 乘人可手动释放束缚装置，或者操作人员可手动或自动释放束缚装置 | | | ★ | | | |
| | 3. 只允许操作人员手动或自动释放束缚装置 | | | | ★ | ★ | ★ |
| 外部指示 | 1. 不要求外部指示 | | ★ | | | | |
| | 2. 不要求外部指示，但应对束缚装置本身进行目视 | | | | | | ★ |
| | 3. 不要求外部指示，对束缚装置本身进行目视检查， 另外要求操作人员在每个运行周期对束缚装置是否锁紧进行目视或人工检查 | | | ★ | ★ | | |
| | 4. 对束缚装置本身进行目视检查，另外要求操作人员在每个运行周期对束缚装置是否锁紧进行目视或人工检查，要求外部指示，发现故障时应使设备无法启动或终止运行 | | | | | ★ | |
| 锁紧和释放的方式 | 手动或自动控制锁紧和释放 | | | ★ | ★ | ★ | ★ |
| 锁紧装置的冗余 | 1. 不要求冗余 | | ★ | ★ | | | ★ |
| | 2. 锁紧装置应有冗余 | | | | ★ | ★ | |
| | 3. 不要求冗余，5 级冗余束缚装置的锁紧和释放应独立于 5 级束缚装置 | | | | | | ★ |
| 束缚装置的配置 | 两套独立安全束缚装置 | | | | | ★ | ★ |

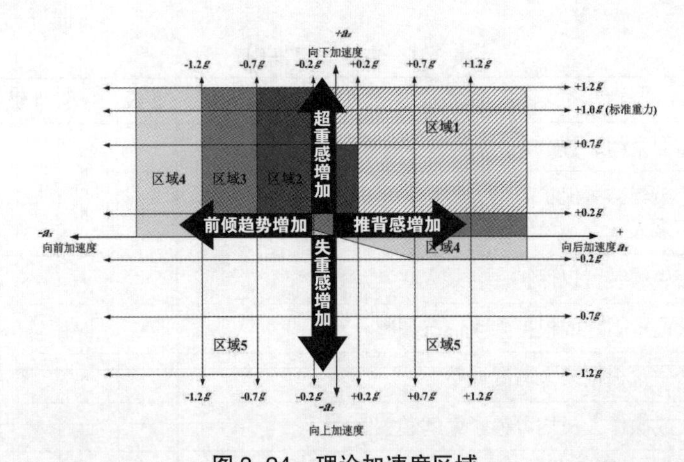


**图 3–24 理论加速度区域**

纵坐标 $a_z$—垂直方向持续加速度；横坐标 $a_x$—前后方向持续加速度

一定的条件下，重力、惯性力、离心力都可以使乘客脱离乘人装置，乘客脱离乘人装置的趋势，可以用人体坐标系的加速度表征。不同的加速度区域代表了不同的分离趋势，越容易分离的情况越需要采用可靠的乘客束缚装置，避免乘客束缚装置失效，而不容易分离的情况则可以降低乘客束缚装置要求。加速度的方向参见图 3–25。

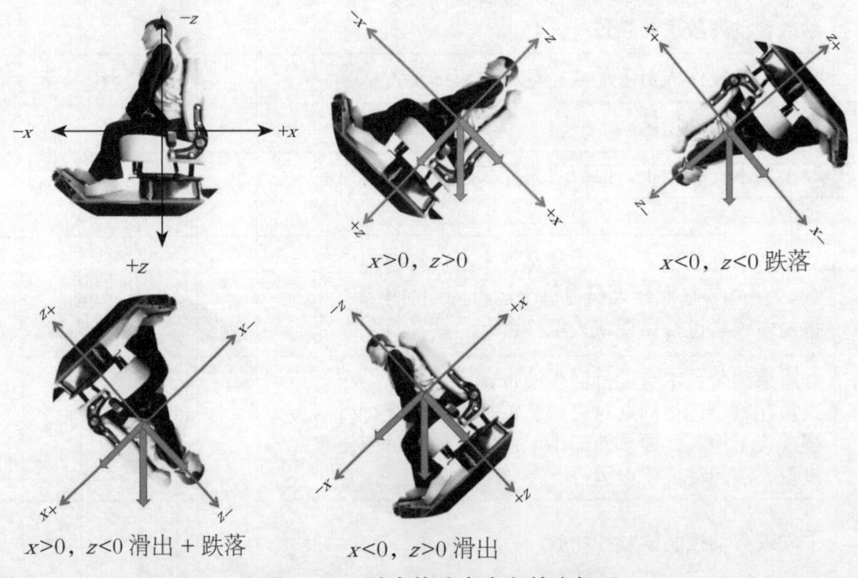


**图 3–25 随人体改变方向的坐标系**

重力：对于翻滚类大型游乐设施，当重力沿椅垫和椅背的分量有一个向外时，相对危险，重力大于摩擦力时，乘客滑出乘人装置，发生事故。如果角度更大，乘客与椅面或椅背之一有分离的力时，乘客与乘人装置分离。

惯性力：运行中的大型游乐设施刹车或者突然启动时，设备产生的惯性力有可能会造成乘客与乘人装置分离。

离心力：大型游乐设施做曲线运动时，乘客会受离心力作用，有可能会造成乘客与乘人装置分离。

典型设备设计加速度范围见表 3–2。

**表 3–2　典型设备设计加速度范围**

| 序号 | 产品名称 | 设备类别 | 设备型式 | 大致加速度范围（$g$） | 加速度所在区域 |
|---|---|---|---|---|---|
| 1 | 自旋滑车 | 滑行车类 | 多车滑行车系列 | $A_x$：−0.6 ~ 0.5<br>$A_z$：0.2 ~ 2.2 | 区域 2 |
| 2 | 激流勇进 | 滑行车类 | 激流勇进系列 | $A_x$：−0.9 ~ 0.5<br>$A_z$：0.3 ~ 2.2 | 区域 3 |
| 3 | 自控飞机 | 自控飞机类 | 自控飞机系列 | $A_x$：−0.1 ~ 0.1<br>$A_z$：0.7 ~ 1.25 | 区域 1 |
| 4 | 海盗船 | 观览车类 | 海盗船系列 | $A_x$：−0.85 ~ 0.85<br>$A_z$：1 ~ 2 | 区域 3 |
| 5 | 摇头飞椅 | 飞行塔类 | 旋转飞椅系列 | $A_x$：−0.1 ~ 0.1<br>$A_z$：0.9 ~ 1.6 | 区域 2 |
| 6 | 跳跃云霄 | 飞行塔类 | 青蛙跳系列 | $A_x$：0<br>$A_z$：0.4 ~ 1.6 | 区域 2 |
| 7 | 脚踏车 | 架空游览车类 | 脚踏车系列 | $A_x$：−0.1 ~ 0.1<br>$A_z$：1 | 区域 1 |
| 8 | 大摆锤 | 观览车类 | 其他组合形式观览车类 | $A_x$：−0.4 ~ 0.4<br>$A_z$：−0.7 ~ 5 | 区域 5 |
| 9 | 太空梭 | 飞行塔类 | 探空飞梭系列 | $A_x$：0<br>$A_z$：−0.34 ~ 2.6 | 区域 5 |
| 10 | 弹跳机 | 自控飞机类 | 自控飞机系列 | $A_x$：−0.1 ~ 0.1<br>$A_z$：0.15 ~ 2.8 | 区域 3 |
| 11 | 极速风车 | 陀螺类 | 陀螺系列 | $A_x$：−2.3 ~ 2.3<br>$A_z$：−1.7 ~ 2.2 | 区域 5 |
| 12 | 波浪翻滚 | 观览车类 | 其他组合形式观览车类 | $A_x$：−1.6 ~ 1.6<br>$A_z$：−1.5 ~ 1.7 | 区域 5 |
| 13 | 爱情快车 | 转马类 | 爱情快车系列 | $A_x$：−0.1 ~ 0.1<br>$A_z$：1 | 区域 1 |

大型游乐设施设计制造时可参照以上准则，但可在此基础上从严要求，根据设计可能要求一个更高级别的约束装置或锁紧装置。比如允许儿童乘坐设备的安全带，其带扣锁紧尽量采用乘人自己不易打开的装置，防止乘客私自打开。

在设计约束装置时还要考虑一些特殊状况，包括：加速周期和大小；风载；乘人的一些特殊状态，如颠倒等；侧面的加速度，如持续的侧面加速度大于或等于 0.5$g$ 时，座位、靠背、靠头、护垫、约束物的设计应作特殊考虑；安全空间。

**（六）乘人安全束缚装置的功能要求**

提升大型游乐设施本质安全水平，有效防范作业人员未锁紧安全压杠、乘客自行打开安全挡杆或安全带等行为；强化大型游乐设施运行安全管理，提升作业人员能力和责任心；加强大型游乐设施安全宣传教育，提高乘客安全意识。国家市场监管总局办公厅于 2018 年 8 月发布《市场监管总局办公厅关于开展大型游乐设施乘人束缚装置安全隐患专项排查治理的通知》（市监特〔2018〕42 号）。通知中关于乘人束缚装置功能要求如下：

（1）乘人束缚装置与设备启动联锁功能要求。2018 年 11 月 30 日之后安装的大型游乐设施，设计加速度（见图 3–23）在区域 4 与区域 5 范围内的，应实现主要乘人束缚装置闭合并锁紧与设备启动自动联锁功能。2018 年 11 月 30 日之前安装的大型游乐设施和在用大型游乐设施，设计加速度在区域4与区域5范围内的，应实现主要乘人束缚装置闭合并锁紧与设备启动自动联锁或人工联锁功能，优先选用自动联锁。

人工联锁功能是指大型游乐设施乘人束缚装置的闭合并锁紧的信息或信号，反馈至现场乘人束缚装置检查人员，经确认信息或信号后，通过人工触发独立于主控制室之外的相关设施或按钮，连通设备运行控制回路，使得设备具备开启条件的功能。

（2）乘人束缚装置防止乘客自行打开功能要求。设计加速度在区域4与区域5范围内的新安装、在用的大型游乐设施和近年来由于乘客自行打开束缚装置发生过事故的同类设备及存在同样风险的设备，见表3–3，只允许操作人员手动或自动释放束缚装置，乘客在运行中不得自行打开。

**表3–3 各类游乐设施乘人束缚装置的功能要求**

| 设备类别 | 设备形式 | 说明 |
|---|---|---|
| 观览车类 | 飞毯系列、海盗船系列、其他组合型式观览车类 | 有封闭座舱的设备对乘人束缚装置不做要求 |
| 飞行塔类 | 旋转飞椅系列 | / |
| 滑行车类 | 单车滑行车系列、多车滑行车系列、弯月飞车系列 | / |
| 架空游览车类 | 脚踏车系列 | / |
| 自控飞机类 | 章鱼系列 | 有封闭座舱或半封闭带拦挡门结构座舱的设备对乘人束缚装置不做要求 |
| 无动力游乐设施 | 滑索系列 | / |

各加速度区域要求如下：

区域1：1级束缚装置为不需束缚装置。如仅依据区域1的作用力，可以不设置束缚装置；但是乘载分析可以要求设置一个更高级别的束缚装置。

区域2：每套束缚装置保护的乘客数量——可以用于一个或多个乘客；（束缚装置）锁紧位置——最后锁紧位置固定或可调节均可；（锁紧机构）锁紧类型——乘客或操作员均可锁紧；（锁紧机构）释放类型——乘客或操作员均可打开；（束缚装置）锁紧和释放的方式——可手动或自动开启和关闭；锁紧装置的冗余——不要求冗余；正常或异常状态的外部指示类型——不要求外部指示。

**注意**：根据具体设备情况，如有扶手、脚踏或其他装置能够给乘客提供足够的支撑和保护，可不设置安全束缚装置。

区域3：每套束缚装置保护的乘客数量——可以用于一个或多个乘客；（束缚装置）锁紧位置——最后锁紧位置应可调节；（锁紧机构）锁紧类型——可以手动或自动锁紧，操作人员需确认束缚装置已锁紧；（锁紧机构）释放类型——乘客可手动释放束缚装置，或者操作人员可手动或自动释放束缚装置；（束缚装置）锁紧和释放的方式——手动或自动控制锁紧和释放；锁紧装置的冗余——不要求冗余；正常或异常状态的外部指示类型——

不要求外部指示，设计上应便于操作人员在每个运行期对束缚装置进行目视或人工检查。

区域 4：每套束缚装置保护的乘客数量——一套束缚装置仅保护一个乘客；（束缚装置）锁紧位置——最后锁紧位置应可调节；（锁紧机构）锁紧类型——只应自动锁紧；（锁紧机构）释放类型——只允许操作人员手动或自动释放束缚装置；（束缚装置）锁紧和释放的方式——手动或自动控制锁紧和释放；锁紧装置的冗余——锁紧装置应有冗余；正常或异常状态的外部指示类型——不需外部指示。设计上应便于操作人员在每个运行周期对束缚装置进行目视或人工检查。

区域 5：每套束缚装置保护的乘客数量——一套束缚装置仅保护一个乘客；（束缚装置）锁紧位置——最后锁紧位置应可调节；（锁紧机构）锁紧类型——束缚装置只应自动锁紧；（锁紧机构）释放类型——只允许操作人员手动或自动释放束缚装置；（束缚装置）锁紧和释放的方式——手动或自动控制锁紧和释放；锁紧装置的冗余——锁紧装置应有冗余；束缚装置的配置——两套独立束缚装置，或一套失效安全的束缚装置；正常或异常状态的外部指示类型——要求外部指示。

设备应当设有乘人束缚装置有效锁紧后才能启动的联锁控制功能，设计上应便于操作人员在每个运行周期对束缚装置进行目视或人工检查。

# 第二节　制动装置和锁紧装置

## 一、制动装置

为了使游乐设施安全停止或减速，大部分运行速度较快的设备都采用了制动系统，游乐设施的制动包括对电动机的制动和对车辆的制动。电动机的制动有机械制动和电气制动两种方式，车辆的制动主要采用机械制动。下面重点介绍游乐设备常用的机械制动装置。

机械制动的作用是停止电动机的运行（正常或故障状态）和固定停止位置。机械制动是接触式的。机械制动器主要由制动架、摩擦元件和松闸器三部分组成。许多制动器还装有间隙的自动调整装置。

制动器的工作原理是利用摩擦副中产生的摩擦力矩来实现制动作用，或者利用制动力与重力的平衡，使机器运转速度保持恒定。为了减小制动力矩和制动器的尺寸，通常将制动器配置在机器的高速轴上。

制动器按用途可分为停止式和调速式两种，停止式制动器的功能是起到停止和支持运动物体的作用；调速式制动器的功能是除上述作用外，还可以调节物体的运动速度。制动器按结构特征可分为块式、带式和盘式三种。制动器按工作状态分常开式和常闭式两种，常开式制动器的特点是经常处于松闸状态，必须施加外力才能实现制动；常闭式制动器的特点是经常处于合闸即制动状态，只有施加外力才能解除制动状态。而游乐设施基本都是采用常闭式制动器，因为这种制动器可靠安全。

### （一）常见制动器

1. 块式制动器

块式制动器的结构简单，工作可靠，在起重机械上大量采用。

（1）电磁块式制动器。这种制动器结构简单，能与电动机的操纵电路联锁，所以当电动机工作停止或事故断电时，电磁铁能自动断电，制动器上闸，以保证安全。它的缺点是电磁铁冲击大，引起传动机构的振动。电磁块式制动器的结构见图 3–26。

（2）液压块式制动器。液压块式制动器的松闸动作采用液压松闸器。其优点是启动、制动均平稳，没有声响，每小时操作次数可达 720 次。目前使用较多的是液压电磁推杆块式制动器，如图 3–27 所示。

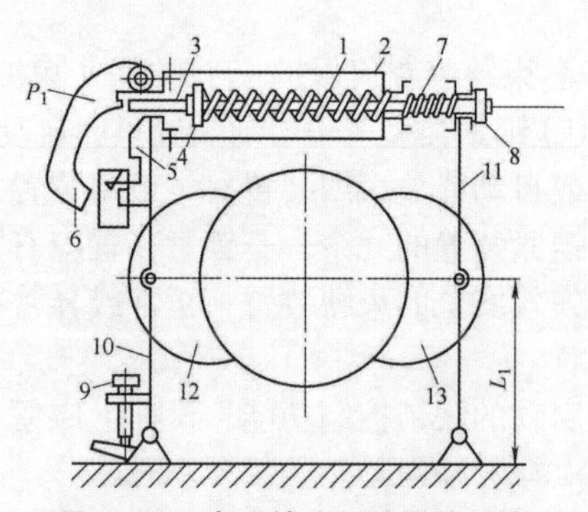


**图 3–26 电磁块式制动器的结构**

1—主弹簧；2—框式拉杆；3—推杆；4、8—螺母；5—电磁铁心；6—衔铁；7—副弹簧；9—调整螺母；10—左制动臂；11—右制动臂；12—左制动瓦块；13—右制动瓦块

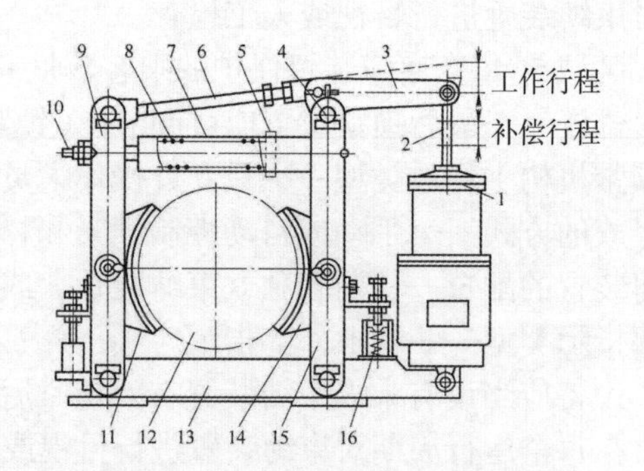


**图 3–27 液压电磁推杆块式制动器**

1—液压电磁铁；2—推杆；3—杠杆；4—销轴；5—挡板；6—蝶杆；7—弹簧架；8—主弹簧；9—左制动臂；10—拉杆；11、14—瓦块；12—制动轮；13—支架；15—右制动臂；16—自动补偿器

2. 盘式制动器

盘式制动器的特点是，其制动时沿制动盘方向施力，制动轴不受弯矩作用，径向尺寸小，制动性能稳定。常用的盘式制动器有点盘式、全盘式及锥盘式三种，其中点盘式制动器最为常见。

图 3–28 所示为一点盘式制动器，制动块压紧制动盘而制动。由于摩擦面仅占制动盘的一小部分，故称为点盘式。盘式制动器有固定卡钳式和浮动卡钳式两种。为了不使制动轴受到径向力和弯矩，点盘式制动缸应成对布置。制动转矩较大时，可采用多对制动缸。必要时可在中间开通风沟，以降低摩擦副温升，还应采取隔热散热措施，以防止液压油温度过高变质。

（1）固定卡钳式制动器。图 3–29 为常闭固定卡钳式制动器，制动盘的两侧对称布置两个相同的制动缸，制动缸固定在基架上。这种制动器的体积小，质量轻，惯量小，动作灵敏，调节油压可改变制动转矩，改变垫片的厚度可微调弹簧张力。必要时还可以装磨损量指示器。

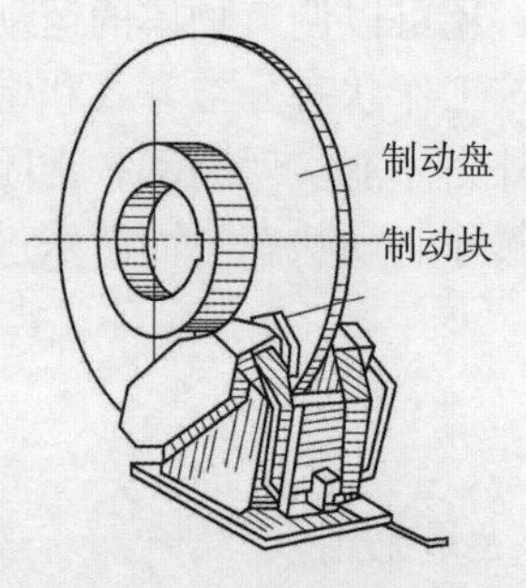


**图 3–28 点盘式制动器**

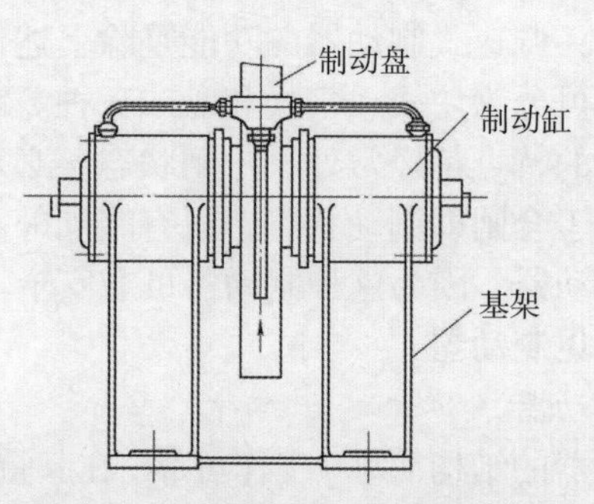


**图 3–29 常闭固定卡钳式制动器**

（2）浮动卡钳式制动器。常闭浮动卡钳式制动器具有散热好、制动闭合时间短（$t \leq 0.2s$）、装有制动块、磨损间隙自动补偿装置等优点。

**（二）常见制动装置**

（1）滑行类游乐设施上的制动装置。滑行类游乐设施多数采用图 3-30 形式的制动器。它用于作沿轨车辆限距防撞制动、中途减速和进站前制动，其设置独立的空压配气系统，采用常规的闸式制动。有的刹车带前端采用铜片，由于滑车速度较快，制动或减速时，冲击较大，如采用一般的刹车皮，很容易被磨损掉，拆卸更换比较麻烦，所以通常采用不易磨损的黄铜片，这样可减少维修工作量。有的制动器采用多个气囊，每个刹车都设置了单独的储气罐，过山车多采用此类制动方式，此类制动器类似于块式制动器。

图 3-30 滑行类游乐设施中的制动装置

过山车是典型的滑行类游乐设施，其制动装置具有代表性。图 3-31 是木制过山车上常用的陶瓷制动片，图 3-32 是位于侧边的夹式制动器，图 3-33 是位于中间的夹式制动器。

图 3-31 陶瓷制动片

图 3-32 位于侧边的夹式制动器

图 3-33 位于中间的夹式制动器

（2）海盗船的制动。对于由电动机驱动的海盗船，其制动原理根据结构不同可分为两种：一种是在摩擦轮的另一端安装一个电磁铁控制的抱闸系统，要使设备停止时，断开抱闸系统的电源，闸瓦抱死，通过气缸顶升摩擦轮与船体底部槽钢相接触，产生反向摩擦使设备停止，如图 3-34 所示。另一种是单独设置一个制动系统，该制动系统可以通过角踏板与钢丝绳连接，钢丝绳与制动器连接，通过杠杆原理使制动片与船体底部槽钢接触，通过滑动摩擦力使设备停止，如图 3-35 所示；也可以通过气缸顶升制动片，使制动片与船体底部槽钢接触，通过摩擦力使设备停止，如图 3-36 所示。

图 3-34 抱闸系统

对于由液压马达驱动海盗船，它的工作原理是：摩擦轮直接与液压马达相连接，支座由液压缸顶升，通过摩擦力带动船体左右摆动。液压马达的结构如图 3-37 所示。这种海盗船的制动原理是：液压马达停止转动，通过液压缸顶升使轮胎与船体

图 3–35　机械制动

图 3–36　气动制动

图 3–37　液压马达的结构

底部槽钢接触，通过摩擦力使设备停止。

（三）制动装置的安全要求

游乐设施机械制动装置必须平稳可靠，制动转矩不小于 1.5 倍的额定负荷轴扭矩。当切断电源时，制动装置应处于制动状态（特殊情况除外）；同一轨道有两辆（或两组）以上车辆运行时，必须设有防止碰撞的自控停止制动和缓冲装置，制动装置的制动行程应能够调节。对于滑行车辆的停止，严禁采用碰撞方法。

当动力电源切断后，停机过程时间较长或要求定位准确的游乐设施，应设置制动装置。制动装置在闭锁状态时，应能使运动部件保持静止状态。

游乐设施在运行时，若动力源断电，或制动系统控制中断，制动系统应保持闭锁状态（特殊情况除外），中断游乐设施运行。

游乐设施根据运动形式、速度及结构的不同，可采用不同的制动方式和制动器结构（如机械、电动、液压、气动以及手动等）。制动器构件应有足够的强度，必要时停车制动器应验算疲劳强度。

制动器的制动应平稳可靠，不应使乘人感受明显的冲击或使设备的结构有明显的振动、摇晃。制动加速度的绝对值一般不大于 5.0m/s$^2$。必要时可增设减速制动器。

## 二、锁紧装置

图 3–38　观览车门锁紧装置

国家标准《大型游乐设施安全规范》（GB 8408—2018）规定：距地面 1m 以上封闭座舱的门，必须设置乘人在内部不能开启的两道锁紧装置或一道带保险的锁紧装置，非封闭座舱进出口处的拦挡物，也应有带保险的锁紧装置。座舱需要两道锁紧装置的游乐设施有观览车、太空船、高空缆车等，其进出口的门均为两道锁紧装置。

图 3–38 所示为观览车的座舱，舱门上设有一个撞块锁紧装置。此外，座舱门把手上方还设有一个插销，防止乘客在运动过程中自行打开。这两道锁紧装置相互独立，起到双重保险的作用。

## 三、止逆、保险和限位装置

### （一）止逆装置（止逆行装置）

对于沿斜坡牵引的提升系统，必须设有防止载人装置逆行的装置（特殊情况除外，例如太空飞车形式的，提升时驱动轮驱动，车辆靠很大的动量上升），即止逆行装置。止逆行装置逆行距离的设计应使冲击负荷最小，在最大冲击负荷时必须止逆可靠。例如，多车或单车滑行类游乐设施在提升段基本都设置了止逆装置，以供车辆在提升段由于停电或提升系统故障导致不能继续提升，或乘人在提升段有特殊情况急停时需要。因为在这些情况下，若无止逆装置，车辆便会倒退，从而产生撞车伤人事故。因此，滑行类游乐设施提升段设置止逆装置至关重要。图 3–39 和图 3–40 为两种止逆装置。如图 3–41 所示情况下，斜坡上要设置挡块，车下要设置倒钩。图 3–42 是防止车轮倒转的止逆装置。

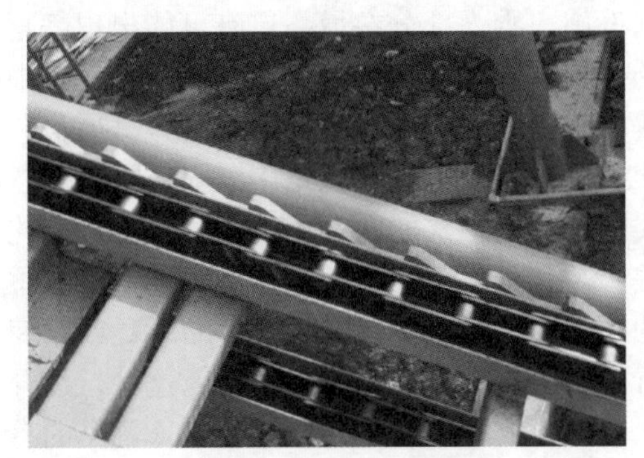

图 3–39　提升段止逆齿条

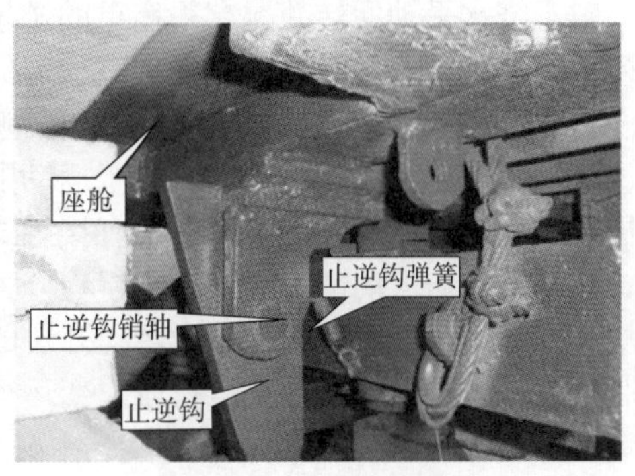


图 3–40　防逆行倒钩

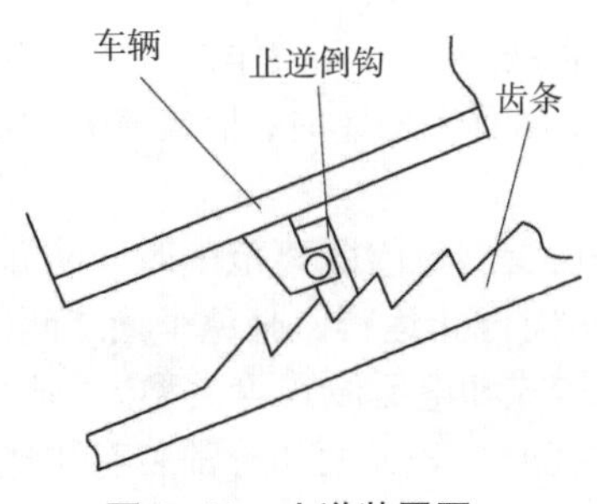


图 3–41　止逆装置图

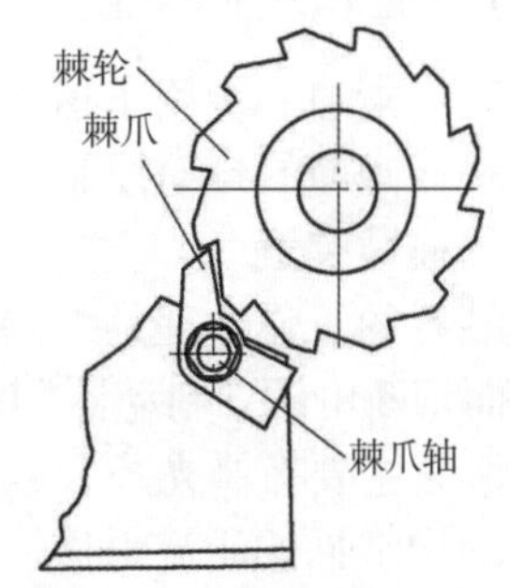


图 3–42　止逆装置

另外，还有一种止退装置，就是斜坡装有防逆倒钩，运动体上预装固定挡块，这样当运动下滑时，防逆倒钩便钩住挡块，阻止运动体下滑。如激流勇进的游乐设施中，在船体上装有固定挡块（此挡块与船体的预埋件相连），提升段每隔一段距离装有防逆行倒钩。

### （二）保险装置

车辆连接器是滑行车类游乐设施的重要部件，用于多辆车之间的连接，连接器是否可靠有效直接关系到游客的人身安全。为了防止车辆连接器失效而引发事故，通常在车辆连接器上附加保险装置，如钢丝绳等。图 3–43、图 3–44 所示为车辆连接器保险装置。

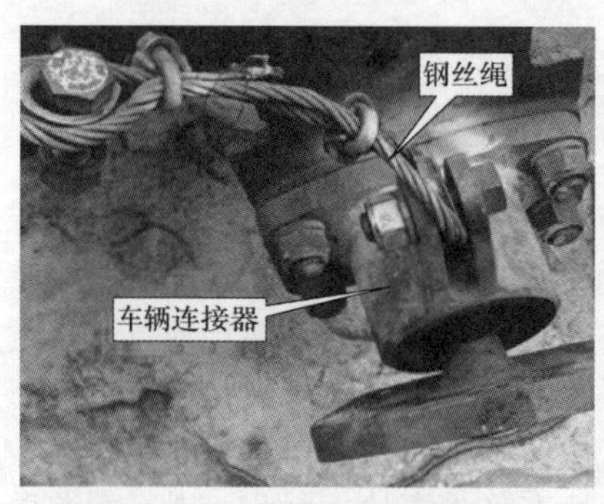


图 3-43　车辆连接器保险装置（一）

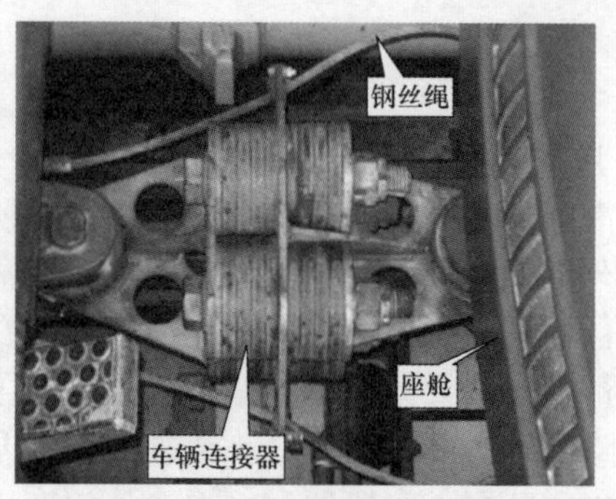


图 3-44　车辆连接器保险装置（二）

**（三）限位装置（运动限制装置）**

对于绕水平轴回转并配有平衡重的游乐设施，乘人部分在最高点有可能出现静止状态（死点），因此应设有防止或处理该状态的措施；油缸或气缸行程的终点，应设置限位装置。在游乐设施中，运动限制装置必须灵敏可靠，因为这关系到人身安全的问题。

通常我们所见的限位开关就属于运动限制装置，限位开关就是用以限定机械设备的运动极限位置的电器开关。限位开关有接触式的和非接触式的两种。接触式限位开关比较直观，机械设备的运动部件上设置了行程开关，与其相对运动的固定点上安装了极限位置的挡块，或者是相反安装位置。当行程开关的机械触头碰上挡块时，便切断了（或改变了）控制电路，机械设备就停止运行或改变运行。由于机械设备的惯性运动，这种行程开关有一定的“超行程”，以保护开关不受损坏。非接触式限位开关的形式很多，常见的有干簧管、光电式、感应式等。

## 四、防碰撞和缓冲装置

同一轨道、滑道、专用车道等有两组以上（含两组）无人操作的单车或列车运行时，应设有防止相互碰撞的自动控制装置和缓冲装置。当有人操作时，应设置有效的缓冲装置。

**（一）防碰撞装置**

防碰撞装置的工作原理是：当游乐设施车辆运行到危险距离范围时，防碰撞装置便发出警报，进而切断电源，制动器制动，使车辆经过时停止运行，避免车辆之间的相互碰撞。目前防碰撞装置主要有激光式、超声波式、红外线式和电磁波式等类型。

游乐设施中常见的激流勇进、疯狂老鼠、自旋滑车等，大部分都装有防碰撞的自动控制装置。

**（二）缓冲装置**

对于可能碰撞的游乐设施，必须设有缓冲装置。游乐设施常见的缓冲器分为蓄能型缓冲器和耗能型缓冲器，前者主要以弹簧和聚氨酯材料等为缓冲元件，后者主要是油压缓冲器。

当游乐设施的运行速度很低时，例如多车滑行类、弯月飞车系列、架空游览车类、青蛙跳系列、滑索等游乐设施，缓冲器可以使用实体式缓冲块或弹簧缓冲器，实体式缓冲块的材料可用橡胶、木材或其他具有适当弹性的材料。但使用实体式缓冲器也应有足够的强度。当游乐设施提升高度很大时，例如高空飞行塔等游乐设施，其对重用和座舱用缓冲器大部分采用的是耗能型缓冲器，即我们通常所讲的液压缓冲器。下面简单介绍几种常见的缓冲器。

1. 弹簧缓冲器

弹簧缓冲器是一种蓄能型缓冲器。弹簧缓冲器一般由缓冲橡胶、缓冲座、弹簧、弹簧座等组成，用地脚螺栓固定在底坑基座上。青蛙跳系列游乐设施采用的弹簧缓冲器较多，其结构如图 3–45 所示。

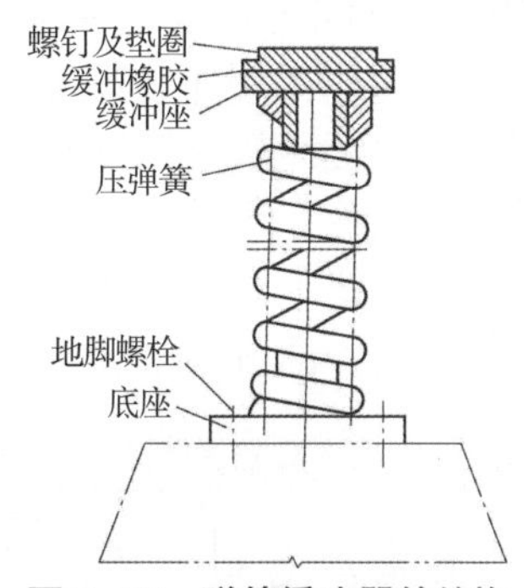


图 3–45　弹簧缓冲器的结构

当座舱失控坠落时，弹簧缓冲器在受到冲击后，将座舱的动能和势能转化为弹簧的弹性变形能（弹性势能）。由于弹簧的反作用力，使座舱得到缓冲并减速。但是，当弹簧压缩到极限位置后，弹簧要释放缓冲过程中的弹性势能使座舱反弹上升，撞击速度越高，反弹速度越大，并反复进行，直至弹力消失、能量耗尽，设备才完全静止。

2. 油压缓冲器

油压缓冲器主要由缸体、柱塞、缓冲橡胶垫和复位弹簧等部分组成，缸体内注有缓冲器油。高空飞行塔常用的油压缓冲器的结构如图 3–46 所示。

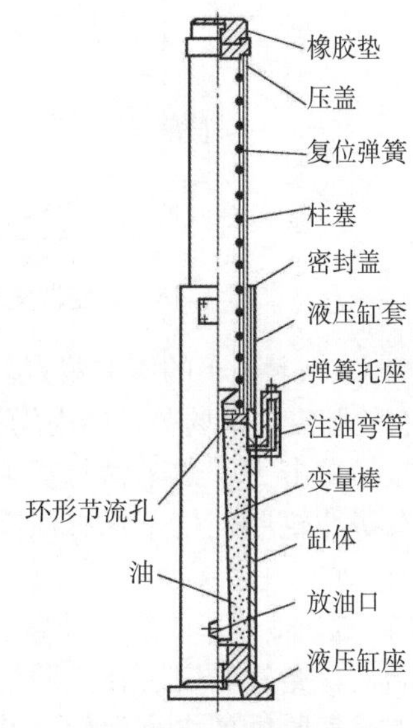


图 3–46　油压缓冲器的结构

它的工作原理是，当油压缓冲器受到座舱或对重的冲击时，柱塞向下运动，压缩缸体内的油，油通过环形节流孔喷向柱塞腔。当油通过环形节流孔时，由于流动截面积突然减小，就会形成涡流，使液体内的质点相互撞击、摩擦，将动能转化为热量散发掉，从而消耗了设备的动能，使座舱或对重逐渐缓慢地停下来。

3. 其他形式的缓冲器

（1）多车滑行类游乐设施的缓冲装置。图 3–47 是一个疯狂老鼠游艺机的座舱，座舱前后均设有撞击缓冲装置，前面有缓冲杠和弹簧，当发生本车撞击其他车辆时，靠弹簧起到缓冲作用，但其他车辆撞击本车时，其他车辆前有弹簧缓冲装置，本车后面有橡胶管缓冲，所以可大大减轻撞车对乘人造成的伤害。

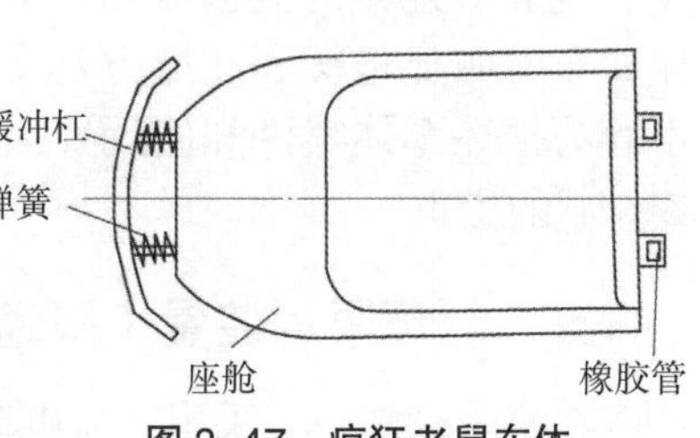


图 3–47　疯狂老鼠车体

疯狂老鼠在运行时，轨道上经常有几辆车，若车本身出现故障，或轨道上的刹车装置失灵，就有可能出现撞车事故，另外，站台上的刹车装置若失灵，车辆进站时也会撞击停在站台上的车。因此，疯狂老鼠游乐设施必须设前后缓冲装置，以保证乘人安全。

（2）架空游览车的缓冲装置。架空游览车的轨道上，有时会有多部车辆同时运行，由于车的运行有的是靠人力驱动，故各车的运行速度快慢不一，易发生撞车事故。有的车靠电力驱动，但可能速度不一样，也能发生撞车事故。再有车辆进站时，若刹车不及时，也会撞在停止的车辆上，故前后都设置了缓冲装置，前面为弹簧缓冲，后面为橡胶板或方形管缓冲，如图 3-48 所示。

（3）滑索的缓冲装置。滑索的滑车进站时，若速度过快，冲击力较大，除有刹车装置外，还必须设置缓冲装置，现大部分滑索都采用了弹簧缓冲加缓冲垫缓冲的方式，当滑车撞到弹簧后，速度会降低或停止，若停不下来，乘人撞到缓冲垫上，冲击力已不大（大部分乘人都用脚触垫），不会对人体造成伤害。但缓冲弹簧要有足够长度，以保证有足够的缓冲力。缓冲垫大都用泡沫塑料制成，并有足够的面积，如图 3-49 所示。

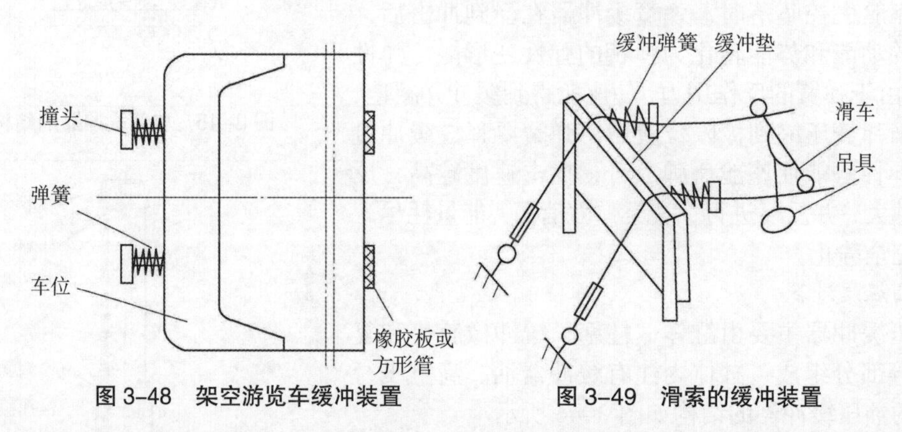


图 3-48　架空游览车缓冲装置　　图 3-49　滑索的缓冲装置

（4）卡丁车的缓冲装置。如图 3-50 所示，车体四周装有防撞保险杠，而且保险杠上装有轮胎皮，车场赛道四周均有缓冲轮胎，当前后两辆车相撞时，因为车辆四周有保险杠，可减轻撞击力，如车辆与赛道两侧相撞，因为车场有缓冲轮胎，且车辆有保险杠，同样可减轻撞击力。

图 3-50　卡丁车安全保护装置

（5）碰碰车的缓冲装置。碰碰车外围设一个气胎框，充气胎安装在气胎框上，在车架两侧设有支承气胎框的支承滑轮，并在前端和后端分别设有气胎框连接的减振器和弹簧缓冲器。因此，碰碰车能明显地缓和碰撞力对车架的撞击，具有不容易损坏车体零件和使玩耍人能感受到有较高安全感的优点。

## 五、超速限制装置（限速装置）

在游乐设施中，采用直流电动机驱动或者设有速度可调系统时，必须设有防止超出最大设定速度的限速装置，而且必须灵敏可靠。常用的限速控制方式有电压比较反馈方式、驱动输入设置方式（模块）、单向编码计数器方式（限圈）、单向运转时间继电器方式（限时）等。比较可靠的是采用两种独立方式控制，最好另加一套保护装置，常用的超速保护控制装置有测速发电机、超速保护开关和旋转编码器等。

游乐设施采用超速保护开关时，超速开关也称为离心开关，其一般用于直流电动机的超速保护。因为直流电动机的转速与磁场成反比，一旦磁场小于最低允许值。电动机的速度将超过最大允许值。因此，在直流电动机的轴端安装超速开关，当电动机速度超速时，则超速开关靠内部的离心机构使其触点动作。

游乐设施采用变频调速时，具有超速保护功能，系统一般采用闭环控制，配有旋转编码器，能够在触摸屏上显示系统的运行速度，当系统超速时，能够自动保护。

## 六、安全保险措施实例

安全保险措施是指用简易的方法保护设备的安全保护装置。可以通过下面的一些实例分析，了解一下安全保险措施的作用。

### （一）安全保险措施应用实例

（1）封闭座舱门双保险和非封闭门进出口拦挡物。对于距地面1m以上的封闭座舱门，必须设乘人在内部不能开启的两道锁紧装置或一道带保险的锁紧装置；非封闭座舱进出口处的拦挡物，也应有带保险的锁紧装置。

在空中运动的游艺机，如为封闭式座舱，其进出口的门必须设两道门销，以防止在运动过程中，由于冲击振动或锁失效，舱门自动打开，乘人安全受到威胁。常见的游艺机，如观览车、太空船等，其进出口门均为两道锁紧装置。图3-51是观览车的门，锁紧方式是在门把手上有一个撞块，可把门锁住，另外还有一个插销，此插销必须装在座舱外面，防止乘人在运行时自行打开。

非封闭座舱进出口拦挡物，也应有带保险的锁紧装置。此拦挡物一般设置在儿童游玩的小型游乐设备上，尽管设备速度很慢，且大都在地面上运行，为了保证儿童安全，在进出口处也要设置拦挡物。图3-52为小火车进出口拦挡物，大都采用环形链条。

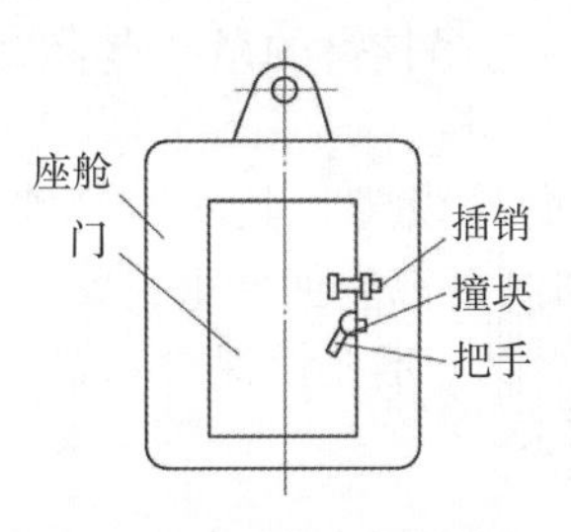


图3-51　座舱门双保险

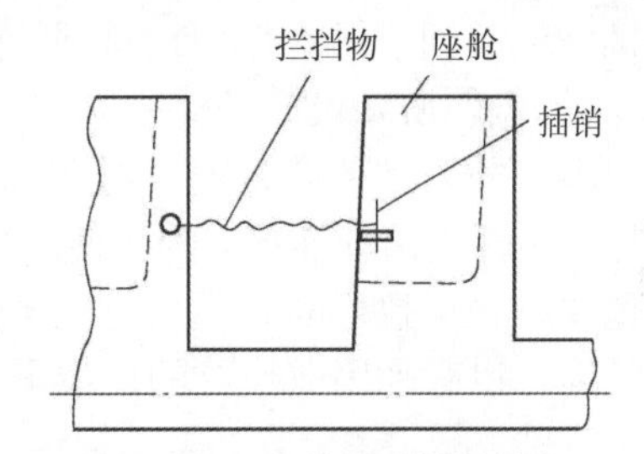


图3-52　非封闭座舱拦挡物

（2）吊挂座椅的保险装置。旋转飞椅等游乐设备为了防止座椅吊挂上部连接杆及焊接环断裂，应设置保险装置，一般采用钢丝绳或环链作为二次保险，如图3-53、图3-54所示。

图3-53　二次保险（一）

图3-54　二次保险（二）

（3）车辆防侧翻、连接器的保险措施。沿架空轨道运行的车辆，应设置防倾翻装置。车辆连接器应结构合理，转动灵活，安全可靠。例如，常见的过山车，其轮系必须设置防范装置，车辆连接器必须可靠，一般采取二次保险措施。如图 3–55 所示，轨道下面的轮子可以起到防侧翻作用，图 3–56 所示为车辆连接器。

图 3–55　防侧翻轮图

图 3–56　车辆连接器

（4）吊挂摆动舱的保险措施。摆动舱有钢结构架吊挂（吊挂臂），在摆动过程中，若吊挂臂或上下销轴断裂，摆动舱就会坠落，加上保险绳后，可防止类似事故发生。保险绳的吊挂点（吊环）必须与吊挂臂的吊挂点（销轴）分开。这样不仅对吊挂臂起到保险作用，对吊挂销轴也起到了保险作用，将保险绳吊挂点与吊挂臂的吊挂点合二为一是不合理的。图 3–57 为海盗船游乐设施的保险方式。

（5）牵引杆的安全保险装置。对于回转臂式游乐设施，其座舱都安装在回转臂的端部，座舱与回转臂用销轴连接。为了使座舱在任何高度都能保持垂直状态，除回转臂外，拉杆也非常重要，一旦拉杆断开，座舱就会倾翻，所以一定要设保险装置。通常在拉杆旁增设一条钢丝绳，也有采用双拉杆的，如图 3–58 所示。

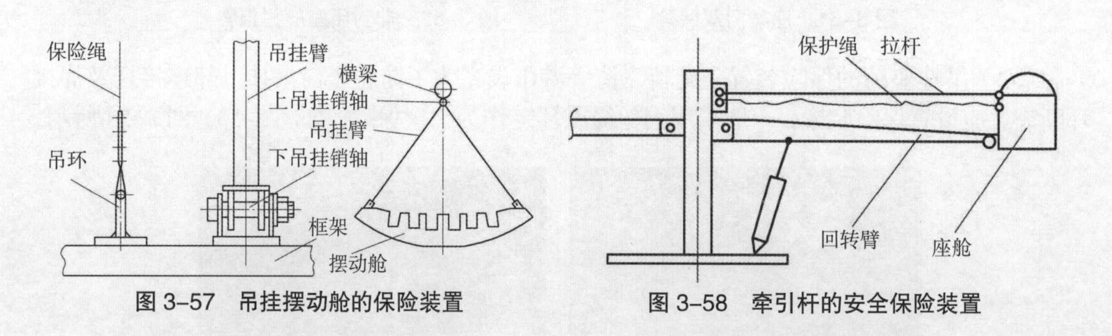


图 3–57　吊挂摆动舱的保险装置　　图 3–58　牵引杆的安全保险装置

（6）螺栓连接防松、销轴连接防脱落措施。大型游乐设施在运行过程中，一般都有振动，有的冲击和振动还比较严重。在实际运行中，由于紧固件未采用防松措施，螺栓会有松动现象发生，销轴会松脱。若未及时发现，极易造成事故。很多游乐设施在运行过程中出现过这样的故障，导致事故的发生。因此，重要的连接，一定要采取防松措施。

螺栓常用的防松方法有加弹簧垫圈、双螺母、自锁螺母、防松螺母等；销轴连接防脱落措施有卡环、开口销、端部挡板等。另外，挡板的安放一定要考虑销轴的受力方向，不能使挡板承受压力。高强度螺栓应根据要求使用力矩扳手，且大部分不能重复使用。

**（二）安全保险措施的安全要求**

对于游乐设施在空中运行的乘人部分，其整体结构应牢固可靠，其重要零部件宜采取保险措施。具体要求如下：①吊挂乘人部分用的钢丝绳或链条数量不得少于两根。与座席部分的连接，必须考虑一根断开时能够保持平衡。②钢丝绳的终端在卷筒上应留有不少于 3 圈的余量。当采用滑轮传动或导向时，应考虑防止钢丝绳从滑轮上脱落的结构。③沿架空轨道运行的车辆，应设防倾翻装置。车辆连接器应结构合理，转动灵活，安全可靠。④沿钢丝绳运动的游乐设施，必须有防止乘人部分脱落的保险装置，且保险装置应有足够的强度。⑤当游乐设施在运行中，动力电源突然断电或设备发生故障，危及乘人安全时，必须设有自动或手动的紧急停车装置。⑥游乐设施在运行中发生故障后，应有疏导乘人的措施。

# 第四章　游乐设施安全操作与日常管理

## 第一节　运营条件

### 一、游乐场所开业运营前的准备工作

**（一）组织机构**

（1）独立的建制。有政府管理部门批准成立的文件。

（2）依法注册。具有有效的营业执照，并在核定的范围内开展经营活动。

（3）业务独立。具有独立的法人地位，自主经营，自负盈亏，独立地承担民事责任。

（4）机构设置与运行。机构和岗位设置合理，职责明确，运行有效。

（5）安全保证机构。负责设备购入的进货验收、保管、施工、安装、调测负荷试验、运行过程及定期检查维修等检查工作。根据安全检查需要，有权中止游乐设施的运营，负责质量管理手册的管理。

**（二）人员素质**

（1）部门以上领导有相应的正式任命文件或聘书。

（2）安全保证负责人须具有3年以上的管理工作经历或工程师以上的技术职务任职资格，熟悉本单位各类游乐设施的技术性能和检查维修业务。掌握相关的法律法规知识。

（3）检修人员具有中专以上（或相当中专水平）的学历，并应熟练掌握该专业检修维护技能。具有标准、计量、质量监督法律、法规常识。

（4）值机（操作）人员应具有高中以上或同等学历，应有专业知识，熟练掌握操作规程，明确本岗位职责和人机安全紧急救护预案。

### 二、设备运营前的准备工作

**（一）运营应具备的条件**

（1）产品质量必须符合国家相关标准，有游乐设施生产许可证及有关证明。

（2）游乐设施购置应进行进货检查、验收，原始记录应完整规范，不得涂改。进口的游乐设施应有海关报关单和商检合格证书。

（3）产品须有使用、安装说明书，检查维修说明及图样；须有铭牌及产品编号；产品须有中文标明的产品名称、厂名、厂址；须有执行标准代号，产品合格证，规定的备品备件和专用工具等。

（4）新产品投入运营前，须经国家认可的检验单位检验合格。

（5）游乐设施施工、安装、调试、负荷试验应保存完整的原始记录，并有检验合格的报告。

（6）运营单位须有各类游乐设施管理制度，定期维护检修制度及相应的人机安全紧

急救护预案。

（7）操作、管理、维修人员必须经过培训持有上岗证书。

（8）各类游乐设施的单位均应建立技术档案。内容包括：运营编号，操作、维修者姓名，设备验收、保管、施工、安装、调试、负荷试验情况，运行过程及定期检查中出现的问题与处理情况。

（9）运营场所须在明显位置公布游客须知、操作管理人员职责。

**（二）管理制度**

（1）运营单位应制定系统、协调、切实可行的安全质量管理手册。其主要内容有：①质量方针；②组织机构图；③各机构职责；④各岗位职责；⑤在职人员一览表；⑥游乐设施一览表；⑦安全质量保证体系图；⑧规章制度目录；⑨质量管理手册的管理；⑩主要工作记录的格式。

（2）主要规章制度：①安全检查、定期检查、维修制度；②关键设备定期检查规程；③自检报告及原始记录，受检报告，受检设备图纸、资料等技术文件的管理制度；④安全事故分析报告制度；⑤游乐设施的停用、报废制度；⑥游艺、游乐现场管理制度；⑦游客安全申诉的收集和处理制度；⑧各类员工的业务培训、考核制度；⑨质量管理手册执行情况的检查制度。

（3）安全质量保证机构对手册的执行情况应有检查记录。检查的重点是岗位责任制的落实与规章制度的执行情况。

**（三）环境条件**

（1）游艺、游乐场所应地面整洁、无杂物，符合卫生城市的指标规定；室内场所采光照明、通风、除尘、防震、消防、降低噪声、防疫消毒等应满足技术规范的要求。

（2）游艺、游乐场所各类管理、服务人员应着工作服，佩戴服务标志。

游乐场所开业后，如何保证游乐设施的安全运行，如何保证游客安全，就成了头等大事，保证安全主要在管理。

## 第二节　操作人员的要求和职责

### 一、对操作人员的要求

国家制定的《特种设备作业人员监督管理办法》《特种设备作业人员考核规则》（TSGZ 6001—2019）和《大型游乐设施安全管理人员和作业人员考核大纲》（TSGY 6001—2008）、《游乐园（场）服务质量》（GB/T 16767—2010）等，都对游乐设施的操作人员提出了明确的要求。

**（一）理论知识要求**

大型游乐设施的操作人员要按照国家《大型游乐设施安全管理人员和操作人员考核大纲》的要求，经过严格培训、考试合格后获得国家质量监督检验检疫总局颁发的特种设备作业人员资格证书，才能上岗操作。操作人员必须掌握如下理论知识。

1. 基础知识

操作人员应具备的基础知识是：掌握大型游乐设施定义及其术语；大型游乐设施分类、

分级、结构特点、主要参数和运动形式；安全电压；大型游乐设施安全运行条件；乘客须知等。还必须掌握大型游乐设施操作人员职责、站台服务知识等。

2. 专业知识

操作人员应具备的专业知识是：了解游乐设施的机械、电气和液压等设备的结构、工作原理。了解游乐设施安全运行的知识，包括安全保护装置及其设置的安全压杠、安全带、安全把手、锁紧装置、止逆装置、限位装置、限速装置、缓冲装置、过压保护装置、风速计和其他安全保护装置的结构原理与使用方法。了解游乐设施操作系统知识，包括控制按钮颜色标识、紧急事故按钮、音响与信号、典型大型游乐设施的操作程序等。了解安全检查知识，包括安全警示说明和警示标志、运行前检查内容、日检项目及其内容、运行记录等。了解大型游乐设施应急措施，包括对常见故障和异常情况辨识、常用应急救援措施、典型应急救援方法、大型游乐设施事故处理基本方法等。了解法规知识，包括《特种设备安全监察条例》（国务院令第549号）、《特种设备作业人员监督管理办法》《特种设备作业人员考核规则》《特种设备质量监督与安全监察规定》《游乐设施安全技术监察规程（试行）》《游乐设施监督检验规程（试行）》《特种设备注册登记与使用管理规则》等法律法规及游乐设施的有关国家标准。

### （二）操作技能要求

操作人员上岗一定要经过培训，必须掌握以下技能：

（1）掌握安全保护装置及附件的性能、使用和维护保养，包括安全压杠的操作与检查、安全带的操作与检查及其他安全保护装置的操作与检查等。

（2）安全运行技能，包括运行前的检查及其按流程开机、运行操作、运行结束后的检查及其按流程关机，做好运行记录等。

（3）应急救援技能，包括对常见故障会应急救援，会进行紧急情况的处理等。

### （三）服务质量要求

由于游乐设施属特种设备，所以操作人员除要具备理论和专业知识外，还应具有良好的思想品德和爱岗敬业精神，其服务质量也有严格的要求。对服务质量的基本要求是：具有良好的职业道德，遵守旅游职业道德规范，做到文明礼貌，坚守岗位，不离岗、不串岗，保护游客和企业的合法权益。另外，还应做到以下几点：

（1）仪表仪容。①上岗穿着工作服，服饰整洁干净，佩戴服务标牌。②端庄大方，处事稳重，反应敏捷，谙熟礼仪，精神饱满，表情自然，和蔼亲切。

（2）举止。举止文明，姿态端庄。

（3）语言。①语言文明礼貌、简明、通俗、清晰。②讲普通话，能用外语为外宾服务。③“称呼”服务，用礼貌的称谓称呼游客。

（4）服务态度。①礼貌待客，微笑服务，热情亲切，真诚友好，耐心周到，主动服务。②对客人不分种族、国籍、民族、宗教信仰、贫富、亲疏，一视同仁，以礼待人。③尊重游客的民族习俗和宗教信仰，不损害民族尊严。④有问必答，回答问题迅速、准确。如对客人提出的问题不能解决时，应耐心解释。

除以上要求外，还应做好机台服务、广播服务、医疗急救服务等。

### （四）操作规范要求

1. 运行前后对设备的要求

当游艺机正式运营时，操作人员应当做到以下几点：

（1）游艺机运营前要做好日常安全检查（表 4–1 所示为大摆锤检查项目），包括安全带（安全杠）、把手是否牢固可靠，有无损坏情况；座舱门开关是否灵活，能否关牢，保险装置是否起作用；关键位置的销轴、焊缝有无变形、开裂或其他异常情况；螺栓、卡板等紧固件有无松动及脱落现象；限位开关有无失灵情况；各润滑点是否润滑良好；电线有无断头及裸露现象；接地极板连接是否良好；制动装置是否起作用等。

（2）按实际工况空运转 3 次后确认运转正常方可正式运营。

（3）运转前先鸣电铃，确认乘客都已坐好，场内无闲杂人员，再开机运行。

（4）游乐设施运转时，严禁操作人员离开岗位。要随时注意与观察乘客及设备的运行情况，遇有紧急情况时，要及时停机。

（5）下班时要关掉总电源。

（6）填写好游艺机安全运行日报记录。

2. 设备运行前对游客的要求

为确保游客安全，操作时应做到以下几点：

（1）某些游乐活动如果对游客有身体健康要求，即对某种疾病患者不适宜参与的，应在该项游乐设施的入口处以醒目的警示标识告知游客，谢绝其参与，以免发生人身安全事故而产生纠纷。

（2）在游乐活动开始前，应对游客进行安全知识讲解和安全事项说明，具体指导游客正确使用游乐设施，确保游客掌握游乐活动的安全要领。

（3）在游乐过程中，应密切注视游客安全状态，适时提醒游客注意安全事项，及时纠正游客不符合安全要求的行为举止，排除安全隐患。

（4）如遇游客发生安全意外事故，应按规定程序采取救援措施，认真、负责地做好善后处理。

在运营过程中，还要加强对设备的巡检，每隔 2h 左右让游乐设施停止下来，操作人员对设备的安全保护装置及其他重要的部位进行检查，确认无问题后再次投入运营。

**表 4–1　大摆锤游乐设施日检表**

设施名称：大摆锤　　　　　　　　检查日期：　年　月　日

| 次序 | 检查内容 / 要求 | 检查结果 | 检查处理方法 | 检查人 |
|---|---|---|---|---|
| 开机前检查 | 目检设备及安全护栏等周边设施有无缺损 | 合格□不合格□ | | |
| | 目检设备周围及运行区域内应无障碍物 | 合格□不合格□ | | |
| | 操作室按钮、开关、指示灯完好，位置正确。电气线路、接口规范，绝缘可靠。外围元器件完好 | 合格□不合格□ | | |
| | 接近开关等检测元器件完好、安装位置可靠 | 合格□不合格□ | | |
| | 用油枪对旋转中心油脂润滑一遍。轴承齿面加注油脂 | 合格□不合格□ | | |
| | 打开检修门，球轴承、每个旋转中心齿轮的外齿油脂润滑（两个摆动旋转轴承；一个接头旋转轴承）。停运后，用刮刀抹油脂、清除杂物 | 合格□不合格□ | | |
| | 用两个油枪对每个旋转中心的摆动旋转轴承内加注油脂。油品与齿面一致 | 合格□不合格□ | | |

续表 4–1

| 次序 | 检查内容 / 要求 | 检查结果 | 检查处理方法 | 检查人 |
|---|---|---|---|---|
| 开机前检查 | 用两个油枪对旋转接头中心的接头旋转轴承内加注油脂。油品与齿面一致 | 合格□不合格□ | | |
| | 检查所有乘客安全保护器上齿条及齿牙的磨损，确保每天涂油 | 合格□不合格□ | | |
| | 首次旋转，先检查用于连接杆旋转的机械锁具是否已打开 | 合格□不合格□ | | |
| | 检查每个机械锁具的安全可靠 | 合格□不合格□ | | |
| | 检查两个安全保护器之间没有空隙 | 合格□不合格□ | | |
| | 所有座舱、座椅压杠结构牢固。安全带、带扣及插件均应可靠 | 合格□不合格□ | | |
| | 气动系统接头连接可靠。气动无积水。油雾器无渗漏，油位正常、油质清洁 | 合格□不合格□ | | |
| | 液压站环境清洁，无易燃易爆物。油位正常。液压系统设定参数正常 | 合格□不合格□ | | |
| 开机状态检查 | 操作件动作灵活，性能可靠，指示灯正常 | 合格□不合格□ | | |
| | 急停按钮功能完好，手动复位正常 | 合格□不合格□ | | |
| | 电气系统中过载、短路、断相、漏电等运行保护无异常动作。电压波动无异常。三相电压平衡 | 合格□不合格□ | | |
| | 检查直流电动机、面板、变换器的工作应正常 | 合格□不合格□ | | |
| | 设备进行各个动作运行检查，减速器、直流电动机无异响 / 异振 | 合格□不合格□ | | |
| | 液压系统冷却、过滤，温度、工作压力正常 | 合格□不合格□ | | |
| | 液压控制系统正常。监测、诊断、报警正常 | 合格□不合格□ | | |
| | 液压元器件无异响、连接松动、泄漏、压力值突变等异常现象 | 合格□不合格□ | | |
| | 气动系统中空压机、气接头无泄漏。无异响、压力正常，安全阀有效 | 合格□不合格□ | | |
| | 气动系统每天一次在有压状态，打开排水气门，使过滤器排积水 | 合格□不合格□ | | |
| | 气动开关手动阀的使用功能应正常 | 合格□不合格□ | | |
| | 锁定顺序正确（先锁定护胸，其次是保护器）。拉动任一压杠，使其处于未锁状，设备应处在安全状态 | 合格□不合格□ | | |
| | 在载客前应当在自动位置检查所有程序应正确运行、无异常 | 合格□不合格□ | | |
| | 操作发车信号、监控信号均正常 | 合格□不合格□ | | |
| | 自动空载整机试运行检查应无异常振动和响声，座舱摆动、旋转速度平稳，运行参数符合工况，程序正常，停车平稳 | 合格□不合格□ | | |

## 二、游乐设施安全作业要求

### （一）大型游乐设施日常运营基本要求

（1）每天运营前必须做好安全检查。

（2）营业前试机运行不少于 2 次，确认一切正常后，才能开机营业。

**（二）营业中的安全操作要求**

（1）向游客详细介绍游乐规则、游乐设施操纵方法及有关注意事项。谢绝不符合游乐设施乘坐条件的游客参与游乐活动。

（2）引导游客正确入座高空旋转游乐设施，严禁超员，不偏载，系好安全带。

（3）维持游乐、游艺秩序，劝阻游客远离安全栅栏，上下游艺机秩序井然。

（4）开机前先鸣铃提示，确认无任何险情时方可开机。

（5）游艺机在运行中，操作人员严禁擅自离岗。

（6）密切注意游客动态，及时制止个别游客的不安全行为。

**（三）营业后的安全检查**

（1）整理、清扫、检查各承载物、附属设备及游乐场地，确保其整齐有序，清洁，无安全隐患。

（2）做好当天游乐设备运转情况记录。

（3）游艺机和游乐设施要定期维修、保养，做好安全检查。安全检查分为周、月、半年和年以上检查。

## 第三节　典型游乐设施安全操作

游艺机的操作是一项非常重要的工作。操作是否得当，在紧急情况下应如何操作，直接关系到人身和设备安全问题。一些游艺机的用户，由于操作不合理或误操作而发生事故。有些使用单位根本没有操作规程，有的单位虽然制定了操作规程，但比较简单，难以保证游艺机的安全操作。游艺机的操作，不单纯是按按钮，必须与整台游艺机及乘客联系在一起，随时观察游艺机及乘客情况，与服务人员密切合作，按照操作规程合理操作。

应使我国各类游艺机，尤其是大型游艺机的操作逐步走向标准化、规范化。

对于游艺机操作人员来说，只会操作还不行，必须在游乐园整个营业过程中，能够保证游艺机不出事故，这就要求操作人员具有熟练的操作技术，有丰富的现场经验，要做一些深入细致的工作。由于游乐设施在运行中首要的是安全性，而除游乐设施本身的安全性能外，操作人员的规范操作尤为重要。现对观览车、自控飞机、疯狂老鼠、旋风、双人飞天和水上世界等游乐设施的操作人员在开机前、开机后应检查的内容，以及运行中的注意事项叙述如下。

### 一、观览车

**（一）开机前检查**

（1）各润滑点是否润滑良好，销轴、轴承、链条、销齿、钢丝绳等是否要加注润滑剂。

（2）立柱地脚螺栓、传动装置的地脚螺栓是否松动。

（3）固定吊厢轴的螺栓、吊厢轴与吊厢的连接螺栓是否松动。

（4）吊厢玻璃是否完好，窗户上的金属栏杆是否完好，有无脱落现象。

（5）每个吊厢上的两道锁具是否灵活可靠。

（6）观览车接地线及避雷针接地线有无断裂现象。

（7）支承吊厢轴的耳板焊缝是否有开裂现象。

（8）雨雪天气后，开始营业时要检查绝缘电阻是否符合规定。

（9）风速是否大于 15m/s，大于此风速时应停止运转。

（10）采用钢丝绳传动的观览车，要检查钢丝绳接头是否松动、拉长，有无破损、断丝情况。

**（二）开机检查**

（1）电动机、减速器、油泵、油马达等有无异常声响。

（2）齿轮、链轮与链条啮合是否正常。

（3）启动有无异常振动冲击。

（4）液压系统渗漏情况。

（5）转盘转动是否有异常声响（摩擦声、轴承响声等）。

（6）吊厢有无不正常摆动。

（7）大立柱有无不正常晃动。

（8）轮胎传动中，充气轮胎压紧力是否适当。

**（三）运转中的注意事项**

（1）大部分观览车均为连续运行，上人、下人均不停车。对于这种运动方式的观览车，在上人、下人处应分别设服务人员，一人负责开门，并照顾下来的乘客；一人照顾上车的乘客，并负责把两道锁锁好。

（2）开始运行时，要隔 2 ~ 3 个吊厢再上人，以免造成过分偏载。

（3）学龄前儿童要与家长同时乘坐，以免吊厢升高时，孩子恐惧而出现意外。

（4）观览车在运转过程中，操作人员不能离开操作室。同时要注意观察运转状况，当发现异常情况时，要立即停车。

（5）观览车吊厢底面距站台面的尺寸，以 200mm 左右为宜，这样上下方便。若距离太大，吊厢在运动中上下人容易出现事故。

（6）雷雨天气应停止运行。

（7）营业结束时，应逐个检查吊厢，确认无人后，再切断总电源。

## 二、自控飞机

**（一）开机前检查**

（1）各润滑点是否润滑良好，销轴、轴承、齿轮、链条等是否要加润滑剂。

（2）底座及传动装置的地脚螺栓是否松动。

（3）各支臂的连接螺栓、销轴卡板是否松动。

（4）座舱平衡拉杆调整是否适当，拉杆两端销轴上的开口销有无断裂、脱落现象。

（5）各座舱上的安全带是否固定牢固，完好无损。

（6）座舱与支承臂连接的各支承板焊缝有无裂纹。

（7）升降用的液压缸（气缸）两端的销轴是否固定牢固。

（8）自控飞机接地线有无断裂现象。

（9）雨雪天气后，运行前要检查绝缘电阻是否符合规定。

**（二）开机检查**

（1）电动机、减速器、油泵、油马达等有无异常声响。

（2）齿轮、链轮与链条啮合是否正常。

（3）启动有无异常振动冲击。

（4）液压系统渗漏油情况。

（5）座舱升降时，有无不正常声响。

（6）底座上方大交叉滚子轴承是否有异常声响。

**（三）运转中的注意事项**

（1）大型自控飞机游乐设施应设置两名以上的服务人员，维护场内秩序，劝阻乘客不要抢上抢下。

（2）座舱中有两个以上座位，而只有一人能操纵升降的游乐设施，要告知操纵人员的操作要求，并能正确操纵。

（3）检查每个乘客是否系好安全带。

（4）运转中要注意观察，不允许乘客坐在座舱的边缘上，不允许高声喊叫。

（5）遇到飞机不能下降时，先告诉乘客不要着急，等停机后，服务人员将及时打开放油阀，使飞机徐徐下降。

（6）要注意观察，乘客在飞机运行过程中，不准站立或半蹲进行拍照。

（7）若高压油管接头突然脱落或油管破裂，有高压油喷出，应立即停机。服务人员应用物体挡住油液，尽量不要喷在乘客身上。

（8）遇到不正常情况时，要及时停机。

（9）营业结束时，要切断电源总开关，锁好操作室门和安全栅栏门。

## 三、疯狂老鼠

**（一）开机前检查**

（1）车上安全带是否固定牢固，有无损坏情况。

（2）车前缓冲装置有无损坏。

（3）车体有无破损。

（4）车轴有无松动及变形，逆止挡块是否起作用。

（5）车轮磨损情况，与轨道间隙是否正常。

（6）紧固螺栓有无松动。

（7）润滑情况。

（8）轨道有无变形开焊情况，必要时应测量轨距，检查其数值是否在标准规定的范围内。

（9）刹车片的磨损情况。

（10）行程开关是否起作用，是否固定牢固。

（11）接地线有无开裂现象。

（12）雨雪天气后，运行前要检查绝缘电阻是否符合规定。

**（二）开机检查**

（1）车辆牵引是否正常。

（2）车辆运行有无异常振动冲击。
（3）轨道立柱有无不正常的晃动。
（4）空压机压力是否正常，刹车片动作是否灵活可靠。
（5）牵引装置的电动机、减速器、链条运转是否正常。
（6）事故停车按钮是否起作用。
（7）电气是否按程序动作。

**（三）运转中应注意的事项**

（1）要认真检查乘客是否系好安全带。
（2）学龄前儿童不宜乘坐。
（3）车辆运行中，不允许乘客离开座位。
（4）前面的车辆未进入滑行轨道以前，不允许放行后面的车辆，以免发生碰撞。
（5）当车辆停位不准时，要及时调整刹车装置，待停位准确后，方可继续载人运行。
（6）当空压机发生故障或气压太低刹车无保证时，车辆应停止运行。
（7）当车辆处在牵引状态，突然停电时，服务人员应迅速登上走台，将乘客顺利疏散离开车辆。
（8）营业过程中，若突然遇雨，应停止运行。雨后待轨道稍干后方可运行。
（9）营业结束时，要切断电源总开关，锁好操作室门及安全栅栏门。

## 四、旋风

**（一）开机前检查**

（1）各润滑点（如销轴、轴承、齿轮等）是否润滑良好。
（2）机座及传动装置地脚螺栓、各处紧固螺栓有无松动现象。
（3）周边传动摩擦轮与轨道接触是否良好。
（4）轮子磨损情况。
（5）旋风座舱自转传动系统圆锥齿轮的啮合及磨损情况。
（6）液力耦合器充油情况。
（7）座舱立轴有无变形。
（8）座舱安全带（杆），是否牢固可靠。
（9）座舱有无破损现象。
（10）转盘与周围站台的间隙有无变化，若有变化，要找出原因。
（11）周围站台有无破损和严重的凸凹不平现象。
（12）接地线是否断开。
（13）雨雪天气后，要检查绝缘电阻是否符合规定。

**（二）开机检查**

（1）电动机、减速器运转是否正常，有无异常声响。
（2）启动、停止有无振动冲击。
（3）座舱自转系统锥齿轮啮合是否正常。
（4）座舱转动是否灵活。
（5）大盘回转时有无摆动现象，有无不正常声响。

（6）周边传动装置运转情况。
（7）液力偶合器是否渗漏。

**（三）运转中应注意的事项**

（1）大型旋风游乐设施应设两个以上服务人员，乘机时应劝阻乘客不要抢上抢下。
（2）学龄前儿童不宜乘坐。
（3）开机前检查每个乘客是否系好安全带（杆）。
（4）发现乘客有恐惧或不适现象时，应立即停机。
（5）雨雪天气应停止运转。
（6）营业结束时，要切断电源总开关，锁好操作室门及安全栅栏门。

## 五、双人飞天

**（一）开机前检查**

（1）升降大臂及升降用油缸的地脚螺栓是否松动。
（2）吊椅的销轴有无松动现象，保险装置是否可靠。
（3）吊椅的安全挡杆是否灵活可靠。
（4）吊挂销轴有无变形及损坏。
（5）吊椅与吊杆的连接螺栓是否松动。
（6）吊挂上部焊接板焊缝有无开焊现象。
（7）吊椅是否有破损。
（8）润滑情况。

**（二）开机检查**

（1）油泵、油马达、液压缸工作是否正常，有无异常声响。
（2）泵、阀、集成电路模块、管路的渗漏情况。
（3）压力表指示是否准确，溢流阀压力调整是否适当。
（4）大臂升降是否到位，有无振动冲击。
（5）大臂升降及转盘回转是否有异常声响。
（6）转盘回转有无摆动现象。

**（三）运转中应注意的事项**

（1）开机前检查每个乘客是否固定好了安全杆。
（2）乘客较少时，应引导乘客分散乘坐，以免形成偏载。
（3）遇到紧急情况时，要及时停车并同时降下大臂。
（4）升降液压缸出现故障（不能下降）时，要及时进行手动泄油，并将乘客疏导下来。
（5）遇雨时要停止运转。
（6）营业结束时，要切断电源总开关，锁好操作室门及安全栅栏门。

## 六、水上世界

（1）应在明显的位置公布各种水上游乐项目的游乐规则，广播要反复宣传，提醒游客注意事项，确保安全，防止事故发生。

（2）对容易发生危险的部位，应有明显的提醒游客注意的警告标志。

（3）各水上游乐项目均应设立监视台，有专人值勤，监视台的数量要符合规定要求，其位置应能看到游乐设施的全貌。

（4）按规定配备足够的救生员。救生员须符合有关部门规定，经专门培训，掌握救生知识与技能，持证上岗。

（5）水上世界范围内的地面，应确保无积水、无碎玻璃及其他尖锐物品。

（6）随时向游客报告天气变化情况。为游客设置避风、避雨的安全场所或具备其他保护措施。

（7）全体员工应熟悉场内各区域场所，具备基本的抢险救生知识和技能。

（8）设值班室，配备值班员。

（9）设医务室，配备具有医师职称以上的医生和经过训练的医护人员和急救设施。

（10）安全使用化学药品。

（11）每天营业前对水面和水池底除尘一次。

（12）凡具有一定危险项目的设施，在每日运营之前，要经过试运行。

（13）每天定时检查水质。

## 第四节　游乐设施操作中的不安全行为

通过统计，近几年大型游乐设施事故绝大部分都是由于人的不安全行为导致的。所谓人的不安全行为，顾名思义，就是作业过程中影响作业安全或导致事故发生而产生的人的行为，它是危险因素的又一表现形式，是导致事故发生的诱因和根源。对于从事游乐设施操作的员工来说，随时随地都会遇到和接触这方面的危险因素。一旦对危险因素失控，必将导致事故的发生。就其事故原因来讲，人是导致事故发生的最根本和最直接的原因。

所有操作人员都可能发生失误。而操作者的不安全行为，则能导致事故发生。可以这样认为，事故也是人失误直接导致的结果。

一般出现失误以后，其结果是很难预测的。比如遗漏或遗忘现象，把事弄颠倒，没按要求或规定的时间操作，无意识动作，调整错误，进行规定以外的动作等。造成人失误的原因是多方面的，如超体能、精神状态不佳、注意力不集中、对设备的操作不熟练、过度疲劳，以及环境过负荷、心理压力过大等都能使人发生操作失误。也有与外界刺激要求不一致时，出现要求与行为偏差的原因，在这种情况下，就会导致人的不安全行为的发生。除此之外，还有由于对正确的方法掌握不透，有意采取不恰当的行为等，从而出现人的不安全行为和不安全因素。人的不安全行为主要表现形式可归纳如下。

（1）侥幸心理。其特征是：碰运气，认为操作违章不一定会发生事故；往往认为"效率提高了，动机是好的"，不会受到责备；自信心很强，相信自己有能力避免事故发生。操作人员产生侥幸心理的原因，一是经验上的错误。例如某种违章操作从未发生过事故，或多年未发生过，员工心理上的危险意识就会减弱，从而就会导致错误的认识，认为违章也未必出事故。二是认识上的错误。认为事故不是经常性发生的，发生了也不一定会造成伤害，即便伤害了也不一定很重。因此，容易容忍人的不安全行为的存在。但久而久之，这些不安全行为便成为员工的作业习惯，这样必然会导致事故的发生。因此，游乐园管理人员必须从第一次违章抓起，坚决予以纠正，决不允许人的不安全行为的存在。

（2）冒险心理 。其特征是：一是争强好胜，喜欢逞能；二是私下与人打赌；三是有违章行为但没有造成事故的经历；四是为争取时间，不按规程作业；五是企图挽回某种影响等。有冒险行为的人，一般只顾眼前一时得失，不顾客观效果，盲目行动，蛮干且不听劝阻，把冒险当作英雄行为。

（3）麻痹心理。其特征有：一是由于是经常干的工作，所以习以为常，并不感到有什么危险；二是此项工作已干过多次，因此满不在乎；三是没有注意反常现象，照常操作；四是责任心不强，得过且过。在这种心理的支配下，沿用习惯性的方式进行作业，并凭借“经验”行事，从而放松了对危险因素的警惕，最终酿成了事故。

（4）贪便宜、走捷径心理。其特征是：把必要的安全规定、安全措施、安全设备认为是其实现目标的障碍。这种贪便宜、走捷径的心理是员工在长期工作中养成的一种心理习惯。操作人员总以为走捷径不会造成事故，而这种心理造成的事故还有很多。

（5）逆反心理。逆反心理是指在某种特定的情况下，某些员工的言行在好胜心、好奇心、求知欲、思想偏见、对抗情绪之类的意识作用下，产生一种与常态行为相反的对抗心理反应。主要表现为：不接受正确的、善意的规劝和批评，坚持其错误行为。例如，不按操作规程要求操作，自恃技术不错，违规操作。

（6）凑兴心理。是指人们在社会群体生活中产生的一种人际关系的反映，从凑兴中获得满足和温暖，从凑兴中给予同事友爱和力量，通过凑兴行为发泄剩余精力，它有增进人们团结的积极作用，但也会导致一些无节制的不理智行为。

（7）从众心理。主要是指员工在适应大众生活中产生的一种反映，不从众则感到有一种精神压力。由于从众心理，人的不安全行为或行动就会被他人效仿。如果有些员工不遵守安全操作规程并未发生事故，那么其他员工也就跟着不按规程操作。否则，就有可能被别人说技术不行或胆小鬼。这种从众心理严重地威胁着安全生产。因此，要大力提倡和扶植班组内遵章守纪的正气，在违章行为刚刚产生之时就予以纠正，以防止从众违章行为的发生和蔓延。

（8）自私心理。这种心理与人的品德、责任感、修养、法制观念有关。它是以自我为核心，只要自己方便而不顾他人，不计后果。俗话说，违章不反，事故难免。要保证安全就得远离违章，远离违章就必须从源头遏制人的不安全行为的发生。综观历史，往往发生事故的源头都在于人的不安全行为和因素的发生，所以必须持之以恒地强化员工的安全意识，不断提升员工的安全素养，加大员工的安全教育力度，丰富员工的安全教育内容，真正形成安全预警思维和提高安全防范意识，使每一名员工都能认识到违章的危害性，让每一名员工都能在工作中自觉遵章守纪，一切以安全为中心，作业做到标准化，安全做到意识化，思想做到责任化，真正达到“安全生产，预防为主”的要求。这样，人的不安全行为和因素的发生就会被抛于九霄云外，各种事故源头也会自然蒸发。

## 一、不安全行为的具体表现

### （一）上岗条件不满足就进行操作

（1）未取得特种设备作业人员证书就擅自操作游乐设施。

（2）虽取得游乐设施操作证，但未经过运营使用单位相关部门内部培训合格后就直接上岗。

（3）未掌握所操作设备的结构原理等知识。

**（二）操作人员身体状况**

（1）生病或精神状态不佳，依然坚持在操作岗位。

（2）高强度高节奏工作，疲劳作业。

（3）情绪不好，容易急躁发怒。

（4）视力不好、听力不好（需要操作人员眼观六路、耳听八方）。

**（三）每天运营前注意事项**

（1）不履行安全检查或未检查确认就开机试运行。

（2）不确认运营条件，比如风速、天气条件等。

**（四）运营过程中注意事项**

（1）未向乘客讲解安全注意事项、禁止事宜。

（2）未谢绝不符合乘坐条件的乘客参与游乐活动。

（3）未对保护乘客的安全带、安全压杠、舱门或进出口处拦挡物的锁紧装置等是否锁紧进行检查确认。

（4）未确认设备是否有问题就开机或确认有问题仍然开机。

（5）未发出开机信号、未确认是否有险情就开机。

（6）未及时制止个别乘客的不安全行为。

（7）不能有效维持现场秩序，游乐设施场地内乘坐秩序混乱，抢上抢下；游乐设施运转过程中，闲人随便进入安全栅栏。

（8）运营过程中不注意观察乘客动态和设备状况。

（9）运营过程中不监视相关仪器仪表监控装置。

（10）与服务人员之间的协作失误，导致误操作。

（11）操作过程中闲聊，偷玩手机。

（12）擅离岗位。

（13）在操作期间打瞌睡，注意力不集中。

（14）擅自更改设备运行模式。

（15）擅自启动手动操作模式（维修模式）。

（16）运营中不进行巡检。

（17）不注意自身安全。操作过程中不注意自身防护，擅入运行区域。

（18）遇到问题不及时停运，不及时汇报。

**（五）应急响应能力不强**

（1）应急响应流程不清楚，无救援组织机构相关人员的联系方法。

（2）操作人员业务不熟，遇到异常情况时，不知道采取何种措施。如发生在2002年3月陕西某湖公园“观光伞塔”吊篮坠落事故。事故的直接原因是操作人员在吊篮急速下降过程中，没有采取减速、刹车等措施，致使吊篮在距地面15 ~ 20m处自由落体至缓冲轮胎上，造成两人受重伤。

（3）不了解紧急事故按钮和停止按钮的作用，遇到特殊情况可能产生误操作，导致设备损坏或人员伤亡。

（4）遇到突发事件，如溺水、中暑、骨折、失火等，没有现场急救技能。

（5）对安抚游客广播语不熟悉。

（6）不知如何应对媒体。

（7）设备上乘客容易观察处无应急救援联系电话。

（8）不注重平时的救援演练，特别是最不利工况下的救援。

（8）对社会应急救援流程不清楚。

## 二、规避不安全行为的措施

### （一）提高游乐设施的本质安全

（1）采取直接安全技术措施。在设计时充分考虑设备的安全性能要求（如考虑足够的安全系数等），以预防事故和危害的发生。

（2）采取安全防护装置等间接安全技术措施。若直接安全技术措施失效而不能或不能完全保证安全，为游乐设施设计的一种或多种安全防护装置，以最大限度地预防、控制事故或危害的发生。

（3）采取报警装置、警示标志等指示性安全技术措施。间接安全技术措施也无法完全保证安全时，采用检测报警装置、警示标志等措施，警告、提醒操作人员及游客的注意，防止事故的发生，并能采取相应的对策将人员紧急撤离危险场所。

### （二）提升操作人员的基本素质

（1）身体健康（耳朵好，视力好）。

（2）责任心要强。

（3）提高认识，“要我安全”—“我要安全”—“安全要我”转变。

（4）风险识别能力要强。

（5）服务能力要强。

### （三）管理及规范操作人员的行为

（1）完善制度，践行制度，特别是作业指导书的可操作性。

（2）加强内部培训。

（3）强化检查，注重行为安全观察，统计分析不安全行为，做好纠正和预防工作。

### （四）提高操作人员的操作技能

（1）熟悉设备原理。

（2）熟悉使用维护说明书要求。

（3）行为要规范。①遵守安全操作流程，不取巧抄近路。②不超载，不偏载。

（4）互相提醒，加强协作。

（5）结合听、看、摸，关注设备状态和游客行为。

（6）注重设备检查，发现隐患，主动上报。

（7）熟悉应急处理：①突发事故的处理；②现场游客受伤的处理；③与媒体如何沟通。

（8）提高能力，规避风险：①善于思考，总结现场经验；②换位思考，想顾客之所想，做顾客所未想；③加强沟通，头脑风暴，学习同伴经验，持续改进；④做好案例分析，预防为主；⑤强化示范作用，从一线操作员工中选拔内训师，发挥模范作用。

# 第五章　大型游乐设施安全监察与检验

## 第一节　游乐设施安全监察体系的确立

### 一、大型游乐设施安全监察的必要性

大型游乐设施作为丰富群众文化生活、增进群众身心健康的特种设备，是休闲娱乐的重要载体之一，直接关系到人民群众生命财产安全，尤其是少年儿童的生命安全。游乐设施的安全监察工作是我国社会的发展趋势，也是游乐业发展的必然要求。

特种设备安全监察包括：特种设备安全监督管理部门对特种设备生产、经营、使用单位和检验、检测机构实施的监督检查，行政执法和行政许可的实施，事故的调查处理等。

特种设备安全监察一是体现依法行政，规范监督管理者的行为，要求特种设备安全监督管理部门依据特设法实施安全监督管理、行使法定职权；二是体现任何单位和个人都不能置于法律法规之外，包括监督管理者的行为都应在法律规定的范围内实施，既不能越权，也不能不作为。主要应从四个方面理解：

（1）从经济社会发展的趋势来看。我国已进入经济社会快速发展时期，举国上下都在为实现社会主义现代化和中华民族的伟大复兴而努力奋进。作为我国重要支柱产业的旅游业，它的健康发展，不仅关系到国民经济的发展，而且关系到社会的和谐。我们提倡“以人为本”，首先就是要以尊重人的生命为本。只有尊重生命，重视安全，构建和谐社会才有了基础。

（2）从大型游乐设施自身的特点来看。大型游乐设施不同于一般的游玩设备，随着科学技术日新月异，许多大型游乐设施运用的技术都更加先进，构造更加复杂。这些先进设施在给人们惊险和刺激的同时，也对设备的安全提出了更高的要求，特别是有些游乐设施追求更高、更快、更刺激，设备运转瞬息万变，稍有不慎，就有可能酿成意想不到的后果。因此，对于大型游乐设施来讲，加强安全监察尤为重要。

（3）从游乐设施管理的现状来看。由于我国的游乐设施起步较晚，企业规模一般较小，技术、设备相对落后，安全投入不足，加上对大型游乐设施的安全监察制度不够完善，有的企业违规操作现象还比较严重，重大责任事故时有发生。为了尽快改善大型游乐设施的安全状况，有效防止并减少安全责任事故的发生，必须把游乐业安全生产和管理工作摆上重要议事日程，加强对大型游乐设施的监察和检查，只有这样，才能促进游乐业的健康发展。

（4）从社会对游乐业的关注程度来看。由于大型游乐设施集知识性、趣味性、刺激性于一体而深受大众欢迎，参与的游客面广量大，而且少年儿童比较集中，社会关注度极高，如果出现安全事故，不仅给人民生命财产造成重大损失，而且社会影响极坏，甚至影响一个地方的社会稳定，同时还对国民经济和游乐业的发展带来直接影响，使企业蒙受灾难，甚至让公司倒闭。因此，对于游乐设施的安全监察不能掉以轻心，应该引起各级管理者的高度重视。

## 二、我国游乐设施安全管理制度的建立

我国游乐设施从起步到建立安全管理制度，经历了从一般管理到制度和法规管理的发展历程。大体可分为三个阶段，即一般设备管理阶段、生产许可证设备管理阶段和特种设备管理阶段。

### （一）一般设备管理阶段（1980 ~ 1990 年）

1980 年以后，随着我国改革开放的不断深入，游乐设施得到了迅速发展。这一时期对游乐设施的管理是作为一般设备进行管理的，并未把游乐设施作为危险性较大的特种设备来进行管理。其间游乐设施事故时有发生，甚至发生了一些恶性事故，严重影响游乐业的健康发展。1984 年 2 月 19 日，北京陶然亭公园儿童飞机牵引钢丝绳断裂，造成 17 名乘客受伤，引起了社会的关注和国家领导的高度重视。我国大型游乐设施的安全管理也由此摆上了国家有关部门的重要议事日程。国家相继出台了有关规定，建立了相关机构。1984 年 6 月，国家经委发布了《关于加强游艺机生产、使用管理的通知》，强调了加强游艺机的生产管理，并开始制定统一的技术标准。1985 年 11 月，国家标准局发文成立"国家游艺机质量监督检验中心"。1987 年 6 月，国家经委批准成立"中国游艺机游乐园协会"。这些文件和措施的出台，对引导我国游乐业健康有序发展起到了十分重要的作用。

### （二）生产许可证设备管理阶段（1990 ~ 2000 年）

这一阶段主要是通过在生产领域实施生产许可证制度和制定对游乐环节的安全监督管理制度，加强对游乐设施的安全监察工作。这一阶段制定的主要法规如下：1990 年 2 月，中国有色总公司发布《游艺机产品生产许可证实施细则》，开始对游艺机实施生产许可证制度。1994 年，国家技术监督局、建设部、公安部、劳动部、国家旅游局、国家工商行政管理局联合颁布、实施《游艺机和游乐设施安全监督管理规定》。

总体来讲，实行生产许可制度后，游乐设施的安全状况有了一定的改善，但随着游乐设施的大量增加和监管工作滞后，各种事故仍时有发生。因为游乐设施安全是一个系统工程，其安全性能与设计、制造、安装、改造、维修、使用、检验等诸多环节的监管都密切相关。由此可见，对游乐设施实施全过程的监管已经势在必行。

### （三）特种设备管理阶段（2000 年至今）

这一阶段，国家大力加强了对特种设备的管理。2000 年 10 月，国家质量技术监督局颁布、实施了《特种设备质量监督与安全监察规定》，明确把大型游乐设施作为特种设备实行安全监察，开始了对大型游乐设施全过程的安全监察。

2001 年 2 月，建设部、国家质量技术监督局联合颁布了《游乐园管理规定》，明确规定了游乐园的立项、开业和对游乐设施定期安全检验的要求。

2003 年 3 月 11 日，国务院颁布了《特种设备安全监察条例》，我国游乐设施安全监察工作从此走上了法制化轨道。在此前后，一些省、市也都进行了地方立法。国家质检总局又根据《特种设备安全监察条例》，制定了配套的安全技术规范和标准。这使得游乐设施安全监察工作逐步走上了法制化、规范化、科学化的轨道。这以后，游乐设施的事故率也逐年呈下降趋势。特别是 2009 年 1 月 14 日修改后的《特种设备安全监察条例》（国务院令第 549 号）获得国务院第 46 次常务会议通过，当年 5 月 1 日实施，这对我国特种设备和游乐设施的安全监察工作起了很大的推动作用。

2013年4月23日，《大型游乐设施安全监察规定》经国家质量监督检验检疫总局局务会议审议通过，2013年8月15日国家质量监督检验检疫总局令第154号公布。该规定分总则，大型游乐设施设计、制造、安装，大型游乐设施使用，监督检查，法律责任，附则6章45条，自2014年1月1日起施行。原国家质量技术监督局2000年6月29日发布的《特种设备质量监督与安全监察规定》废止。《大型游乐设施安全监察规定》对现有法律法规确立的基本安全监察制度进一步完善、补充和细化，把有关大型游乐设施安全监察的规定落到实处，保障大型游乐设施安全使用，促进行业发展。

## 三、大型游乐设施安全监察的特点、范围

### （一）特种设备安全监察的概念和特点

1. 特种设备安全监察的概念

特种设备安全监察是负责特种设备安全的国家行政机关为实现安全目的而从事的决策、组织、管理、控制和监督检查等活动。

根据国家相关规定，对特种设备的安全监察由国家市场监督管理总局特种设备安全监察局和各地特种设备安全监察机构实施。

2. 大型游乐设施安全监察的特点

大型游乐设施的全生命周期内，虽然事故往往发生在使用环节，但设备安全问题涉及的因素是多方面的，各环节之间相互关联、互相影响，要有效地防止事故，必须将其生产、使用直至报废的整个过程纳入监管。只有将大型游乐设施的每一个环节实施严格的监管，即全过程监管，事故才能得到有效遏制，这是保证设备安全行之有效的手段。全过程监管强调的是涉及大型游乐设施安全的环节都有相应的管理规范和工作制度，确定有人负责实施安全管理，并承担相应的责任。但全过程监管不等于所有环节的每一项活动都由监管部门具体去实施。

在世界范围内，虽然各国在大型游乐设施管理体制、方式和范围上有所区别，但在原则、性质和做法上基本一致。通过几十年的实践和总结，并借鉴国外经验，我国逐步形成了一整套与国际通行做法基本一致的、适合中国国情的特种设备安全工作制度。大型游乐设施的安全监察工作应当遵循特种设备安全管理的整体思路，结合大型游乐设施技术和管理特点，有效预防和减少事故发生。

对大型游乐设施进行安全监察同其他特种设备的安全监察一样，是对大型游乐设施各个环节包括设计、制造、安装、改造、维修、检验、使用等环节的安全实施必要的监察。但大型游乐设施又不同于一般特种设备，对大型游乐设施的安全监察具有不同的特点：一是在使用环节上，由于一些游乐设施涉及的人数较多，因而对其安全监察的要求更高。二是在维修环节上，对大型游乐设施检查维修的节点多、线路长、技术要求高。三是在新技术的使用上，大型游乐设施采用的各种新科技不断改进和革新，所涉及的科技知识领域更加广泛。这些都给大型游乐设施的安全监察提出了新的要求和挑战。

### （二）游乐设施安全监察的范围

大型游乐设施不同于一般游乐设施，只有大型游乐没施才属特种设备。列入大型游乐设施监察范围，必须符合三个条件：一是用于经营目的。对于团体内部使用、非经营的设备，不作为安全监察的对象。二是要承载游客游乐。对于不载人的设备，一般不会引起人

身危害，不作为安全监察的对象。三是游乐设施设计运行的最大线速度必须大于等于 2m/s，或运行高度距地面必须在 2m 以上。

游乐设施中危险性小、基本不会危及游客人身安全的小型游乐设施，可作为一般性管理。从安全管理的角度讲，这样也可以减少管理成本。

## 四、大型游乐设施安全监察的职权和人员要求

### （一）特种设备安全监督管理部门的行政职权

特种设备安全监督管理部门在依法履行监督检查职责时可以行使的行政职权，包括行政调查权、行政强制权和行政处罚权。

1. 行政调查权

行政调查权是行政机关在履行职权过程中最广泛运用的一项权力。作为一项行政权力，它的行使必须有明确的法律依据，并依据一定的程序。同时，有关特定当事人也有义务接受行政机关的调查，不接受调查，将产生不利的法律后果。特种设备安全监督管理部门在依法履行监督检查职责时，可以行使行政调查权，主要有以下几个方面：

（1）现场检查权。特种设备安全监督管理部门可以进入现场检查。这里的现场，包括特种设备生产、经营、使用的现场和检验检测的现场等。按照依法执法的要求，实施现场检查，应由 2 名以上行政执法人员进行，一般情况下应当制作现场检查笔录，以便留证。

（2）向有关人员进行调查，了解情况的权力。特种设备安全监督管理部门可以向特种设备生产、经营、使用单位和检验、检测机构的主要负责人及其他有关人员调查、了解有关情况。一是调查的对象，是特种设备生产、经营、使用单位和检验、检测机构的主要负责人及其他有关人员；二是调查应当由 2 名以上行政执法人员进行；三是向有关人员的调查了解情况，一般应当制作调查笔录，以便留证。

（3）查阅复制权。特种设备安全监督管理部门可以查阅、复制特种设备生产、经营、使用单位和检验、检测机构的有关合同、发票、账簿及其他有关资料。需要注意的是，特种设备安全监督管理部门行使查阅复制权的前提是，“根据举报或者取得的涉嫌违法证据”。这一点与现场检查权和对有关人员的调查权不同，现场检查权和对有关人员的调查权的启动，可以是主动依职权进行，也可以根据有关举报，但启动查阅复制权的前提必须是有举报或已经取得涉嫌违法的证据。

2. 行政强制权

特种设备安全监督管理部门在履行监督检查职责时，可以实施查封和扣押这两种行政强制措施。

所谓行政强制措施，根据《行政强制法》的规定，是指行政机关在行政管理过程中，为制止违法行为、防止证据损毁、避免危害发生、控制危险扩大等情形，依法对公民的人身自由实施暂时性限制，或者对公民、法人或者其他组织的财物实施暂时性控制的行为。行政强制执行，是指行政机关或者行政机关申请人民法院，对不履行行政决定的公民、法人或者其他组织，依法强制履行义务的行为。《行政强制法》对查封扣押的主体、程序、期限等做了明确规定。

特种设备安全监督管理部门在实施查封扣押时，应当注意以下几点：

（1）实施的主体是特种设备安全监察管理部门。

（2）必须要有法律依据。包含两个方面，首先要有法律法规明确赋予特种设备安全监察管理部门这一项权力，即特种设备安全监督管理部门有查封扣押的权力。其次，要注意，特种设备安全监督管理部门可以进行查封扣押的对象是“有证据表明不符合安全技术规范要求或者存在严重事故隐患的特种设备”和“流入市场的达到报废条件或者已经报废的特种设备”，并不是对所有的设备都可以任意进行查封扣押。

（3）要符合一定的程序。《行政强制法》第十八条规定：行政机关实施行政强制措施应当遵守下列规定：①实施前须向行政机关负责人报告并经批准；②由两名以上行政执法人员实施；③出示执法身份证件；④通知当事人到场；⑤当场告知当事人采取行政强制措施的理由、依据以及当事人依法享有的权利、救济途径；⑥听取当事人的陈述和申辩；⑦制作现场笔录；⑧现场笔录由当事人和行政执法人员签名或者盖章，当事人拒绝的，在笔录中予以注明；⑨当事人不到场的，邀请见证人到场，由见证人和行政执法人员在现场笔录上签名或者盖章；⑩法律、法规规定的其他程序。同时，《行政强制法》第二十四条规定，实施查封、扣押的，应当履行本法第十八条规定的程序，制作并当场交付查封、扣押决定书和清单。特种设备安全监察管理部门在实施查封扣押时，应当严格履行上述程序要求。在实际执法过程中，有时候会遇到紧急情况，为了预防或制止危害社会行为的发生和继续，需要立即采取强制措施，来不及履行批准手续。遇到这种情况，按照《行政强制法》第十九条的规定，情况紧急，需要当场实施行政强制措施的，行政执法人员应当在24小时内向行政机关负责人报告，并补办批准手续。行政机关负责人认为不应当采取行政强制措施的，应当立即解除。在执法实践中，有的部门规定，紧急情况下可以先电话请示，事后再补办批准手续，这样既确保了行政执法效率，又体现了行政强制措施的程序性要求。

（4）有期限要求。《行政强制法》第二十五条规定，查封扣押的期限不得超过30日；情况复杂的，经特种设备安全监督管理部门负责人批准，可以延长，但是延长期限不得超过30日。法律、行政法规另有规定的除外。《特种设备安全法》对查封扣押的期限没有做出特别规定。因此，特种设备安全监督管理部门在实施查封扣押时，应当严格遵守《行政强制法》有关期限的规定。

（5）具有可诉性。查封扣押作为一种行政强制措施，既是特种设备安全监督管理部门在监督检查时可以行使的一项职权，也是一个独立的具体行政行为。当事人如对特种设备安全监督管理部门采取的查封扣押措施不服，可以单独就此提起行政诉讼。

3. 行政处罚权

特种设备安全监督管理部门“对违反本法规定的行为做出行政处罚决定”，即《特种设备安全法》第74～95条规定的处罚，由特种设备安全监督管理部门做出。做出行政处罚决定，应当按照《行政处罚法》规定的程序进行。同时，国家质检总局作为国务院特种设备安全监督管理部门，其发布的有关行政处罚程序的规章，也是行政处罚实施程序的依据之一。如《质量技术监督行政处罚程序规定》(国家质量监督检验检疫总局局令第137号)、《质量技术监督行政处罚案件审理规定》(国家质量监督检验检疫总局局令第138号)。

**（二）特种设备安全监察人员资格及安全监查工作要求的规定**

（1）特种设备安全监察是一项专业性极强的工作，从事此项工作的人员应当具备一定的专业知识和能力，特种设备安全监督管理部门的安全监察人员必须具备以下条件：①熟悉相关法律法规。法律法规是特种设备安全监督管理部门履行职权的基础，也是实施特种设备安全监察的依据，特种设备安全监察人员应当熟悉和了解相关法律法规，并严格按照法律法规的规定开展特种设备安全监察工作。②具有相应的专业知识和工作经验。特种设备安全监察工作既是一项行政执法活动，也是一项专业性、技术性很强的工作。国家就特种设备的生产、经营、使用和检验、检测等制定了大量的安全技术规范及相关标准。这些安全技术规范和标准，也是我们实施特种设备安全监察工作的依据之一，且量大面广，涉及的专业知识很多。如果不了解这些安全技术规范和标准，就无法开展安全监察工作。另外，由于专业性、技术性强，且很多时候需要安全监察人员现场做出判断，因此工作经验也非常重要。因此，特种设备安全监察人员必须具有与特种设备相近专业的一定学历，或经过专门的培训，并具备一定的工作经验。③要取得特种设备安全行政执法证件。这种考核是建立在具有一定专业知识的基础上，考核对法律、法规、规章、安全技术规范的熟悉和应用。

（2）特种设备安全监察人员应当忠于职守、坚持原则、秉公执法。特种设备安全监察人员是国家机关工作人员，忠于职守、坚持原则、秉公执法是对国家机关工作人员最基本的要求。安全监察人员所拥有的安全监察权力，是法律授予的，要站在为了国家和人民的利益的高度上，认真履行职责。必须按照法定的权限和程序做到严格行政、公正执法、文明执法，严格禁止在特种设备安全执法活动中，以罚代管或者以管代罚。要加大对行政执法的监督，定期分析执法工作的情况，不断提高执法水平。

（3）特种设备安全监察人员实施安全监察时，应当两人以上，并出具特种设备安全行政执法证件。①实施安全监察，应当有两名以上特种设备安全监察人员参加。实施安全监察时，应当有两名以上特种设备安全监察人员参加，主要是基于以下几个方面的考虑：一是为了保证执法公正性。单个执法人员单独执法，容易产生执法的随意性，同时，也因为缺乏监督，发生滥用职权、以权谋私等腐败行为。两名以上执法人员同时执法，有利于在执法过程中相互监督，保证执法的公正性。二是为了体现执法权威性。三是有利于保障执法安全。②特种设备安全监察人员进行安全监察活动时，必须向被检查人出示有效的行政执法证件。向相对人出示有效证件，一方面是被检查者享有辨认执法人员身份的权利，即被检查者有权确认对自己进行检查的人员是否具备法定资格；另一方面也证明了执法主体是合法的，可以防止不法分子招摇撞骗，扰乱生产经营企业正常的生产经营活动。可以说，要求出示有效的特种设备安全行政执法证件，是安全监察人员行使监督检查权时必不可少的程序规定，体现了执法活动的严肃性、规范性，可以避免安全监察的随意性。

## 第二节 游乐设施法律、法规和标准体系

### 一、我国游乐设施安全监察法律法规和标准体系

在我国游乐业的发展进程中，游乐设施安全监察法律、法规和标准体系，经历了从无到有、从不完善到初步完善的过程。我国的法律、法规和标准目前分五个层次，即法律—法规—部门规章—安全技术规范—各类标准。

#### （一）法律——全国人大批准通过

目前我国已经颁布实施的相关法律已就特种设备安全问题作出了相应的规定。这些法律包括：《中华人民共和国特种设备安全法》《中华人民共和国安全生产法》《中华人民

共和国行政许可法》《中华人民共和国产品质量法》《中华人民共和国标准化法》《中华人民共和国计量法》。

**（二）法规——由国务院总理签发，以国务院令的形式颁布的法律文件**

（1）行政法规。《特种设备安全监察条例》（国务院令第373号）2003年3月11日发布，2003年6月1日实施；新《特种设备安全监察条例》（国务院令第549号）2009年1月24日发布，2009年5月1日实施。

相关行政法规：《国务院关于特大安全事故行政责任追究的规定》（2001年4月21日国务院令第302号发布），《生产安全事故报告和调查处理条例》（2007年4月9日国务院令493号发布），《国务院对确需保留的行政审批项目设定行政许可的决定》（2004年6月29日国务院第412号发布）。

（2）法规性文件——国务院授权颁布的法规性文件。

如《关于实施新修改的〈特种设备安全监察条例〉（国务院令第549号）若干问题的意见》（国质检法〔2009〕192号）。

（3）地方性法规——省、自治区、直辖市人大通过的条例。

如《江苏省特种设备安全监察条例》《浙江省特种设备安全管理条例》《广东省特种设备安全监察条例》《黑龙江省特种设备安全监察条例》等。

**（三）部门规章——由政府机构行政长官签发，以令的形式发布的规范性文件**

（1）国家建设部、国家质量技术监督局联合发布的《游乐园管理规定》，于2000年4月18日施行。为了适应游乐业的发展情况，目前正对该规章进行修订。

（2）国家质量监督检验检疫总局第115号令发布的《特种设备事故报告和调查处理规定》，于2009年7月3日起施行。

（3）国家质量监督检验检疫总局第140号令发布的《特种设备作业人员监督管理办法》，于2011年7月1日起施行。

（4）国家质量监督检验检疫总局令第154号令发布的《大型游乐设施安全监察规定》，于2014年1月1日起施行。

（5）国家质量监督检验检疫总局第114号令发布的《质检总局关于修订〈特种设备目录〉的公告》，于2014年10月30日起施行。

**（四）安全技术规范（TSG）和规范性文件——以国家质检总局文件或公告形式发布**

特种设备安全技术规范就是对特种设备的生产、试验、改造、检验检测等技术性强制性规定，是对特种设备安全的最基本要求。管理制度是特种设备生产、经营和使用单位根据本单位的实际情况，依照国家法律法规和规章及其安全技术规范的要求所制定的有关安全的具体制度。由于安全管理制度是生产、经营和使用单位根据本单位的实际制定的，针对性较强，对保障特种设备安全有特殊的意义。因此，从业人员除应严格遵守有关特种设备的法律、法规、安全技术规范外，还应当遵守生产、经营和单位的安全管理制度。这是从业人员在特种设备安全方面的一项法定义务。安全技术规范是规定特种设备的安全性能和相应的设计、制造、安装、修理、改造、使用管理和检验检测方法，以及许可、考核条件、程序的一系列行政管理文件。安全技术规范是特种设备法规体系的重要组成部分，其作用是把法律、法规和行政规章原则规定具体化，提出特种设备基本安全要求。

1. 游乐设施相关的特种设备安全技术规范

（1）《特种设备事故报告和调查处理导则》（TSG 03—2015）。

（2）《特种设备生产和充装单位许可规则》（TSG 07—2019）。

（3）《特种设备使用管理规则》（TSG 08—2017）。

（4）《大型游乐设施设计文件鉴定规则（试行）》。

（5）《游乐设施安全技术监察规程（试行）》（国质检锅〔2003〕34 号）。

（6）《游乐设施监督检验规程（试行）》（国质检锅〔2002〕124 号）。

（7）《蹦极安全技术要求（试行）》（国质检锅〔2002〕359 号）。

（8）《滑索安全技术要求（试行）》（国质检锅〔2002〕120 号）。

（9）《机电类特种设备制造许可规则（试行）》（国质检锅〔2003〕174 号）。

（10）《机电类特种设备安装改造维修规则（试行）》（国质检锅〔2003〕251 号）。

（11）《关于调整大型游乐设施分级并做好大型游乐设施检验和型式试验工作的通知》（国质检特函〔2003〕373 号）。

2. 国家相关部门正在制定的安全技术规范

（1）《大型游乐设施安全技术规程》将整合优化现行的安全技术规范、规范性文件、政策性文件，吸收强制性标准和推荐性标准的相关要求，制定适合我国国情的大型游乐设施基本安全要求。

（2）《大型游乐设施型式试验规则》。

**（五）国家标准**

国家标准是安全技术规范的重要基础和支撑，用来指导设备的生产和使用。

我国标准分为国家标准、行业标准、地方标准、企业标准、团体标准。其中：国家标准、行业标准又分为强制性标准（GB、JB）和推荐性标准（GB/T、JB/T）。特种设备的各类各项标准正逐步制定和修订，目前正向体系化发展。

全国专业标准化技术委员会（简称技术委员会）是在一定专业领域内，从事全国性标准化工作的技术组织，负责本专业领域内的标准化技术归口工作，是国家标准化管理机构的重要技术支撑。目前我国已颁布实施的大型游乐设施标准共 39 项，小型游乐设施标准 8 项，制修订过程中标准 17 项。

1. 大型游乐设施标准 39 项

（1）《大型游乐设施安全规范》（GB 8408—2018）（强标，特设局归口）。

（2）《转马类游乐设施通用技术条件》（GB/T 18158—2019）。

（3）《滑行车类游乐设施通用技术条件》（GB/T 18159—2019）。

（4）《陀螺类游艺机通用技术条件》（GB/T 18160—2008）。

（5）《飞行塔类游乐设施通用技术条件》（GB/T 18161—2020）。

（6）《赛车类游艺机通用技术条件》（GB/T 18162—2008）。

（7）《自控飞机类游乐设施通用技术条件》（GB/T 18163—2020）。

（8）《观览车类游乐设施通用技术条件》（GB/T 18164—2020）。

（9）《小火车类游乐设施通用技术条件》（GB/T 18165—2019）。

（10）《架空游览车类游艺机通用技术条件》（GB/T 18166—2008）。

（11）《光电打靶类游艺机通用技术条件》（GB/T 18167—2008）。

（12）《水上游乐设施通用技术条件》（GB/T 18168—2017）。

（13）《碰碰车类游艺机通用技术条件》（GB/T 18169—2008）。

（14）《电池车类游艺机通用技术条件》（GB/T 18170—2008）。

（15）《滑道通用技术条件》（GB/T 18879—2020）。

（16）《游乐设施术语》（GB/T 20306—2017）。

（17）《游乐设施代号》（GB/T 20049—2006）。

（18）《无动力类游乐设施技术条件》（GB/T 20051—2006）。

（19）《游乐设施安全防护装置通用技术条件》（GB/T 28265—2012）。

（20）《游乐设施安全使用管理》（GB/T 30220—2013）。

（21）《蹦极通用技术条件》（GB/T 31257—2014）。

（22）《滑索通用技术条件》（GB/T 31258—2014）。

（23）《游乐设施无损检测 第 1 部分：总则》（GB/T 34370.1—2017）。

（24）《游乐设施无损检测 第 2 部分：目视检测》（GB/T 34370.2—2017）。

（25）《游乐设施无损检测 第 3 部分：磁粉检测》（GB/T 34370.3—2017）。

（26）《游乐设施无损检测 第 4 部分：渗透检测》（GB/T 34370.4—2017）。

（27）《游乐设施无损检测 第 5 部分：超声检测》（GB/T 34370.5—2017）。

（28）《游乐设施无损检测 第 6 部分：射线检测》（GB/T 34370.6—2017）。

（29）《游乐设施风险评价总则》（GB/T 34371—2017）。

（30）《游乐设施风险评价 危险源》（GB/T 39043—2020）。

（31）《游乐设施状态监测与故障诊断 第 1 部分 : 总则》（GB/T 36668.1—2018）。

（32）《游乐设施状态监测与故障诊断 第 2 部分 : 声发射监测方法》（GB/T 36668.2—2018）。

（33）《游乐设施状态监测与故障诊断 第 3 部分 : 红外热成像监测方法》（GB/T 36668.3—2018）。

（34）《游乐设施状态监测与故障诊断 第 4 部分：振动监测方法》（GB/T 36668.4—2020）。

（35）《游乐设施状态监测与故障诊断 第 5 部分：应力检测 / 监测方法》（GB/T 36668.5—2020）。

（36）《游乐设施状态监测与故障诊断 第 6 部分：运行参数监测方法》（GB/T 36668.6—2019）。

（37）《游乐设施虚拟体验系统通用技术条件》（GB/T 39080—2020）。

（38）《大型游乐设施检验检测 通用要求》（GB/T 20050—2020）。

（39）《大型游乐设施检验检测 加速度测试》（GB/T 39079—2020）。

2. 小型游乐设施标准 8 项

（1）《小型游乐设施安全规范》（GB/T 34272—2017）。

（2）《充气式游乐设施安全规范》（GB/T 37219—2018）。

（3）《小型游乐设施 摇马和跷跷板》（GB/T 34021—2017）。

（4）《小型游乐设施 立体攀网》（GB/T 34022—2017）。

（5）《摇摆类游艺机技术条件》（GB/T 34519—2017）。

（6）《无动力类游乐设施 儿童滑梯》（GB/T 27689—2011）。
（7）《无动力类游乐设施 秋千》（GB/T 28711—2012）。
（8）《无动力类游乐设施 术语》（GB/T 28622—2012）。
3. 制修订过程中标准 17 项
1）国标委已审批公示中 6 项
（1）《游乐设施风险评价 完整性评价方法》（20184446-T-469）。
（2）《游乐设施无损检测 第 7 部分：涡流检测》（20184324-T-469）。
（3）《游乐设施无损检测 第 8 部分：声发射检测》（20184323-T-469）。
（4）《游乐设施无损检测 第 9 部分：漏磁检测》（20184322-T-469）。
（5）《游乐设施无损检测 第 10 部分：磁记忆检测》（20184321-T-469）。
（6）《游乐设施无损检测 第 11 部分：超声导波检测》（20184320-T-469）。
2）正在研制中 11 项
（1）《小型游乐设施转椅》（20194265-T-469）。
（2）《玻璃水滑道安全技术要求》（20202779-T-469）。
（3）《大型游乐设施 自检、维护保养与修理 第 1 部分：总则》（20202896-T-469）。
（4）《大型游乐设施 自检、维护保养与修理 第 2 部分：轨道类》（20194264-T-469）。
（5）《大型游乐设施 自检、维护保养与修理 第 3 部分：旋转类》（20202898-T-469）。
（6）《大型游乐设施 自检、维护保养与修理 第 4 部分：升降类》（20202902-T-469）。
（7）《大型游乐设施 自检、维护保养与修理 第 5 部分：水上类》（20202895-T-469）。
（8）《大型游乐设施 自检、维护保养与修理 第 6 部分：虚拟体验类》（20202897-T-469）。
（9）《系留式观光气球通用技术条件》（20202777-T-469）。
（10）《非公路用旅游观光车使用管理》（20192177-T-469）。
（11）《游乐园和景区安全 安全管理体系》（20201684-T-469）。

## 二、我国大型游乐设施标准体系的发展

我国游乐设施应用从 20 世纪 80 年代开始，当时没有游乐设施技术标准。到 1986 年，由于游乐设施制造业发展迅速，一些大游乐园也相继建立，整个游乐设施行业初具规模。随着游乐产品数量与种类的增多，由于缺乏标准，设计、制造、安装、使用、检验与维修改造等涉及的各方行为不能得到有效规范，人身伤亡和重大设备质量事故屡有发生。在这个背景下，第一个游乐设施安全技术标准《游艺机和游乐设施安全》（GB 8408—1987）于 1987 年 12 月 10 日颁布。这个标准规定了游乐设施的基本技术要求，对游乐设施的运行速度、坡度等都做了具体规定，对设计、制造、安装、维护及管理也提出了要求，是游乐设施方面的主体标准。1988 年初中国有色金属工业总公司（当时游乐设施行业归口管理单位）下达任务，委托国家游艺机质量监督检验中心制定游艺机和游乐设施有关行业标准。1988 ~ 1994 年，国家游艺机质量监督检验中心根据游乐设施的运动形式或结构原理相类似的原理，将游艺机和游乐设施分为 13 大类，起草制定了 YS 系列 13 项标准。这些行业标准基本上覆盖了当时国内所有游艺机和游乐设施种类与型式，对游艺机和游乐设施的技术要求、试验方法、检验规则等都做了比较详细的规定。

1998 年，在《游艺机和游乐设施安全》（GB 8408—1987）实施 10 年左右的过程中，游艺机和游乐设施品种急剧增加，花样不断翻新，各种造型、各种结构和运动形式的游乐设施大量涌现，当时的游乐设施标准已经不能满足游乐行业发展的需要，无论当时的 GB 8408 标准还是 YS 系列行业标准修订势在必行。因此，原国家技术监督局下文，委托原国家游艺机质量监督检验中心负责对这些标准进行修订，经过一年多的工作，2000 年初完成了修订稿，2000 年 11 月 1 日开始实施。修订后的 YS 系列标准，经原国家质量技术监督局批准，全部上升为国家标准。目前，以《游艺机和游乐设施安全》（GB 8408—2000）为代表的游乐设施国家标准已有 20 项，这些标准已成为游乐设施相关单位开展工作的依据。基本上满足了设计、制造、安装、使用、维修改造、检验和监察等方面工作的需要，并且成为技术法规的重要支撑。

2000 年 7 月 7 日，经原国家质量技术监督局批准，全国索道、游艺机及游乐设施标准化技术委员会（SAC/TC250，以下简称标委会）正式成立。该委员会是从事全国索道、游艺机及游乐设施行业标准化的组织，负责管理全国索道、游艺机及游乐设施行业标准技术归口工作。

该标委会是国家标准化管理委员会直属的标准化技术委员会，业务工作受国家质量监督检验检疫总局特种设备安全监察局指导，挂靠在中国特种设备检测研究中心。标委会共有委员 80 名，分别来自索道及游乐设施方面的科研、设计、制造、安装、运营、检验和监察部门，对索道或游乐设施行业熟悉，具有较高的理论水平和丰富实践经验的科技人员。

该标委会的主要工作如下：

（1）按照国家有关的方针政策，向国家质检总局特种设备安全监察局提出索道、游艺机及游乐设施标准化工作的方针、政策和技术措施的建议。积极采用国际标准和国外先进标准，努力提高我国索道、游艺机及游乐设施标准水平。

（2）负责组织、修订《索道、游乐设施专业标准体系表》，提出索道、游乐设施专业国家标准的制修订规划和年度计划。

（3）组织索道、游乐设施国家标准的制修订和复审工作。

（4）组织索道、游乐设施国家标准送审稿的审查工作，对标准中的技术问题提出审查结论意见，提出强制性标准或推荐性标准的建议。

（5）负责索道、游乐设施国家标准的宣贯工作，检查已颁布标准的实施情况，并向国家标准委及有关部门提出索道、游乐设施标准化成果奖励项目的建议。

（6）承担国际标准化组织（ISO）和国际电工委员会（IEC）等相应技术委员会对口的标准化技术专业工作，组织中国索道、游乐设施标准化技术工作者参加国际标准化组织的会议和活动。

（7）开展索道、游艺机及游乐设施标准化技术咨询服务，可接受省、市和企业的委托，承担本专业的行业标准、地方标准、企业标准的制修订、审查和咨询等技术服务工作。受有关部门委托，开展索道、游艺机及游乐设施标准化信息服务工作，在产品质量监督检验、质量认证等工作中，承担索道、游乐设施标准水平的评价工作。

（8）承担国家质量监督检验检疫总局特种设备安全监察局委托的有关索道、游艺机及游乐设施方面的工作。

从 1987 年制定第一个游艺机标准，经过了 30 多年时间，截至目前，我国已颁布和批准的大型游乐设施标准共计 34 项，标准的制定及其不断完善，是游乐行业不断发展和成熟的见证，促进了游乐事业的发展，使产品的设计、制造、检测标准化、科学化、规范化，在提高产品质量、保证游人安全方面，发挥了非常重要的作用。

## 三、大型游乐设施标准制定机构存在的问题

目前，我国大型游乐设施的标准化工作虽然取得了长足的进步，但也存在着与行业发展不相适应之处：

（1）行业力量薄弱，人才队伍欠缺。当前，大型游乐设施行业企业规模和数量相对力量薄弱，同时标委会和标准起草人员队伍小；对团体和企业而言，很多中小型企业并未建立专门的标准化部门，也没有培养综合素质全面的标准化工作人员，团体标准和企业标准对标准化工作的贡献十分有限。接受长期的标准化业务知识培训的标准化人才队伍建成困难，从而影响标准质量和进度。

（2）标准制定周期长。正常而言，一项标准从立项到批准发布，通常需要 3 ~ 5 年时间，有时甚至更长，导致一些技术创新和科研成果得不到及时转化、推广，这样使标准不能有效、快速反映市场需求。

（3）标准化工作制度需要进一步完善。游乐设施行业发展较快，新产品、新业态增加较多，大型游乐设施标准化工作要建立配套的工作制度，满足行业发展的需求。

## 四、我国大型游乐设施标准体系现状和存在的问题

### （一）大型游乐设施标准体系现状

现有标准共 34 项，包括 3 项安全标准、17 项产品标准、2 项基础标准、1 项管理标准、11 项方法标准。大型游乐设施标准体系如图 5–1 所示，该标准体系以 GB 8408 安全规范为核心，术语和代号为基础，产品（设计制造）、使用管理和报废为主线，风险评价、检验检测为两翼，为大型游乐设施行业健康发展提供了全面保障。

（1）安全标准。①安全标准是游乐设施标准的重中之重，是整个标准体系的核心。其他标准是安全标准的扩展、延伸和支撑。②安全标准是游乐设施中基本的、共性的安全要求。不同的游乐设施产品可在此基础上进行扩充。③安全标准应及时更新和修正。如根据发生的游乐设施事故案例进行修订，或者重大的安全隐患及时更新相应的条款。④安全标准中需要大量的测试数据和试验验证，这是今后标委会的科研重点。

（2）基础标准。必须结合法律法规的术语和安全管理要求制修订标准，防止在法规和标准中出现术语混淆。

（3）产品标准。①适应游乐设施的发展，增加新的产品标准，实现全部产品类型覆盖。例如，随着影院娱乐技术的发展和娱乐市场的需求，近年来动感影院的发展非常迅猛，承载能力从数人到上百人不等，能够跟随影片情节实现多个方向的运动。目前，该类游乐设施在国内外尚无标准支持。②调整部分产品标准的范围，并增加相应的要求。如重新明确无动力类游乐设施的定义；对水上游乐设施的提升机、载人皮筏等提出要求。③长期来看，整合和优化部分产品标准。我国现有的游乐设施基于运动形式将其分为 13 个大类。今后标准体系中将一些运动形式相似、危险源基本一致的产品重新归纳整合，合并一批产品标准。

（4）风险评价标准。游乐设施风险评价总则已经颁布，相关配套标准还处在草案阶段，继续完善和修订游乐设施风险评价标准是大型游乐设施标准化的重点工作。

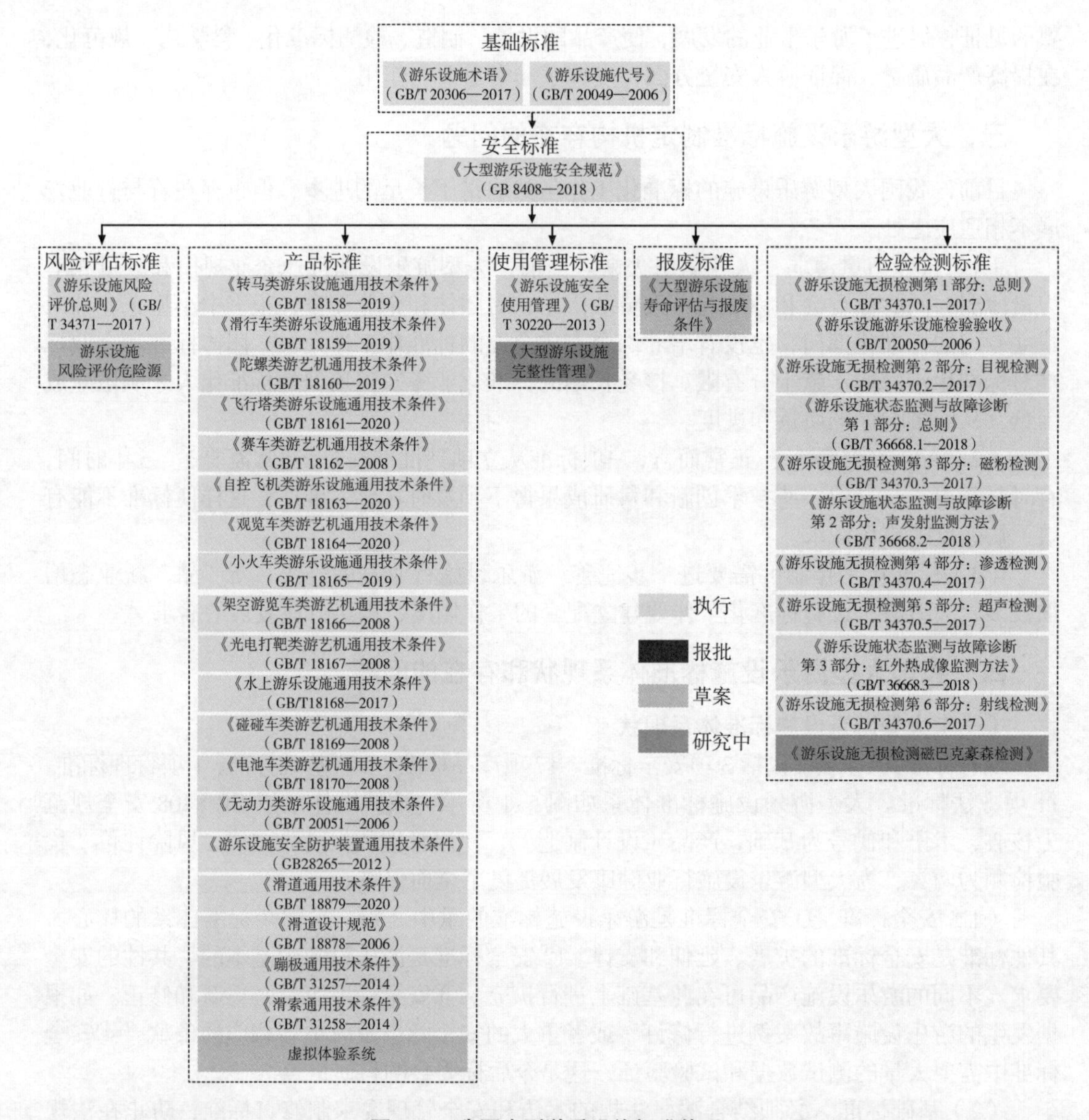


图 5-1　我国大型游乐设施标准体系

（5）检验检测标准。全面补充和修订各种游乐设施方法标准，提供检验检测的方法依据，保障游乐设施安全。主要是各种无损检测方法标准、各种测试方法与故障诊断标准等。

（6）使用管理标准。游乐设施的安全管理仍是行业的短板之一，必须全面补充游乐设施的安全使用和游乐设施完整性标准等，实现对游乐设施全生命周期的管理。

（7）报废标准。游乐设施的寿命评估和报废条件处在草案阶段，健全游乐设施报废标准是完善设备全寿命周期标准化工作的重要一环。

**（二）大型游乐设施标准体系存在的问题**

我国大型游乐设施安全法规标准体系存在三大问题，有待尽快解决：

（1）法规标准协调性不足。缺乏系统性和协调性，有些规定甚至相互矛盾。

（2）在全寿命周期和新产品全面覆盖角度仍有欠缺。内容覆盖不全、缺口大，尤其是在寿命预测、安全评定、应急救援、事故处理、信息化管理等方面几乎是空白。

（3）安全性与经济性的关系未能很好解决。许多安全技术要求与游乐设施的发展和我国技术经济的发展不适应。一方面，游乐设施作为面向公众开放的一种特殊设备，安全是游乐设施标准的最重要原则；另一方面，作为追求经济效益的产品，在大型游乐设施标准化工作中经济性又是无法回避的主题。

**（三）大型游乐设施标准实施情况和存在的问题**

大型游乐设施有特种设备法律法规的支撑，其标准化整体实施情况较好。政府在制定法律法规和特种设备安全技术规范时，充分考虑大型游乐设施标准内容，将重要的安全技术要求纳入法律法规中，依靠法律法规的强制性贯彻标准的实施；检验机构在进行大型游乐设施设计文件鉴定、型式试验、监督检验和定期检验时，将大型游乐设施标准作为重要的依据之一；制造和使用单位在设计、制造、安装、使用等环节中，严格按照大型游乐设施标准来进行，使标准得到更为全面的贯彻执行。

另外，大型游乐设施标准实施过程中也存在以下问题：

（1）执行尺度需要统一。在标准的应用上，由于相关人员对标准的解读理解存在差异，执行尺度影响标准落实的统一。

（2）非监管设备在实际使用中执行情况较差。部分游乐设施不属于法规标准的监管范围，标准的执行效果较差。

（3）新材料、新工艺、新方法较多，标准相对滞后。当前新材料、新工艺纷纷涌现，转化迅速，而标准的制定相对滞后，技术创新和科研成果得不到及时转化、推广，这样使标准不能有效、快速反映市场需求。

**（四）大型游乐设施质量基础设施（NQI）现状和存在的问题**

（1）计量方面。大型游乐设施作为典型的机电产品，除基本计量如长度、高度、温度、电压、电流等外，对于过山车、跳楼机等加速度大、速度快的设备，还有随行加速度、三维速度的工程计量问题。更为重要的是，大型游乐设施是一种载人运行的设备，乘客的承受能力和各种生理反应必须关注，当前大型游乐设施的人体反应计量基础研究正在展开。

（2）标准方面。大型游乐设施正朝着大型化、高参数、高刺激、新奇特方向发展，产品种类日渐繁多，新技术不断应用，与此同时，危险源也越来越多，现有标准体系并没有完全跟上大型游乐设施飞速发展的步伐。尤其是风险评价、使用管理标准的制定应适时地更新。

（3）检验检测方面。大型游乐设施的检验检测有政府要求的法定检测和制造安装使用单位的自检等。法定检测包括设计文件鉴定、型式试验、验收检验和定期检验。制造单位有制造过程检验和出厂检验，安装单位有安装过程检验等，使用单位有日检、月检、年检等。目前有标准依据的检验检测应用有超声、射线、磁粉、渗透等无损检测方法等。

（4）认证认可方面。我国大型游乐设施生产制造单位按照特种设备法规标准进行质量体系建设，人员有相应的考核制度，并获取相应的制造、安装、改造、维修许可证书。

## 五、大型游乐设施标准体系的战略重点及路径

**（一）法规标准的一致性**

大型游乐设施作为一种特种设备，有相应的法律法规要求，游乐设施标准必须坚持法

规标准的一致性。特种设备安全法律法规为游乐设施的安全监管提供了法律依据，而标准则应是法律法规的技术支撑。第一，法律法规与标准中术语应保证一致。例如，对游乐设施安装、维修改造等术语的定义，法规标准应完全一致，不至于引起混淆，削弱法规标准的权威性。第二，标准应从具体的技术要求方面支撑法律法规。法律法规对安全要求提出定性要求，而标准应从具体的技术手段、数据要求方面提出定量要求。最终，标准要成为法律法规认可的协调性标准，即只要产品满足该标准，意味着该产品也能够满足法律法规的各项要求。第三，从具体实施层面上看，要加强法规与标准的互相沟通。例如，游乐设施法规与标准编写专家必须有一定比例的重合，在制定某项法规或标准时，法规和标准同步制修订，可以取得较好的编写效果，也可以保证法规标准的互相贯彻。

**（二）行业标准化人才队伍建设**

游乐设施的标准编写必须有一支稳定的高水平的专家队伍。目前，索游标委会已经有了一支包含设计、制造、安装、使用、检测和监管技术人员的专家队伍。但是由于游乐设施行业的快速发展，专家自身的工作繁重，这些技术人员无法在标准化工作中投入更多精力。因此，必须通过各种方法，吸收更多的技术人员加入到标准化工作中，而且从物质上、荣誉上给予标准化编写者回报，保证标准化队伍的稳定性。另外，由于游乐设施涉及机械、钢结构、焊接、液压气动、电控等多个学科，仅仅依靠本行业的技术力量无法处理所有技术问题，应注意吸收相关技术领域的技术人才，做好咨询专家库的建设。

游乐设施的技术专家不等同于在标准化方面也是专家，因此必须同时对标准编写者进行必要的标准化工作培训，掌握标准的工作流程、标准编写要求等。

**（三）标准的宣贯和培训**

标准的宣贯和培训工作常规化、制度化，设计制造单位、检验检测机构等能够及时了解标准动态。游乐设施的标准宣贯要有一支专家队伍，能够熟悉标准本身及标准条款背后的内容。

**（四）设计制造方面**

大型游乐设施的本质安全重点是要提升设计制造能力。大型游乐设施的设计制造应紧密围绕安全标准，严格执行安全标准规定的相关技术要求。

在安全技术规范、强制标准中，应对大型游乐设施的设计、制造做出相应规定，增加危险源识别和失效模式判别相关内容，丰富风险评价方法、完整性评价方法等内容，完善现有产品标准的框架体系和安全技术要求，及时制定新出现的游乐设施产品标准，有效地支撑大型游乐设施标准体系的实施。

**（五）检验检测方面**

检验检测作为有效保障大型游乐设施安全的手段之一，其检验的全面性、手段的多样性、发现问题的及时性和准确性都至关重要。检验机构作为检验检测的主体，应全面贯彻落实检验检测标准，针对不同的问题选择最适用的检验检测方法，发挥标准的最大作用。检验检测标准应增加新兴无损检测方法、动态检测方法、状态检测和故障诊断方法等内容，逐步完善大型游乐设施检验检测标准体系，支撑大型游乐设施的检验检测，保障游乐安全。

## 六、实施大型游乐设施标准化战略的对策和建议

（1）从应用和实施的视角来设计和建设标准体系、研制标准。大型游乐设施作为特

种设备中的特种设备，是政府监管的重点，是广大人民群众关注的重点，设计建设大型游乐设施标准体系具有重要意义。

对政府而言，支撑法律法规的贯彻实施是标准化工作的首要目标，细化、协调法律法规内容，为政府的安全监管提供技术支撑。对设计制造单位而言，提供相应指导和依据是标准化工作的重点，制定完善产品标准，规范企业的设计、制造和安装等活动，进一步加强设备的本质安全。对使用单位而言，状态检测、维护保养方法标准和安全管理标准最为急需，为使用单位提供丰富有效的监测手段和维保方法，为大型游乐设施的安全运行提供保障。对检验检测机构而言，要规范、统一检验方法和技术要求，丰富检验检测的方法和手段，为大型游乐设施的安全保驾护航。

最后，从标准体系本身的设计和建设来讲，安全标准始终是核心标准，方法标准、方法标准和管理标准等也必不可少，共同保障大型游乐设施的安全。

（2）从全流程、全产业链视角来建设标准综合体。大型游乐设施的标准综合体涉及产品设计制造和使用管理的各环节、环境多种因素、乘客安全和舒适等多种因素，在建设大型游乐设施标准体系时，必须充分考虑上述因素，相关标准应做到协调优化、互相配合。

安全标准应在全流程、全链条中给出最基本、最重要的安全技术要求；产品标准应侧重于产品的合格性检验；方法标准应全面制定风险评价、无损检测、状态检测、检验检测等标准，丰富保障大型游乐设施安全的方法和手段；使用管理标准应考虑运营过程中的各种内外部因素，丰富管理要素，完善管理体系；最终覆盖大型游乐设施的全流程、全产业链，实现标准综合体的最优化。

（3）从产品使用全生命周期来设计和建设标准化体系。大型游乐设施标准体系的设计和建设应实现覆盖产品的设计、制造、安装、使用和报废等全生命周期。

目前，安全标准的框架体系按照全生命周期设计，并对上述环节做了相应规定和要求，尤其是在设计和制造方面较为详细，确保游乐设施的本质安全；现有13类产品标准，基本覆盖现有游乐设施产品，但缺少虚拟体验设备、新兴滑道设备类，目前也已在制定中；现有方法标准主要是风险评价、无损检测等方面，为设计制造和检验检测提供了依据，新制定的状态监测和故障诊断方法标准为游乐设施的使用管理提供了手段。目前，急需开展游乐设施报废条件研制，为大型游乐设施的延寿提供依据。

（4）从国际竞争的视角来提出标准化战略对策。随着国外设备进入中国，国外标准也纷纷“走进来”，吸收国外标准的先进内容，提高我国标准的相关技术要求，为先进、高质量的大型游乐设施设计和制造提供依据。

我国大型游乐设施标准“走出去”势在必行，也迫在眉睫，发布《大型游乐设施安全规范》（GB 8408）等标准的英文版，带领中国游乐设施产品“走出去”，积极参与游乐设施国际标准的制修订，不断提高我国游乐设施标准化水平。

（5）从市场发展的视角来设计和建设标准体系。目前，大型游乐设施不断向着大型化、高参数、新奇特等方面发展，追求新颖和多变是大型游乐设施最显著的特点之一，因此新产品、新材料、新工艺不断涌现，这也为标准体系的设计和建设指引了方向，也提出了挑战。

在设计标准体系时，要充分考虑到上述因素，及时修订原有产品标准，增加新的技术要求和检验方法，制定新产品标准，为新产品的安全和质量提供依据。同时，也要建立相应的工作机制，对新材料、新工艺的出现做出及时快速的反应，确保设备的安全运行。

（6）从管理机制的视角来提出标准化战略对策。大型游乐设施标准化建设和实施需要一套有效、动态、完善的标准制修订工作机制作为保障，从标准的预研、起草、申请、修改、完善、报批到最终的颁布实施是一个多环节协调、多人员合作的过程，有效地将各环节串联衔接、合理分工、提高效率，按时、高质地完成标准制修订是标准化管理的重中之重。此外，不断建立和培养标准化团队，吸收游乐设施专业人才、标准化专家、高新技术力量，也是确保提高标准化工作效率的重要方式。

（7）从能力建设的视角来提出标准化战略对策。我国大型游乐设施的设计制造能力将决定着我国游乐设施产品的整体水平，现阶段，我国大部分制造厂已完成从之前的仿制到现在自主研发的转变，部分顶尖制造厂已实现了大跨距三维轨道变轨设计及精确成型、超大型回转结构柔性安装等系列关键技术难题，实现了100m高特大型摩天轮、大跨距过山车等的制造突破，达到了世界领先水平，这离不开标准体系和内容的指引，也更加坚定了下一步标准化工作的方向，丰富标准内容，提高标准质量，为我国自主研发的游乐设施产品提供依据和指导。另一方面，我国大型游乐设施的使用管理水平相对落后于世界先进国家，在维护保养、状态监测与诊断方面相对空白，也为标准化下一步的工作指引了方向。

（8）从技术创新的视角，来提出标准化战略对策。我国大型游乐设施行业起步较晚，但发展迅猛，与其发展不相适应的是缺少相应的安全管理理论支撑，围绕建立和完善以健康管理理论为指导的大型游乐设施全寿命周期标准体系目标，通过一系列科研项目，攻克急需解决的虚拟仿真和体验、数字化制造、状态监测和故障诊断、完整性管理等一系列技术难题，提高我国游乐设施整体设计制造能力和安全管理水平，更为重要的是，将上述研究成果引入标准的制修订之中，通过标准的贯彻实施带动整个游乐设施行业的进度，最终推动我国游乐设施产品走向全世界。

## 第三节　大型游乐设施生产环节的监督管理

生产许可制度是一项重要的市场准入制度，是大型游乐设施安全监督管理的一项重要行政管理措施。为提高行政效率，提高安全监督管理工作有效性，在保障安全的前提下尽可能降低社会安全成本，质检总局根据不同类别特种设备产品特点、危险性、复杂程度及特种设备设计、制造、安装、改造、修理单位生产活动的不同特点等，按照分类监督管理的原则设计、建立、实施特种设备生产许可制度。

大型游乐设施的制造、安装、改造、修理等活动直接影响产品的质量和安全性能，是保证大型游乐设施安全运行的基础。开展上述工作的单位要具有与生产相适应的专业技术人员，要具有与生产相适应的设备、设施和工作场所，要具有健全的质量保证、安全管理和岗位责任等制度。目前，大型游乐设施生产单位的许可条件在相应安全技术规范中详细列明，生产单位如需申请相应资格，可按相应安全技术规范的具体要求进行准备。

需要说明的是，已经具备一定数量的人员、设备条件及管理制度的国内大型游乐园场，应依法取得相应修理许可，合法开展修理活动，并应保证修理的质量和安全性能。

从事大型游乐设施的设计、制造、安装、改造、修理的单位要按照严格按照质量保证体系要求，保障其所开展的制造、安装、改造、修理工作的质量；在大型游乐设施设计使用期限内，企业要对这些行为产生的后果负责。

## 一、大型游乐设施制造环节的监督管理

### （一）实行游乐设施制造许可的历史过程

自 20 世纪 80 年代以来，伴随游乐设施的快速发展，游乐设施事故也时有发生。为提高游乐设施制造的本质安全，1990 年 2 月，中国有色金属工业总公司发布《游艺机产品生产许可证实施细则》，开始实施游艺机生产的许可证制度。游艺机生产许可证审查部设在"国家游艺机质量监督检疫中心"。游乐设施生产许可证的实施，提高了游乐设施的产品质量，有效预防和减少了事故的发生。

2003 年 2 月 27 日，国务院印发了《国务院关于取消第二批行政审批项目和改变一批行政审批项目管理方式的决定》（国发〔2003〕5 号），进一步把"大型游艺机生产许可证审批纳入特种设备制造许可管理"。

为深入贯彻落实《中共中央 国务院关于推进安全生产领域改革发展的意见》及国务院在全国推行"证照分离"改革的要求，推进《特种设备安全监管改革顶层设计方案》实施，有效降低企业制度性交易成本，加强特种设备监管，2019 年 1 月 16 日，国家市场监督管理总局发布 2019 年第 3 号公告《市场监管总局关于特种设备行政许可有关事项的公告》，市场监管总局对现行特种设备生产许可项目、特种设备作业人员和检验检测人员资格认定项目进行了精简整合，制定了《特种设备生产单位许可目录》《大型游乐设施许可参数级别》，如表 5-1、表 5-2 所示。

**表 5-1　特种设备生产单位许可目录（大型游乐设施）部分**

| 许可类别 | 项目 | 由总局实施的子项目 | 总局授权省级市场监管部门实施或由省级市场监管部门实施的子项目 | 说明 |
|---|---|---|---|---|
| 制造单位许可 | 大型游乐设施制造（含安装、修理、改造） | 1. 滑行和旋转类（含游乐车辆和无动力类）（A、B）<br>2. 游乐车辆和无动力类<br>3. 水上游乐设施 | 无 | 许可参数级别见表 5-2 |
| 安装改造修理单位许可 | 大型游乐设施安装（含修理） | 无 | 1. 滑行和旋转类（含游乐车辆和无动力类）（A、B）<br>2. 游乐车辆和无动力类<br>3. 水上游乐设施 | 许可参数级别见表 5-2 |

**表 5-2　大型游乐设施许可参数级别**

| 设备类别 | 许可参数级别 | | 说明 |
|---|---|---|---|
| | A | B | |
| 滑行和旋转类（含游乐车辆和无动力类） | 1. 滑行车类：运行速度≥ 50km/h，或轨道高度≥ 10m；<br>2. 架空游览车类：轨道高度≥ 10m，或单车（列）承载人数≥ 40 人；<br>3. 滑道类：长度≥ 800m；<br>4. 观览车类：高度≥ 50m，或单舱承载人数≥ 38 人；<br>5. 陀螺类：倾角≥ 70°，或回转直径≥ 12m； | A 级以外的其他滑行和旋转类大型游乐设施 | A 级覆盖 B 级，滑行和旋转类许可可以覆盖游乐车辆和无动力类大型游乐设施许可 |

续表 5-2

| 设备类别 | 许可参数级别 | | 说明 |
|---|---|---|---|
| | A | B | |
| | 6. 飞行塔类：运行高度≥ 30m，或承载人数≥ 40 人；<br>7. 转马类：回转直径≥ 14m，或承载人数≥ 90 人；<br>8. 自控飞机类：回转直径≥ 14m，或承载人数≥ 40 人 | | |
| 游乐车辆和无动力类 | 赛车、小火车、碰碰车和无动力大型游乐设施，不分级 | | |
| 水上游乐设施 | 不分级 | | |

### （二）制造许可的依据和要求

大型游乐设施制造环节是保证游乐设施本质安全的重要环节。对该环节的安全监察主要是从两个方面进行：一是实行制造许可，二是对制造过程进行监督检验。目前，国家对特种设备制造许可已制定了一系列文件和规定，主要有《特种设备安全监察条例》、《特种设备生产和充装单位许可规则》（TSG 07—2019）等。这些规定都是制造许可的依据，也是对制造许可提出的要求。《特种设备生产和充装单位许可规则》（TSG 07—2019）中大型游乐设施生产单位许可条件应满足以下条件。

（1）人员。①生产单位应当任命技术负责人，全面负责本单位大型游乐设施设计、制造、安装、修理、改造活动中的技术工作。②制造单位应当在管理层中任命质量保证工程师，并且根据其申请项目，配备并任命设计(含安装、修理、改造方案设计)、工艺、材料与零部件、机械加工、焊接、热处理、无损检测、电控系统制作、检验与试验、现场施工(安装、修理、改造)等过程的质量控制系统责任人员。③安装单位应当在管理层中任命质量保证工程师，并且根据其申请项目，配备并任命工艺、焊接、无损检测、检验与试验、现场施工(安装、修理)等过程的质量控制系统责任人员。④生产单位应当任命项目负责人，负责大型游乐设施施工现场的技术指导、协调等工作。

（2）工作场所。生产单位应当具有满足日常工作需要的固定场所，制造单位应当具有符合表 5-3 要求的试验场地和厂房。

表 5-3　制造单位试验场地和厂房

| 许可子项目 | 试验场地和厂房建筑面积 ($m^2$) |
|---|---|
| 滑行和旋转类 A 级 | (1) 试验场地，1500；<br>(2) 厂房，5000 |
| 滑行和旋转类 B 级 | (1) 试验场地，1000；<br>(2) 厂房，2000 |
| 游乐车辆和无动力类 | (1) 试验场地，1000；<br>(2) 厂房，1000 |
| 水上游乐设施 | (1) 试验场地，1500；<br>(2) 厂房，2000 |

注：1. 滑行和旋转类，是指滑行车类、架空游览车类、滑道类、观览车类、陀螺类、飞行塔类、转马类、自控飞机类大型游乐设施，下同。

2. 游乐车辆和无动力类，是指赛车类、小火车类、碰碰车类和无动力类大型游乐设施，下同。

3. 水上游乐设施与其他许可子项目同时申请时，水上游乐设施的人员、试验场地和厂房面积应当单独计算。

（3）生产设备与工艺装备。生产单位应当具有专项条件中规定的生产设备和工艺装备。

（4）检测仪器。生产单位应当具有以下检测仪器：①测速仪；②硬度计；③测厚仪；④测角度、坡度的仪器；⑤涂层测厚仪；⑥扭矩扳手。

注：按照规定需要进行检定、校准的检测仪器，应当检定、校准合格，下同。

（5）试验能力。制造单位应当具备对大型游乐设施整机开展设计验证及试验结果分析、评价、提出改进并落实的能力，建立相应的管理制度和作业指导文件，配备相应的技术人员，具有试验装置。

（6）培训能力。制造单位应当具备对使用单位人员进行实际操作、维护保养、应急救援等培训的能力，建立相应的管理制度和作业指导文件，配备相应的技术人员。

（7）工作外委。水滑梯滑道和含有Ⅰ、Ⅱ级焊缝的乘载系统的制作允许委托给具有相应制造许可资质的单位。

注：Ⅰ、Ⅱ级焊缝根据《大型游乐设施安全规范》（GB 8408—2018）判定。

（8）试制造。申请大型游乐设施制造(含安装、修理、改造)许可的单位，应当试制造所申请相应许可子项目的样机各1台。

试制造样机的设计文件应当经设计文件鉴定合格，部件有型式试验要求的，需要型式试验合格。试制造样机应当安装在制造单位的试验场地内。制造单位应当完成试制造样机的安装调试，并且自检合格。

申请许可子项目A级的，试制造样机的参数应当高于相应设备类别B级的参数上限。

（9）试安装。申请大型游乐设施安装(含修理)许可的单位，应当试安装所申请相应许可子项目的样机各1台。

试安装样机的设计文件应当经设计文件鉴定合格，部件有型式试验要求的，需要型式试验合格。试安装样机不得安装在使用现场。安装单位应当完成试安装样机的安装调试，并且自检合格，自检报告应当经设备制造单位确认。

申请许可子项目A级的，试安装样机的参数应当高于相应设备类别B级的参数上限。

（10）换证业绩。①取得大型游乐设施制造许可的单位，应当在其持证周期内制造并交付使用相应许可子项目的产品至少各1台；无业绩的，申请换证时，应当在鉴定评审前进行试制造；申请“自我声明承诺换证”的，应当在其持证周期内制造并交付使用相应许可子项目的产品至少各4台。②取得大型游乐设施安装许可的单位，应当在其持证周期内安装并交付使用相应许可子项目的产品至少各1台；无业绩的，申请换证时，应当在鉴定评审前进行试安装；申请“自我声明承诺换证”的，应当在其持证周期内安装并交付使用相应许可子项目的产品至少各4台。

（11）设计能力。制造单位应当设置专门的设计机构，配备专门的设计人员，具有自主设计大型游乐设施的能力，包括大型游乐设施系统的设计、分析、整合及设计质量控制能力。

（12）技术文件。制造单位应当具有与试制造样机或者完工产品相对应的设计文件、工艺文件和检验规程，并且齐全完整，能够满足安全技术规范及其相关产品标准的要求。

安装单位应当具有与试安装样机或者完工产品相对应的安装方案(或者作业指导书)、安装过程检验文件、安装调试规程。

（13）设计文件。设计文件应当包括设计说明书、危险识别与风险分析评价资料、设计计算书、设计图纸、产品安装使用维护说明书、设计验证试验大纲或者方案、基础条件图等。

（14）工艺文件。工艺文件应当包括机加工工艺、焊接工艺、无损检测工艺、热处理工艺、装配(含电气装配)工艺、涂装工艺、安装方案(或者作业指导书)等。

（15）检验规程。检验规程应当包括质量控制计划、设计验证大纲、进货检验规程、制造过程检验规程、厂内试验验证规程、出厂检验规程、安装过程检验规程、安装调试规程等。检验规程内容应当包括检验与试验环境要求、检验与试验项目、检验与试验方法、指标要求、检验与试验仪器设备要求、抽样要求、判定规则等。

**(三)制造(含安装、修理、改造)专项条件**

1. 滑行和旋转类(A)

1）人员

（1）技术负责人。具有高级工程师职称，其职称或者学历是机械、电气类相关专业。

（2）质量保证体系人员。①质量保证工程师，具有工程师职称；②设计、工艺质量控制系统责任人，具有高级工程师职称，其职称或者学历是机械、电气类相关专业；③焊接质量控制系统责任人，具有工程师职称，其职称或者学历是焊接相关专业；④电控系统制作、检验与试验、现场施工质量控制系统责任人员，具有工程师职称；⑤材料与零部件、机械加工、热处理质量控制系统责任人员，具有助理工程师职称；⑥无损检测质量控制系统责任人员，具有UT Ⅱ、MT Ⅱ、PT Ⅱ资格。

（3）技术人员。除技术负责人、质量保证体系人员外，技术人员不少于6人。

（4）质量检验人员。专职质量检验人员不少于3人，由技术人员担任。

（5）项目负责人。具有工程师职称，其职称或者学历是机械、电气类相关专业。

（6）作业人员。特种设备焊工不少于4人，持证项目与实际生产工艺情况相适应；修理作业人员不少于6人；电工不少于3人；无损检测人员不少于2人，具有UT Ⅱ、MT Ⅱ、PT Ⅱ资格(外委的不要求)。

2）生产设备与工艺装备

应当具有以下生产设备与工艺装备：①车床、铣床、磨床；②数控切割机，切割长度不小于10m；③相贯线切割机；④坡口机；⑤氩弧焊机、自动焊接等焊接设备；⑥钢材抛丸喷砂预处理及除锈设备；⑦控制柜组装调试生产设备；⑧起重转运设备；⑨弯管机(适用于滑行车类、架空游览车类、滑道类)；⑩划线平台、焊接工装。

3）检测仪器

除符合上述检测仪器的规定外，还应当具有以下检测仪器：①表面粗糙度检测仪器；②水准仪；③光谱分析仪；④全站仪；⑤加速度测试仪；⑥磁粉检测仪(外委的不要求)；⑦超声波检测仪(外委的不要求)；⑧应变测试仪(外委的不要求)。

4）设计能力

除满足上述设计能力的规定外，还应当具有分析设计软件及应用能力。

2. 滑行和旋转类(B)

1）人员

（1）技术负责人。具有高级工程师职称，其职称或者学历是机械、电气类相关专业。

（2）质量保证体系人员。①质量保证工程师，具有工程师职称；②设计、工艺质量控制系统责任人员，具有工程师职称，其职称或者学历是机械、电气类相关专业；③焊接、电控系统制作、检验与试验、现场施工质量控制系统责任人员，具有工程师职称；④无损检测质量控制系统责任人员，具有 UT Ⅱ、MT Ⅱ、PT Ⅱ资格。

（3）技术人员。除技术负责人、质量保证体系人员外，技术人员不少于 4 人。

（4）质量检验人员。专职质量检验人员不少于 2 人，由技术人员担任。

（5）项目负责人。由技术人员担任。

（6）作业人员。特种设备焊工不少于 3 人，持证项目与实际生产工艺情况相适应；修理作业人员不少于 4 人；电工不少于 2 人；无损检测人员不少于 2 人，具有 UT Ⅱ、MT Ⅱ、PT Ⅱ资格（外委的不要求）。

2）生产设备与工艺装备

应当具有以下生产设备与工艺装备：①车床、铣床、磨床；②剪切设备；③坡口机；④氩弧焊机等焊接设备；⑤钢材抛丸喷砂预处理及除锈设备；⑥起重转运设备；⑦划线平台、焊接工装；⑧弯管机（适用于滑行车类、架空游览车类、滑道类）。

3）检测仪器

除上述规定外，还应当具有以下检测仪器：①表面粗糙度检测仪器；②水准仪；③光谱分析仪；④磁粉检测仪（外委的不要求）；⑤超声波检测仪（外委的不要求）。

3. 游乐车辆和无动力类

1）人员

（1）技术负责人。具有工程师职称，其职称或者学历是机械、电气类相关专业。

（2）质量保证体系人员。①质量保证工程师，具有工程师职称；②设计、工艺质量控制系统责任人员，具有工程师职称，其职称或者学历是机械、电气类相关专业；③无损检测质量控制系统责任人员，具有 UT Ⅱ、MT Ⅱ、PT Ⅱ资格。

（3）技术人员。除技术负责人、质量保证体系人员外，技术人员不少于 3 人。

（4）质量检验人员。专职质量检验人员至少 1 人，由技术人员担任。

（5）项目负责人。由技术人员担任。

（6）作业人员。特种设备焊工不少于 2 人，其持证项目与实际生产工艺情况相适应；修理作业人员不少于 2 人；电工不少于 2 人；无损检测人员不少于 2 人，具有 UT Ⅱ、MT Ⅱ、PT Ⅱ资格（外委的不要求）。

2）生产设备与工艺装备

应当具有以下生产设备与工艺装备：①车床、铣床、磨床；②剪切设备；③坡口机；④焊接设备；⑤除锈设备；⑥表面涂装设备；⑦起重转运设备；⑧划线平台、焊接工装。

3）检测仪器

除上述规定外，还应当具有以下检测仪器：①经纬仪；②超声波检测仪（外委的不要求）；③磁粉检测仪（外委的不要求）；④试验装置；⑤蹦极绳、钢丝绳、柔性束缚测试装置。

4. 水上游乐设施

1）人员

（1）技术负责人。具有高级工程师职称，其职称或者学历是机械、电气类相关专业。

（2）质量保证体系人员。①质量保证工程师，具有工程师职称；②设计、工艺质量控制系统责任人员，具有工程师职称，其职称或者学历是机械、电气类相关专业；③焊接、电控系统制作、检验与试验、现场施工质量控制系统责任人员，具有工程师职称；④无损检测质量控制系统责任人员，具有 UT Ⅱ、MT Ⅱ、PT Ⅱ资格。

（3）技术人员。除技术负责人、质量保证体系人员外，技术人员不少于 4 人。

（4）质量检验人员。专职质量检验人员不少于 2 人，由技术人员担任。

（5）项目负责人。由技术人员担任。

（6）作业人员。特种设备焊工不少于 3 人，持证项目与实际生产工艺情况相适应；修理作业人员不少于 4 人；电工不少于 2 人；无损检测人员至少 1 人，具有 UT Ⅱ、MT Ⅱ、PT Ⅱ资格 ( 外委的不要求 )。

2）生产设备与工艺装备

应当具有以下生产设备与工艺装备：①相贯线切割机；②坡口机、焊接设备；③起重转运设备；④划线平台、焊接工装、玻璃钢模具；⑤数控模具加工设备 ( 外委的不要求 )。

3）检测仪器

除上述规定外，还应当具有以下检测仪器：①水准仪；②全站仪；③玻璃钢测厚仪；④流量仪；⑤胶衣测厚仪；⑥超声波检测仪 ( 外委的不要求 )；⑦磁粉检测仪 ( 外委的不要求 )；⑧加速度测试仪 ( 外委的不要求 )。

## 二、大型游乐设施安装改造维修环节的监督管理

从大型游乐设施事故统计分析，大多数游乐设施事故发生在使用环节，对大型游乐设施安装改造维修环节的监督管理，主要是通过施工单位的资格许可和对施工过程进行监督检验，以及对施工人员进行培训考核等方式进行的。国务院和有关部门对此已制定了《特种设备安全监察条例》、《大型游乐设施安全监察规定》、《游乐园管理规定》、《游乐设施安全技术监察规程（试行）》、《游乐园（场）安全和服务质量》、《特种设备生产和充装单位许可规则》（TSG 07—2019）、《特种设备使用管理规则》（TSG 08—2017）等，这些文件对该环节的监督管理都进行了相应的规定。

### （一）施工过程监督检验的一般要求

（1）大型游乐设施安装、改造、维修的施工单位，在施工前应当将拟进行的特种设备安装、改造、维修情况书面告知直辖市或者设区地市的特种设备安全监督管理部门，即必须进行开工告知，然后施工。

（2）按照《特种设备安全监察条例》的规定，大型游乐设施施工过程必须经过监督检验。据了解，大型游乐设施安装改造维修监督检验工作正在有关省进行试点，摸索经验，有关规则在制定过程中。

（3）《特种设备生产和充装单位许可规则》（TSG 07—2019）中对游乐设施安装 ( 含修理 ) 的专项条件。

### （二）滑行和旋转类 (A)

1. 人员

（1）技术负责人。具有高级工程师职称，其职称或者学历是机械、电气类相关专业。

（2）质量保证体系人员。①质量保证工程师，具有工程师职称；②工艺、焊接、检验与试验、现场施工质量控制体系责任人员，具有工程师职称；③无损检测质量控制系统责任人员，具有 UT Ⅱ、MT Ⅱ、PT Ⅱ资格。

（3）技术人员。除技术负责人、质量保证体系人员外，技术人员不少于 4 人。

（4）质量检验人员。专职质量检验人员不少于 2 人，由技术人员担任。

（5）项目负责人。具有工程师职称，其职称或者学历是机械、电气类相关专业。

（6）作业人员。特种设备焊工不少于 3 人，持证项目与实际生产工艺情况相适应；修理作业人员不少于 6 人；电工不少于 2 人；无损检测人员不少于 2 人，具有 UT Ⅱ、MT Ⅱ、PT Ⅱ资格 ( 外委的不要求 )。

2. 施工设备

具有电焊机、切割设备、手拉葫芦、千斤顶、力矩扳手、通信设备。

3. 检测仪器

除上述要求外，还应当具有以下检测仪器：①水准仪；②全站仪；③超声波检测仪 ( 外委的不要求 )； ④磁粉检测仪 ( 外委的不要求 )。

**（三）滑行和旋转类 (B)、游乐车辆和无动力类、水上游乐设施**

1. 人员

（1）技术负责人。具有工程师职称，其职称或者学历是机械、电气类相关专业。

（2）质量保证体系人员。①质量保证工程师，具有工程师职称；②工艺、焊接、检验与试验、现场施工质量控制体系责任人员，具有工程师职称；③无损检测质量控制系统责任人员，具有 UT Ⅱ、MT Ⅱ、PT Ⅱ资格。

（3）技术人员。除技术负责人、质量保证体系人员外，滑行和旋转类 B 级大型游乐设施安装单位的技术人员不少于 4 人，游乐车辆和无动力类、水上游乐设施安装单位的技术人员不少于 3 人。

（4）质量检验人员。专职质量检验人员至少 1 人，由技术人员担任。

（5）项目负责人。由技术人员担任。

（6）作业人员。滑行和旋转类 B 级大型游乐设施安装单位的特种设备焊工不少于 2 人，游乐车辆和无动力类、水上游乐设施安装单位的特种设备焊工至少 1 人，持证项目与实际生产工艺情况相适应；修理作业人员不少于 2 人；电工不少于 2 人；无损检测人员至少 1 人，具有 UT Ⅱ、MT Ⅱ、PT Ⅱ资格 ( 外委的不要求 )。

2. 施工设备

具有电焊机、切割设备、手拉葫芦、千斤顶、力矩扳手、通信设备。

3. 检测仪器

除上述规定外，还应当具有以下检测设备：①水准仪；②经纬仪；③超声波检测仪 ( 外委的不要求 )；④磁粉检测仪 ( 外委的不要求 )。

## 第四节　游乐设施使用环节的监督管理

大型游乐设施设计、制造、安装中存在的问题，会在使用中暴露出来。同时，使用中还会发生操作不当、管理不善、维护保养不好等问题，使大量的事故发生在使用运行环节。所以，使用环节应当是安全监察工作的重点。国家制定的《特种设备安全监察条例》（国务院令第 549）、《大型游乐设施安全监察规定》、《特种设备使用管理规则》（TSG

08—2017）、《游乐园（场）安全和服务质量》（GB/T 16767—1997）等法规和标准，对大型游乐设施在使用环节上提出了具体要求。

运营使用单位是使用环节的安全责任主体，对设备的使用安全负总责。企业通过经营大型游乐设施获得效益，有责任和义务保障设备的使用安全，充分体现权责一致、企业负责的思想。一旦在使用环节出现事故，运营使用单位要承担设备使用安全行政责任和民事责任，甚至是刑事责任。当然，如果经过事故调查等程序，能够证明大型游乐设施生产单位对事故承担责任，则运营使用单位可以向生产单位追偿。

## 一、对大型游乐设施使用单位的要求

### （一）使用单位的主体责任

（1）大型游乐设施使用单位必须对大型游乐设施的使用安全负主体责任。在购置游乐设施时，一定要购置持有国家质量监督检验检疫总局颁发资质的制造企业生产的、有《型式试验报告》的产品，决不能购买“三无”产品。使用单位应使用符合安全技术规范要求的游乐设施。在确定使用某种游乐设施前，应当对其是否附有安全技术规范要求的设计文件、产品质量合格证明、安装及使用维修说明、监督检验证明等进行认真核对。使用单位应当在大型游乐设施投入使用前或者使用后 30 日内，向直辖市或者设区的市的特种设备安全监督管理部门登记。登记标志应当置于或者附着于该特种设备的显著位置。

（2）使用单位的主要负责人应当熟悉大型游乐设施的相关安全知识，并经过专业的培训与考核，合格后方能够上岗。使用单位主要负责人全面负责大型游乐设施的安全使用，并应当至少每月召开一次会议，督促、检查大型游乐设施的安全使用工作。

### （二）新建游乐设施的使用登记（备案）

（1）新建游乐设施在投入使用前，使用单位必须按照《特种设备使用管理规则》的要求，办理注册登记手续。

（2）移动式游乐设施在首次投入使用前，必须按照《特种设备使用管理规则》的要求，办理注册登记手续。易地使用前，使用单位必须到所在地区的地、市级以上（含地、市级）特种设备安全监察机构备案。备案时，使用单位需提供以下资料：①注册机构发给的《特种设备使用登记证》；②在有效期内的验收检验报告或定期检验报告；③在有效期内的《安全检验合格》标志；④在本地区的行程计划。

移动式游乐设施离开注册地时，应到注册机构办理登记手续；离开备案地时，应到备案机构注销备案。

移动式游乐设施的定期检验，可由使用单位所在地区经国家特种设备安全监察机构许可的监督检验机构执行。

### （三）技术档案的建立

使用单位应建立完整、准确的游乐设施技术档案，并按规定保存。技术档案的内容为：

（1）游乐设施注册登记表。

（2）设备及其部件的出厂随机文件，这些文件包括：①装箱单（或装车单）；②设计图样，包括维修保养必备的机械、电气、液压、气动等部分图纸及易损件图纸；③产品质量证明文件，至少包括产品合格证、重要受力部件材质一览表和材质证明书、重要焊缝和销轴类的探伤报告、标准机电产品合格证及使用维护说明书；④使用维护说明书中的设备简介，结构概述，主要技术参数，安装与调试，操作和注意事项及标示牌，保养与维修说明，设备故障应急处理，润滑部分说明，易损件及重要零部件的使用说明等；⑤合同约定的其他资料。

（3）年度维修计划及落实情况。

（4）安装、大修的记录及其验收资料。

（5）日常运行、维修保养和常规检查记录。

（6）验收检验报告与定期检验报告。

（7）设备故障与事故的记录。

**（四）健全的安全管理制度**

使用单位必须建立安全管理体系，健全各项安全管理制度，明确有关人员的安全职责，并要严格执行。安全管理制度主要内容为：①作业服务人员守则；②安全操作规程；③设备管理制度；④日常安全检查制度；⑤维修保养制度；⑥定期报检制度；⑦作业人员及相关运营服务人员的安全培训考核制度；⑧紧急救援演习制度；⑨意外事件和事故处理制度；⑩技术档案管理制度。

**（五）游乐设施的维护保养**

（1）使用单位必须严格执行游乐设施维修保养制度，明确维修保养者的责任，对游乐设施定期进行维修保养。

使用单位没能力进行维修保养的，必须委托有资格的单位进行维修保养，双方必须签订维修保养合同，接受游乐设施维修保养委托的单位应对其维修保养质量负责。

（2）使用单位必须严格遵守定期检验制度，在安全检验合格有效期届满前1个月向特种设备检验检测机构提出定期检验要求。

检验合格后，使用单位必须将游乐设施《安全检验合格》标志固定在明显的位置上，《安全检验合格》标志超过有效期或者未按照规定张挂的游乐设施不得使用。

（3）使用单位应当建立并严格执行游乐设施的年检、月检、日检制度，严禁带故障运行。安全检查的内容为：对使用的游乐设施，每年要进行1次全面检查，必要时要进行载荷试验，并按额定速度进行起升、运行、回转、变速等机构的安全技术性能检查。检查应当做详细记录，并存档备查。

月检要求检查下列项目：①各种安全装置；②动力装置、传动和制动系统；③绳索、链条和乘坐物；④控制电路与电气元件；⑤备用电源。

日检要求检查下列项目：①控制装置、限速装置、制动装置和其他安全装置是否有效及可靠；②运行是否正常，有无异常的振动或者噪声；③各易磨损件状况；④门联锁开关及安全带等是否完好；⑤润滑点的检查和加添润滑油；⑥重要部位（轨道、车轮等）是否正常。

**（六）游乐设施的安全操作**

（1）大型游乐设施每日投入使用前，应当进行试运行和例行安全检查，并对安全装置进行检查确认。大型游乐设施的运营使用单位应当将大型游乐设施的安全注意事项和警示标志置于易于为乘客注意的显著位置。

（2）游乐设施在操作和使用时，全部通道和出口处都应有充足的照明，以防止发生人身伤害。在醒目之处张贴“乘客须知”，其内容应包括该设施的运动特点、适应对象、禁止事宜及注意事项等。游乐设施的运行区域应用护栏或其他保护措施加以隔离，防止公众受到运行设施的伤害。当有人处于危险位置时，游乐设施禁止操作。室外游乐设施在暴风雨等危险的天气条件下不得操作和使用；高度超过 20m 的游乐设施在风速大于 15m/s 时，必须停止运行。

**（七）游乐设施的事故报告和设备报废**

（1）游乐设施使用单位，必须按照国家有关规定与标准要求，配备适用的救护设施及数量足够的经过专业培训的监护和救护人员。

使用单位必须制定救援预案，并且每年至少组织 1 次游乐设施出现意外事件或者发生事故的紧急救援演习，演习情况应当记录备查。

（2）游乐设施使用单位事故报告应当符合以下规定：①特种设备作业人员在作业过程中发现事故隐患或者其他不安全因素，应当立即向现场安全管理人员和单位有关负责人报告。②游乐设施一旦发生伤亡事故，使用单位必须采取紧急救援措施，保护事故现场，防止事故扩大，抢救伤员，并按照《特种设备事故报告和调查处理规定》（国家质量监督检验检疫总局令第 115 号）报告和处理。③特种设备出现故障或者发生异常情况，使用单位应当对其进行全面检查，消除事故隐患后，方可重新投入使用。

特种设备存在严重事故隐患，无改造、维修价值，或者超过安全技术规范规定使用年限的，特种设备使用单位应当及时予以报废，并应当向原登记的特种设备安全监督管理部门办理注销。

## 二、对使用单位安全管理、操作、维修人员的要求

**（一）安全管理人员的配备**

使用单位必须配备专职的安全管理人员，负责游乐设施的安全管理工作。管理人员具体履行以下职责：

（1）监督检查游乐设施的日常安全检查维修情况。

（2）检查和纠正游乐设施运营中的违章行为。

（3）督促落实游乐设施技术档案的管理。

（4）编制常规检验计划并组织落实。

（5）编制定期检验计划并负责定期检验的报检工作。

（6）组织紧急救援演习。

（7）组织游乐设施作业人员的培训工作。

**（二）安全管理人员应具备的条件**

（1）首次申请取证的年龄应为20周岁以上（含20周岁），男60周岁以下（含60周岁）、女 55 岁以下（含 55 周岁）。

（2）具有高中以上（含高中）文化程度，并且经过专业培训，具有大型游乐设施安全技术和管理知识。

（3）身体健康，无妨碍从事本工作的疾病和生理缺陷。

（4）具有 3 年以上大型游乐设施工作的经历。

**（三）安全管理人员应具备的知识**

（1）基础知识。包括以下内容：大型游乐设施定义及术语；大型游乐设施分类、分级、

结构特点、主要参数及运动形式；主要的轴、销轴；主要受力焊缝；安全保护装置及其设置；无损检测部位及要求；液压、气动基本要求；电气及控制基本要求；避雷及接地；大型游乐设施安全电压；游乐设施设施主要润滑点及润滑要求。

（2）安全知识。包括以下内容：安全管理人员职责；大型游乐设施制造、安装、改造、维修许可；大型游乐设施监督检验和监督检验规程；登记、使用、变更、停用和注销；安全管理安全警示说明和警示标志；安全管理制度；安全技术档案；安全检查和定期检验安全检查制度；月检项目及内容；日检项目及内容；定期检验程序和要求；大型游乐设施事故预防与处理；事故分类；异常与故障情况的辨识和处理；事故报告、调查和处理；事故应急措施和救援预案；事故案例分析。

（3）法规知识。主要熟悉以下法规内容：《特种设备安全监察条例》（国务院令第549号）、《特种设备质量监督与安全监察规定》、《特种设备事故报告和调查处理规定》、《锅炉压力容器压力管道特种设备安全监察行政处罚规定》、《特种设备作业人员监督管理办法》、《特种设备作业人员考核规则》、《游乐设施安全技术监察规程（试行）》、《特种设备质量监督与安全监察规定》、《游乐设施监督检验规程（试行）》、《机电类特种设备制造许可规则（试行）》、《机电类特种设备安装改造维修许可规则（试行）》、《特种设备注册登记与使用管理规则》及有关游乐设施国家标准。

**（四）操作人员应具备的基本条件**

（1）年龄18周岁（含18周岁）以上，男60周岁以下（含60周岁）、女55周岁以下（含55周岁）。

（2）具有初中以上（含初中）文化程度，并且经过专业培训具有大型游乐设施安全技术理论知识和实际操作技能。

（3）身体健康，无妨碍从事本工作的疾病和生理缺陷。

（4）有3个月以上申请项目的实习经历。

**（五）操作人员应掌握的知识**

（1）基础理论知识包括：①大型游乐设施操作人员职责；②大型游乐设施定义及术语；③大型游乐设施分类、分级、结构特点、主要参数及运动形式；④安全电压知识；⑤站台服务规范；⑥大型游乐设施安全运行知识；⑦乘客须知等。

（2）专业知识。①专业理论知识。包括安全保护装置及设置、安全压杠、安全带、安全把手、锁紧装置、止逆装置、限位装置、限速装置、风速计、缓冲装置、过压保护装置及其他安全保护装置等的结构和原理知识。②安全操作和运行的基本知识。包括操作系统、控制按钮颜色标识、紧急事故按钮、音响与信号、典型大型游乐设施的操作程序、安全检查、安全警示说明和警示标志、运行前检查内容、日检项目及内容、运行记录、大型游乐设施应急措施、常见故障和异常情况辨识、典型应急救援方法、常用急救措施及大型游乐设施事故基本处理方法等。

（3）法规知识。操作人员应当掌握的法规知识包括《特种设备安全监察条例》（国务院令第549号）、《特种设备作业人员监督管理办法》、《特种设备作业人员考核规则》、《特种设备质量监督与安全监察规定》、《游乐设施安全技术监察规程（试行）》、《游乐设施监督检验规程（试行）》、《特种设备注册登记与使用管理规则》及有关游乐设施国家标准等。

（4）操作技能。操作人员应具备的实际操作技能，包括正确熟练检查和操作安全保护装置（安全压杠、安全带及其他安全保护装置等），做好安全运行（运行前的检查及开机流程、运行中的操作知识、运行结束后的检查及关机流程、运行记录等），能应急救援（常见故障的应急救援、紧急情况的处理等）。

（5）服务技能。由于操作人员的服务对象为乘客，所以要在正常操作的同时，做好对乘客的组织、宣传工作，使游客能遵守安全注意事项的要求，服从有关工作人员的指挥，做到规范服务、安全有序。

**（六）维修人员应具备的资质**

维修人员必须按照《特种设备作业人员考核规则》（TSG 26001—2005）和《大型游乐设施安全管理人员和作业人员考核大纲》（TSGY 6001—1008）的要求，取得相应资格后，方能从事相关的工作。

## 三、《游乐园（场）服务质量》（GB / T 16767—2010）的要求

2010 年国家有关部门修订发布了《游乐园（场）服务质量》（GB / T 16767—2010）国家标准，该标准对游乐设施安全管理方面提出了明确要求。

**（一）安全管理要求**

游乐园（场）应特别重视游乐设施安全管理，把安全工作摆在重要的议事日程，培养和强化全体人员的安全意识。建立健全各项安全制度，包括安全管理制度、游乐园（场）全天候值班制度、定期安全检查制度和检查内容要求，游乐项目安全操作规程、水上游乐安全要求及安全事故登记和上报制度。

（1）安全管理和安全职责。①设立完善高效的安全管理机构（安全委员会），明确各级、各岗位的安全职责。②开展经常性的安全培训和安全教育活动。③定期组织全游乐园（场）按年、季、月、节假日前和旺季开始前的安全检查。④建立安全检查工作档案，每次检查要填写检查档案，检查的原始记录由责任人员签字存档。

（2）员工安全。①未持有专业技术上岗证的，不得操作带电的设备和游乐设施。②员工应注意着装安全，高空或工程作业时必须佩带安全帽、安全绳等安全设备，并严格按章作业。③员工在工作过程中应严格按照安全服务操作规程作业。④工作区域内应保持整洁，保证安全作业。

（3）游客安全。①在游乐活动开始前，应对游客进行安全知识讲解和安全事项说明，具体指导游客正确使用游乐设施，确保游客掌握游乐活动的安全要领。②某些游乐活动对游客健康条件有要求，或不适合某种疾病患者参与的，应在该项活动入门处以“警告”方式予以公布。③在游乐过程中，应密切注视游客安全状态，适时提醒游客注意安全事项，及时纠正游客不符合安全要求的行为举止，排除安全隐患。④如遇游客发生安全意外事故，应按规定程序采取救援措施，认真、负责地做好善后处理。

（4）有关各项安全设施。①各游乐场所、公共区域均应设置安全通道，时刻保持畅通。②各游乐区域，除封闭式的外，均应按 GB 8408 的规定设置安全栅栏。③严格按照消防规定设置防火设备，配备专人管理，定期检查。④有报警设施，并按 GB 13495 设置警报器和火警电话标志。⑤有残疾人安全通道和残疾人使用的设施。⑥有处理意外事故的急救设施设备。

（5）安全检查和救援。①加强安全检查，除进行日、周、月、节假日前和旺季开始前的例行检查外，设施必须按规定每年全面检修一次，严禁设备带故障运转。②每日运营前的例行安全检查要认真负责，建立安全检查记录制度；没有安全检查人员签字的设备不能投入营业。③详细做好安全运行状态记录，严禁使用超过安全期限的游乐设施、设备载客运转。④凡遇恶劣天气或游乐设施机械发生故障时，须有应急、应变措施，设备停止运行的应对外公告。⑤配备安全保卫人员，维护游乐园（场）游乐秩序，制止治安纠纷。⑥游乐园（场）全体员工须经火警预演培训和机械险情排除培训，并熟练掌握有关应急处理措施。

**（二）安全作业要求**

（1）对游艺机和游乐设施，每天运营前须做好安全检查，营业前试机运行不少于2次，确认一切正常后，才能开机营业。

（2）游乐设施运行中一定要严格安全操作，包括：①向游客详细介绍游乐规则、游乐设施操纵方法及有关注意事项，谢绝不符合游艺机乘坐条件的游客参与游艺活动。②引导游客正确入座高空旋转游乐设施，严禁超员，不偏载，系好安全带。③维持游乐、游艺秩序，劝阻游客远离安全栅栏，上下游艺机应秩序井然。④开机前先鸣铃提示，确认无任何险情时方可再开机。⑤游艺机在运行中，操作人员严禁擅自离岗。⑥密切注意游客动态，及时制止个别游客的不安全行为。

（3）营业后要安全检查。要整理、清扫、检查各承载物、附属设备及游乐场地，确保其整齐有序，清洁无安全隐患；要做好当天游乐设备运转情况记录；要对设施进行定期维修、保养。一定要按制度规定做好周、月、半年和年以上的安全检查。

（4）要强化水上世界游乐设施的安全措施，包括：①应在明显的位置公布各种水上游乐项目的《游乐规则》，要反复广播宣传，要求游客注意安全，防止事故发生。②对容易发生危险的部位，应有明显的提醒游客注意的警告标志。③各水上游乐项目均应设立监视台，有专人值勤，监视台的数量和位置应按规定配备足够的救生员。救生员须符合有关部门规定，经专门培训，掌握救生知识与技能，持证上岗。④水上世界范围内的地面，应确保无积水、无碎玻璃及其他尖锐物品。⑤随时向游客报告天气变化情况，为游客设置避风、避雨的安全场所及其他保护措施。⑥全体员工应熟悉场内各区域场所，具备基本的抢险救生知识和技能。⑦设值班室，配备值班员。⑧设医务室，配备具有医士职称以上的医生和经过训练的医护人员及急救设施。⑨安全使用化学药品。⑩每天营业前对水面和水池底除尘一次。

## 第五节　大型游乐设施检验

为保障大型游乐设施的安全技术性能，《特种设备安全法》《特种设备安全监察条例》《大型游乐设施安全监察规定》等在大型游乐设施的生产、使用环节设立了设计文件鉴定、型式试验、监督检验、定期检验的制度，这些措施和制度是大型游乐设施安全监察工作的基础，是提高监管质量和效率的重要保证。需要说明的是，特种设备检验机构按照法律和法规要求必须经过核准，才能进行法定检验。检验机构开展的设计文件鉴定、型式试验、监督检验和定期检验与生产、运营使用单位自行开展的计算校核、验证试验、测试检测有着本质的区别，生产、运营使用单位开展的计算校核、验证试验、测试检测是其保证设备安全采取的必要措施，与企业的主体责任是一致的；当这些行为需要通过合同委托第三方实施时，设备安全的主体责任仍然是生产、运营使用单位，但企业保留了通过合同依法追究第三方责任的权利。

特种设备检验、检测结果应科学、可靠，防止随意性，这就要求检验、检测人员对特种设备实施检验、检测时，要严格按照特种设备安全技术规范进行。安全技术规范规定的内容很多是通过事故的教训，以及人们在检验、检测实践中经验的总结，并以安全技术规范予以确定。国家特种设备安全监督管理部门已经颁布了特种设备的监督检验、定期检验、型式试验的一些规程、规则等安全技术规范对检验、检测项目、方法、检测周期、数据的处理、分析、结论等都加以规定。

检验机构开展的设计文件鉴定、型式试验、监督检验和定期检验工作关系到大型游乐设施的安全运行，技术上具有很强的专业性，结论意见具有法律效力。因此，其检验结果、鉴定结论必须客观、公正。客观，就要求严格按照安全技术规范，逐项对大型游乐设施进行一丝不苟的检验、鉴定，做到不漏、不错；公正，就是要严格依据安全技术规范及实际情况进行分析、判断，不受人为因素的影响，秉公履职，做出切合实际的判断和结论，不受地方利益或企业利益的干扰，出具符合实际情况的报告等。

## 一、设计文件鉴定

### （一）设计文件鉴定的意义

设计文件鉴定是指由特种设备监管部门核准的专门机构对设计文件的审查和必要的设计验证活动。设计文件指涉及锅炉、气瓶、氧舱、客运索道、大型游乐设施的结构、强度、材料和与安全性能有关的功能的设计图纸、计算书、说明书等，具体内容应在相应的技术规范中予以明确。

设计文件鉴定是由负责特种设备安全监督管理的部门核准的特种设备检验机构对设计文件的审查和必要的设计验证工作。设计文件鉴定工作对规范大型游乐设施的设计工作有积极的促进作用，也是督促企业保障大型游乐设施设计质量的有效手段。自 2003 年实施设计文件鉴定制度以来，工作过程中发现了大量的安全隐患，企业及时进行整改，安全风险得到了有效防范；通过设计文件鉴定的实施，企业的设计工作也从设计文件、设计方法及设计质量控制等方面有了长足的进步，提升了大型游乐设施安全水平。大型游乐设施虽然数量较少，但设计工况复杂，需要丰富的经验才能保证质量。把大型游乐设施的设计审核集中在一些技术业务素质高的单位，可以积累丰富的经验，保证审查工作的质量，提高管理效率。

### （二）设计文件鉴定机构

设计文件鉴定工作由特种设备安全监督管理部门核准的检验检测机构承担。这些机构应按照有关规定取得特种设备检验检测资格，并且具有相应设计文件审查人员，是被社会公认的权威机构。希望从事设计文件鉴定的机构，应提出申请，报特种设备安全监督管理部门，经其同意后向全国公布。

#### （三）设计文件鉴定的申请

考虑到设计文件的一些鉴定项目需要部件完成试制工作才可确认，同时为更好落实企业主体责任，这里明确设计文件鉴定的申请单位为制造单位。制造单位在申请设计文件鉴定之前，应准备好设计文件，确认所有的设计工作全部完成，并安排一定数量的设计人员配合设计文件鉴定工作有序开展，对于需要试验验证的设计结论，应在设计文件鉴定之前完成试验。

#### （四）设计文件鉴定的要求

负责设计文件鉴定的机构应当具备一定数量从事设计文件鉴定的人员，建立工作质量管理体系，以及相适应的硬件条件，同时从事设计文件鉴定的人员也要具备一定的技术能力。设计文件鉴定机构应严格按照安全技术规范要求开展各项鉴定工作。由于鉴定工作需接触技术资料，鉴定机构与个人要依法保守申请单位的技术和商业秘密。

设计文件包括设计图纸、计算书、说明书等资料，设计文件鉴定工作具体要求在相应安全技术规范中明确。

### 二、型式试验

#### （一）基本概念

特种设备产品、部件或材料的型式试验是指由特种设备安全监督管理部门核准的技术权威机构对产品是否满足安全要求而进行的全面的技术审查、检验测试和安全性能试验。

大型游乐设施的型式试验是指经核准的特种设备检验机构对制造单位在样机设计验证试验过程中进行的试验监督和在试验合格的基础上所进行的试验，大型游乐设施型式试验是设计文件鉴定工作的延续。安全技术规范规定了大型游乐设施型式试验的范围、试验测试项目、合格标准、试验程序、报告格式等事项的具体要求。属于型式试验范围的大型游乐设施，制造单位应依法向特种设备检验机构申请型式试验。

本条款提到的“新产品”仅对于单一制造单位，不同的制造单位即便研发制造出结构型式相同的设备，但对于各自企业来说，这些设备都是新产品，而不是特指整个游乐设施行业首次投入使用的产品。

#### （二）型式试验范围

型式试验具体范围在安全技术规范中规定。需要进行型式试验的有 3 种情况：一是指新研制开发出来首次投放市场的或首次在国内使用的进口产品；二是某个企业首次制造的；三是标准规定按期进行的。特种设备材料制造单位的制造工艺、资源条件、质量管理水平等情况决定了其产品安全性能。由于特种设备材料的质量直接关系到设备的安全性能，因此明确特种设备材料制造单位在首次制造某种型号或牌号的材料时要进行型式试验，对制造单位制造符合安全性能要求的材料的能力进行验证。制造单位只有通过型式试验合格，方可进行材料制造，以此确保特种设备材料性能符合相关要求。

#### （三）型式试验机构

型式试验工作由特种设备安全监督管理部门核准的型式试验承担。这些机构应按照有关规定取得特种设备型式试验资格，并且具有相应试验设施和人员，是被社会公认的权威机构。希望从事型式试验的机构，应提出申请，报国务院特种设备安全监督管理部门，经其核准后向全国公布。

特种设备安全监督管理部门应根据各类特种设备产品的技术特点、数量和生产厂家的分布等情况，按照总量控制、方便企业、充分发挥区域资源或者行业优势、合理布局、规模化为原则，确定型式试验机构。

**（四）型式试验的范围、项目、合格标准、程序等**

型式试验机构应该按照有关安全技术规范和标准进行试验，对符合要求的出具型式试验报告。型式试验的范围、检验测试项目、合格标准、试验程序、报告格式、试验结果的使用等事项，应在安全技术规范中规定。

型式试验应由制造者或其代理商负责向有资格的型式试验机构提出。未申请型式试验或未通过型式试验的产品不得投入制造或使用。制造单位在产品试验的整个工作中，试验行为的主体是制造单位，为保证样机的设计验证工作质量，制造单位在申请型式试验前要制订试验方案，有针对性地制定试验目标、试验项目、试验要求、试验步骤，按试验方案进行整机、零部件的安全性能测试和试验，对测试和试验中出现的问题要查清原因，消除隐患，完善设计、制造和安装等工作，做好见证记录并妥善保存，待型式试验工作中查阅。

安全工作的目的，就是预防事故，保障人身和财产安全。为了确保大型游乐设施安全运行，要求大型游乐设施的安全性能符合安全技术规范及其相关标准要求。安全性能包括主动性能和被动性能。主动性能是指设备本身持续无故障运行的能力，即设备的安全可靠性，也称为积极性能，是由设备本身的材料、结构、参数等决定的。被动性能是指设备在事故发生后具有的能够防止危害进一步扩大，特别是保障人的生命不受伤害的能力，该能力是由相关的安全附件和安全保护装置决定的。

确保大型游乐设施可靠安全运行是最基本的要求，这些要求都在安全技术规范及其相应标准中制定。大型游乐设施除安全性能外，还有诸如外观良好、使用方便等性能，这些要求可以在标准中，或者合同中进一步明确，一般也不作为设计文件鉴定、型式试验、监督检验和定期检验的强制性要求。

## 三、监督检验

根据《特种设备安全监察条例》（国务院令第 549 号）第二十一条规定，大型游乐设施的安装、改造、重大维修过程，必须经国务院特种设备安全监督管理部门核准的检验检测机构按照安全技术规范的要求进行监督检验；未经监督检验合格的，不得出厂或者交付使用。这是特种设备检验检测机构进行的法定检验，是特种设备安全质量监督工作的极为重要的一环。

在对大型游乐设施进行监督检验时，需要对生产单位的质量保证体系运转、管理制度的执行、制造过程的质量控制进行监督检验，实际上协助特种设备安全监督管理部门进行了安全监督管理。在监督检验过程中，一方面，要严格执行安全技术规范，对重要环节进行严格的检查和监督，并做好记录，按照规定需要进行签证认可的，必须及时进行签证；另一方面，对监督检验过程中发现的问题，需要及时向生产单位提出。按照目前的做法，对一般问题，可采取出示意见联络单的形式，告知生产单位及时改进；对具有较大事故隐患的问题，应当采取出示意见通知书的形式，要求生产单位必须改正，并将其意见通知书及时抄送当地特种设备安全监督管理部门，具有典型性的，要形成检验案例，报告国务院或省级特种设备安全监督管理部门。检测机构在从事生产过程中提供的检测工作，是生产过程质量的一种控制，也需要能够及时、正确地提供检测结果，并且作为生产单位出具生产质量证明的依据。

控制安装工作的质量，一方面通过安装单位自身落实质量体系文件要求，加强安装质量管理；另一方面通过设置安装监督检验制度，督促企业保证安装质量。安装监督检验是对安装单位执行相关法律法规、标准及安全技术规范规定、落实安全责任、开展自查自检工作、自主确认大型游乐设施运行安全等工作进行的监督查证性检验。安装监督检验的程序、项目、合格标准、报告格式等要求在安全技术规范中有明确规定。自 2002 年颁布《游乐设施监督检验规程》以来，有超过万台大型游乐设施实施了安装监督检验，在检验过程中，检验机构发现了个别企业私自更改重要受力结构、重要受力部件存在缺陷、自检工作质量低下等严重问题，及时督促企业进行整改，消除安全隐患。

对于未进行监督检验的和监督检验不合格的大型游乐设施，安装单位不得交付运营使用单位使用，否则安装单位承担相应的违法责任，如运营使用单位擅自使用未进行监督检验的和监督检验不合格的大型游乐设施，运营使用单位要依法承担相应责任。

关于大型游乐设施的制造、安装、改造及维修的监督检验的检规，国家有关部门正在研究制定，并已授权在有关省进行试点。综合国家有关部门现行规定和有关省对特种设备安全质量监督检验规则的试行规定，对大型游乐设施的监督检验，主要应按照以下要求进行。

### （一）监督检验的工作程序

监督检验的工作程序包括申请的受理、沟通和流程。

（1）检验申请的受理。游乐设施安装施工单位应当在施工前，将拟进行的游乐设施的安装情况，书面告知直辖市或者设区的市的特种设备安全监督管理部门，在安装告知书得到受理后，向检验机构申报安装监督检验，由受理的检验机构安排检验计划。

（2）检验前的沟通。检验人员接到检验任务安排后，应及时与使用单位和安装单位先进行沟通，确认监督检验质量控制点（简称监控点），监控点分为停止监控点、证据监控点、文件监控点。

### （二）监督检验的内容和方法

安装过程监督检验工作的内容包括技术资料的审查、实物检查检验和质量管理体系运转情况等 3 个方面。监督检验应按照不同类别，符合以下具体要求。

1.A 类检验项目

（1）设计审查报告及型式试验报告的监督检验。对需要设计审查及型式试验的游乐设施，应审查《设计审查报告》及《型式试验报告》，并审查总图和主要部件图上的审查专用章。

（2）关键零部件和焊缝探伤报告的监督检验。受检单位应提供符合标准要求的关键零部件及关键焊缝探伤报告。

（3）产品出厂合格证及使用说明书的监督检验。制造厂家应向用户提供产品合格证、使用说明书、检查维修说明及图纸。

（4）产品铭牌的监督检验。必须在大型游乐设施的显著位置处固定铭牌，铭牌内容至少包括制造厂名、产品名称、产品型号或标号、制造日期和编号。

（5）重要焊缝磁粉（或渗透）探伤的监督检验。大型游乐设施的重要焊缝应进行不低于 20% 的磁粉（或渗透）探伤。磁粉（或渗透）探伤方法按照 JB / T 4730 标准相关规定进行，缺陷等级评定不低于Ⅲ级。

（6）重要轴、销轴超声波和磁粉（或渗透）探伤的监督检验。滑行车的车轮轴、立轴、水平轴、车辆连接器的销轴、陀螺转盘油缸、吊厢等处的销轴、飞行塔吊舱吊挂轴、赛车车轮轴、自控飞机大臂、油缸、座舱处的销轴、观览车吊舱吊挂轴、单轨列车连接器的销轴等每年应进行不低于20%的超声波与磁粉（或渗透）探伤。转马中心支承轴、旋转座舱立轴和曲柄轴、轨距不小于600mm的小火车车轮、连接器的销轴、架空游览车的车轴、连接器等重要轴、销轴及水上游乐设施的重要零部件至少应在大修时进行探伤检验。

超声波探伤方法按照GB/T 4162标准相关规定进行，缺陷等级评定应不低于A级。磁粉（或渗透）探伤方法按照JB/T 4730标准相关规定进行，缺陷等级评定应不低于Ⅲ级。

（7）乘人部分钢丝绳的监督检验。钢丝绳端部必须绷紧同装置固定，固定方法和钢丝绳直径与绳夹的数量、间距应符合GB 4808—2008的要求；滑轮或卷筒直径应不小于钢丝绳直径的40倍，使用不频繁时，不小于钢丝绳直径的20倍；钢丝绳的断丝、磨损等缺陷不得超过GB 8408—2008的要求。

（8）制动装置的监督检验。停机后超过60s仍未停止运行（转马类）或未能按要求准确到位的游乐设施，应设制动装置。当动力电源突然断电或设备发生故障时，制动装置仍应保证正常工作。

（9）赛车与小火车制动装置的监督检验。制动装置必须安全可靠。赛车最大刹车距离应小于7m，小火车最大刹车距离应小于8m。赛车或小火车以额定载荷最大运行速度，从开始制动，直至停车所经过的距离，重复试验应不少于2次；所测得的刹车距离取平均值。

（10）飞行塔制动装置的监督检验。飞行塔升降系统的制动装置必须为常闭式，并有可调措施；制动装置必须安全可靠。需按实际工况做上、下运行试验，当吊舱在上或下的过程中突然断电时，制动装置应起作用，做到安全可靠。进行吊舱上或下的运行和停止的试验分别应不少于2次。

（11）把手、安全带或安全压杠的监督检验。游乐设施车厢或封闭式座舱必须设有安全把手、安全带（宽30mm以上，承受拉力不小于6000N）或安全压杠。安全压杠不应有影响安全的空行程，动作应可靠，并应进行手动试验。

（12）乘人部分进出口的监督检验。游乐设施乘人部分的进出口，应设有门或代替门的装置、拦挡物；无法设置的，则应设安全把手、安全带等或其他安全措施。对每处的安全措施应逐一进行检查。

（13）车辆连接器及保险装置的监督检验。车辆连接器连接必须有效可靠并必须设保险装置，同时要进行运行试验。

（14）吊挂乘人部分保险措施的监督检验。乘人部分的吊挂装置应设有效的保险措施。每处保险措施应逐一进行检查。

（15）吊舱吊挂保险措施的监督检验。吊挂乘人部分的钢丝绳不得少于2根，直径不得小于12mm，并应进行外观检查，卡尺测量。吊挂乘人部分钢丝绳应逐一进行检查。

（16）车辆防冲撞缓冲装置的监督检验。游乐设施车辆应设防冲撞的缓冲装置，突出车体部分应不小于100mm。具体检验可用钢板尺测量。

（17）座舱牵引杆保险措施的监督检验。座舱的牵引装置必须设有效的保险措施，并进行逐一检查。

（18）紧急事故开关及开关形式的监督检验。按标准要求，操作室内明显处或站台上应设紧急事故开关，开关按钮应采用手动复位式。可在设备运转中按紧急事故开关，检验是否有效，此试验应不少于 3 次。

（19）大臂升降限位装置的监督检验。大臂升降必须有限位装置。要查阅设计图和资料，并对设备进行运行试验，检验限位控制元件是否灵敏可靠，此试验应不少于 3 次。

（20）吊舱升降限位控制装置的监督检验。吊舱升降必须设提升到最高和下降到最低位置时的限位装置。应查阅设计图纸和资料，并对设备进行运行试验，检验限位控制元件是否灵敏可靠，此试验不少于 3 次。

（21）碰碰车受阻不能运行时的电动机的监督检验。碰碰车受阻不能运行时，不允许烧坏电动机，并进行实际运行试验。

（22）电池车受阻不能前进时的电动机的监督检验。电池车受阻不能前进时，不允许烧坏电动机，并进行实际运行试验。

（23）绝缘电阻的监督检验。检验时应用绝缘电阻测试仪测量，带电回路与地之间的绝缘电阻应不小于 1MΩ。

（24）事故状态疏导乘客措施的监督检验。当动力电源突然断电或设备发生故障时，应有疏导乘客的措施。检验时可模拟事故状态，查看是否能将乘客顺利疏导下来。

（25）事故状态座舱降落措施的监督检验。当动力电源突然断电或设备发生故障时，应有使空中座舱降到地面的措施。座舱下降无法实现时，也应有使乘客安全返回地面的救护措施或方案。高度小于 10m 的，救护时间应在 30min 以内；高度 10 ~ 30m 的，救护时间应在 60min 以内；高度大于 30m 的，救护时间应在 2h 以内。监督检验时应模拟事故状态，进行手动“使空中座舱降落到地面的措施”的操作，查看是否安全可靠。

（26）避雷装置的监督检验。游乐设施高度超过 15m 时，应设避雷装置，避雷接地电阻应不大于 10Ω。

（27）空载运行试验的监督检验。整机运行应正常，启、制动应平稳，不允许有爬行和异常的振动、冲击、发热和声响等现象。监督检验时分别进行手动和自动试验，各试验应不少于 5 次。

（28）满载运行试验的监督检验。各乘人部分按额定载荷均布加载，整机运行应平稳，无异常振动、冲击、发热和声响等现象，并按实际工况连续运行不少于 3 个工作循环。

（29）偏载运行试验的监督检验。根据国家相关标准，要求做偏载试验的，应做偏载试验。

（30）零部件异常现象检查、应力测试的监督检验。各种运行试验中，零部件不应有永久变形及损坏现象。监督检验时要对零部件进行认真检查，必要时应进行应力测试。

（31）车速大于 5km/h 时的安全设施的监督检验。此车速的安全设施主要应设安全带，机械传动和车轮部位应设防止乘客碰触身体的防护设施等。监督检验时，应对此进行认真检查，防护设施必须安全可靠。

（32）电池车速度大于 5km/h 时的制动装置的监督检验。此车速应设制动装置，其制动距离应小于 4m。监督检验时，要求在坚实平整的车场或车道上，电池车在额定载荷下，沿直线以最高车速运行，从开始制动直至停止运行，测量出所经过的距离，测量应不少于 3 次，取其平均值。

（33）各游船稳性、渗漏的监督检验。各类游船在构造上应有足够的稳性，船体不得渗漏。

稳性试验的方法：①试验应在静水中或受水流影响较小的水域进行。②试验时船应正浮，不得有横倾。③试验应在满载情况下进行，可以用压载物代替载荷，压载物重心离座板上表面 200mm。④分别测量船的左、右干舷值，并将其平均，得到该船的干舷值。⑤倾斜力矩所采用的移动重量，取满载的 4%，将其分为两组，分别置于船中部两舷处，使船发生左倾和右倾各 1 次。⑥在船中部设置测锤 1 只，测锤有效长度为 2m，在测锤下设水平标尺，用以读取船左倾和右倾时测锤的偏测距离，以测定倾角值，也可采用精确的倾斜仪直接测量。

水密件试验要求：①水密性试验应在强度试验后进行，且试验前船内应保持清洁，不得涂漆。②船上载足相当于全部核定乘员及属具重量的压载物，静浮于水面 2h，钢质、玻璃钢船不得有渗漏现象，木质船浸入船内的水不得达到内龙骨的下边缘。③水密性试验不合格的船，允许消除缺陷后再试，直至合格。检验结束时应在相应自检记录（或报告）上盖“监检确认”标记。

（34）各类游船保护装置的监督检验。检验各类游船时，应检查游船有无承受碰撞的保护装置，船的吊环装置应安全可靠。

（35）船速大于 l5km/h 时配备救生衣的监督检验。游船行驶速度大于 15km/h 时，应按载客量配备救生衣，并对救生衣进行查看。

（36）偏载试验的监督检验。此项监督检验的方法是：游船在水上静放时，在船的一侧加入 1 / 2 额定载荷而不会倾翻。

（37）碰撞试验的监督检验。此项监督检验的方法是：两人力船全速运行相撞或两碰碰船全速运行相撞后不会倾翻。各项试验不少于 3 次。

（38）滑道表面的监督检验。此项检验可查看滑道表面是否平整光滑，接口处过渡圆角半径应不大于 3mm，且下口不高于上口。

（39）出厂资料的监督检验。查看游乐设施厂附带的合格证书、使用维护说明书及有关设计图纸等随机文件，并向用户提供备用配件和专用工具；同时检查产品合格证、产品质量证书内容是否正确齐全，最终签订手续是否完整无误。

2.B 类检验项目

（1）制造和检验标准的监督检验。应有符合有关要求的设计说明书、计算书及有关图纸。设计图纸所选用的制造、检验等标准，应为现行标准，必须符合相应的规范和安全技术要求。无损探伤方法、探伤比例和探伤的合格情况应分别符合有关规范、标准的规定。设计变更应办理设计更改文件审查的手续。

（2）游乐设施类别划分的监督检验。游乐设施的类别划分应符合《游乐设施安全技术监察规程（试行）》的规定。

（3）重要受力焊缝设计的监督检验。监督检验时要求焊缝设计必须遵守“等强度”原则，应符合《游乐设施安全技术监察规程（试行）》的规定。

（4）重要零部件材料证明的监督检验。重要零部件的材料必须有材质证明或力学性能检验报告，否则应取样检验。材料的化学成分、力学性能应符合有关标准。监督检验时还要查阅材料的材质证明。

（5）标准机电产品合格证的监督检验。标准机电设备应有产品合格证书，非标准机电设备必须经质量检验部门检验合格后方能使用。同时查阅合格证书，查阅非标准机电设备是否有符合要求的检验报告。

（6）车轮材料力学性能检验报告的监督检验。应查阅车轮材料力学性能检验报告。

（7）自检报告的监督检验。应查阅游乐设施安全质量自检报告。

（8）转盘桁架外端的监督检验。吊挂座舱的转舵桁架外端应在同一平面，其任一对最大偏差应不大于 40mm。对桁架外端同一基准测量应不少于 3 处。

（9）塔身弦杆和腹杆直线度的监督检验。塔身各节间弦杆和腹杆的直线度公差均应不大于其设计值的 1/800。监督检验时要查阅生产厂家的检验记录，必要时用仪器测量。

（10）经常与水接触的零部件检查的监督检验。经常与水接触的零部件应采用防锈材料或采取防锈措施，不应有严重锈蚀。

（11）液压和气动系统设置的监督检验。这项监督检验时要求每台（套）应设置单独的液压或气动系统。

（12）汽油机油箱密封装置的监督检验。这项监督检验时要求汽油机油箱应密封良好，不得有渗漏现象。

（13）油箱密封的监督检验。这项监督检验时要求内燃机小火车油箱应密封可靠，不得渗漏，并应进行运行试验。

（14）重要轴、销轴材料及其表面硬度的监督检验。重要轴和销轴宜采用力学性能不低于 45 号钢的材料，调质后的硬度一般应为 HB200 ~ 280。监督检验时，还应查阅重要轴和销轴材料证明。必要时，用硬度计测量重要轴和销轴表面硬度，在同一轴的不同位置一般应测量不少于 3 次，取其平均值，被测的每两个相邻点之距离应不小于 3mm，重要轴、销轴抽检率应达 20%。

（15）电动机、减速机连接的监督检验。电动机和减速器连接应良好，并要进行运行试验。

（16）转向机构的监督检验。转向机构应灵活、可靠，不应有卡滞现象。对此，需进行运行试验。

（17）转动平台面的监督检验。转动平台台面应有防滑措施。

（18）乘人舱门锁紧装置的监督检验。这项监督检验时要求距地面 1m 以上封闭乘人舱门，必须设乘人在内部不能开启的 2 道锁紧装置。非封闭座舱进出口处的拦挡物，也应有带保险的锁紧装置。应能保证运行中不会自行开锁。每处锁紧装置应逐一进行检查。

（19）吊厢吊挂轴的保险装置。吊厢的吊挂轴处应设有效的保险装置。监督检验时逐一检查吊挂轴处的保险装置。

（20）非封闭式吊厢安全措施和安全距离的监督检验。封闭式吊厢，必须设防止乘客在运行中与周转结构物相碰撞的安全装置，或留出不小于 500mm 的安全距离。无安全措施时，应检查安全距离是否符合要求，检查安全距离应用钢卷尺（或钢板尺）测量吊厢内侧上缘在运行过程中距结构物（或障碍物）最近处的距离。

（21）防止吊厢摆动装置的监督检验。转盘直径超过 40m 时，应设防止吊厢摆动装置，并进行手动试验和满载运行试验，防摆装置调节松紧应适度。此项监督检验时需逐一检查。

（22）吊厢门窗玻璃的监督检验。吊厢门窗玻璃应采用不易破碎的材料，并需查阅有关图纸，对每个吊厢门窗玻璃逐一进行检查。

（23）小火车车辆连接器的监督检验。车辆连接器必须安全可靠、转动灵活。对此，需进行运行试验，对每处连接器应逐一检查。

（24）侧轮或轮缘与轨道间隙的监督检验。这项监督检验时要求侧轮或轮缘与轨道间隙每侧应不大于 5mm。检验时对目测间隙较大处应用塞尺测量，并且测量应不少于 3 处，取最大值。

（25）侧轮、底轮与轨道间隙的监督检验。侧轮与轨道每侧的间隙、底轮与轨道的间隙应调整适宜。这项检验需进行运行试验。

（26）缓冲轮胎的监督检验。碰碰车车架四周应设缓冲轮胎，缓冲轮胎应突出车体和装饰不小于 30mm。突出车体及装饰物尺寸用钢板尺测量，检验时每辆车测量应不少于 2 次，取最小值。

（27）玻璃钢件表面的监督检验。这项监督检验需检查以下 3 个方面：①表面不允许有裂纹、破损等缺陷，转角处过渡要圆滑；②触及乘客的内表面应整洁，不得有玻璃布头显露；③玻璃钢件边缘应平整圆滑，无分层。

（28）玻璃钢件与受力件直接连接时预埋金属件的监督检验。玻璃钢件与受力件直接连接时，应预埋金属件。检验时应查阅相关图纸。

（29）电池车缓冲装置的监督检验。电池车车体必须设缓冲装置，并安全可靠，缓冲装置突出车体的尺寸：当车速不大于 5km/h 时，不得小于 20mm；当车速大于 5km/h 时，不得小于 50mm。检验时需用钢板尺测量突出尺寸，每辆车按要求测量不少于 2 次（不同处），取最小尺寸。

（30）工作电压不大于 50V 电源变压器的监督检验。工作电压不大于 50V 的电源变压器的初、次级绕组间要采用相当于双重绝缘或加强绝缘水平的绝缘隔离，变压器的初、次级绕组间的绝缘电阻应不小于 7MΩ。变压器绕组对金属外壳间的绝缘电阻应不小于 2MΩ 检验时要查阅设计图纸和资料，工作电压不大于 50V 的电源变压器的初、次级绕组间，是否采用相当于双重绝缘，或加强绝缘水平的绝缘隔离，使用绝缘电阻测试仪测量变压器的初、次级绕组间和绕组对金属外壳间的绝缘电阻数值。

（31）手动和自动控制的监督检验。采用自动控制或联锁控制时，应使每台电气设备能单独进行手动控制。检验时要查阅设计图纸和资料，检查转换手动 / 自动控制，检验电气设备能否单独手动控制。

（32）乘客操作电器开关的监督检验。乘客操作的电器开关应采用不大于 24V 的安全电压。检验时要查阅设计图纸和资料，检验电气设备标牌，必要时使用电压表测量。

（33）音响和信号装置的监督检验。游乐设施应设提醒乘客和行人注意安全的音响等信号装置。要采用耳听和目测方法检验装置是否符合要求，音响是否清晰明亮。

（34）集电器的监督检验。这项监督检验要求电刷和滑环应接触良好，外露的集电器必须设防雨罩。电刷和滑环接触火花应不大于 1.5 级。

（35）操作室的监督检验。这项检验要求有操作室的应单独设置。操作室视野应开阔，能看清人员上下及运行情况。

（36）车辆间电缆连接电器插头的监督检验。这项检验要求车辆间电缆（线）连接设有电器插头。

（37）防止超速的控制装置的监督检验。游乐设施有超速可能的，应设防止超速的控制装置。检验时要通过查阅设计图和资料，对设备进行运行试验，检验防止超速的控制元件是否灵敏可靠，此试验应不少于3次。

（38）电压及安全栅栏的监督检验。滑接线电压大于50V或标高低于2.5m应设置安全栅栏。检验时，要查阅设计图和资料，检验电气设备标牌，必要时使用电压表进行测量；要使用米尺测量滑线接线标高，检查是否应设置安全栅栏。

（39）上下电极板直流馈电的碰碰车摩电弓和正极板接触的监督检验。这项检验要求摩电弓与正极板应接触良好，摩电弓座应灵活可靠。摩电弓与正极板接触火花应不大于1.5级。

（40）上下电极板直流馈电的碰碰车车上短路保护装置的监督检验。每辆车上应设短路保护装置。检验时，要通过查阅设计图纸资料和拆检，进行检验。

（41）地板馈电的碰碰车滑接器与电极板接触的监督检验。这项检验要求滑接器与正极板应接触良好，滑接器座灵活可靠。滑接器与正极板接触火花应不大于1.5级。

（42）地板馈电的碰碰车车上短路保护装置的监督检验。每辆车上应设短路保护装置。检验时，要查阅设计图纸和资料，并进行拆检。

（43）蓄电池为动力的碰碰车蓄电池的监督检验。这项检验主要检查蓄电池应密封良好。

（44）蓄电池为动力的碰碰车主电路短路保护的监督检验。每辆车上应设短路保护装置。检验时，要查阅设计图纸和资料，并进行拆检。

（45）风速计的监督检验。这项检验要求距地面高度超过20m的游乐设施应设风速计。风速计应在离地10m处安装，并用手持式风速计进行比较。

（46）提升钢丝绳断绳保护的监督检验。提升钢丝绳应设有效的断绳保护装置。检验时，要在现场查看保护装置是否完好、有效。

（47）加速和制动的标志的监督检验。这项监督检验主要是查看加速和制动装置是否有明显标志。

（48）安全标识的监督检验。这项监督检验主要查看游乐设施是否有醒目的安全标识。

（49）运行速度的监督检验。车辆运行速度应按标准、设计参数校核。这项检查应用测速仪测量，一般测量不少于3次，取其最大值（滑行车运动速度最快的轨段处测量）。

（50）提升速度的监督检验。车辆提升速度应按标准、设计参数校核，检查时，还应进行实际测量。

（51）大臂升降的监督检验。大臂在升降过程中不应有异常抖动现象，启动和停止时不应有明显的冲击现象。检查时，要进行查看和实际测量。

（52）立柱导向装置的监督检验。塔身立柱的导向装置应安全可靠。检验时，需按实际工况结合满载运行试验进行查验。

（53）碰碰车运行的监督检验。碰碰车运行应正常，启动时不应有明湿打滑现象，不允许有异常的振动、冲击、发热和声响等现象。碰撞试验时，零部件不应有破损和变形，并且整机不发生任何故障，仍能正常行驶。满载运行试验时，各车内应按额定载荷加载，并按实际工况连续运行。两车在额定载荷、最高车速、缓冲器在规定气压情况下，连续碰撞应达 10 次。超载运行试验时，在碰碰车内加入 120% 额定载荷，连续运行 5min。

(54) 电池车运行的监督检验。电池车启动时，不应有明显打滑现象，并应运行正常。不允许有异常的振动、冲击、发热和声响等。满载运行试验时，在电池车内，按额定载荷加载，按实际工况应连续运行 1h。超载运行试验时，在电池车内加入 120% 额定载荷，启动后运行 5min。碰撞试验时，要求在额定载荷、最高车速状态下，车速不大于 5km/h 的电池车向刚性墙壁垂直连续碰撞不少于 3 次，或车速大于 5km/h 的电池车向车道缓冲拦挡物垂直连续碰撞不少于 3 次，零部件均不应有破损和变形，且整机不应发生故障，仍能正常行驶。

（55）各类无动力船的操纵杆、脚踏曲柄的监督检验。各类无动力船的操纵杆，脚踏曲柄回转应轻便灵活，不允许有卡滞现象。其回转力、方向操纵灵活、可靠。

（56）各类游船安全扶手及座位的监督检验。各类游船应设安全扶手，座席位置应牢固。安全扶手、座席位置应逐一检查。

（57）额定载荷试验的监督检验。游船按实际工况加入额定载荷后，干舷（至水面距离）应在 150 ~ 200mm。碰碰船船沿至水面距离不得小于 300mm。用钢板尺在不同位置测量应不少于 3 次，其中碰碰船应取最小值。

（58）机动船发动机的监督检验。机动船所选发动机应易于启动和运转可靠，并安装牢固，安装处应具有足够刚性。机动船需按下列方法和要求进行动力装置可靠性试验及速度测定：①试验应在宽敞的水域并在满载状态下进行。②发动机在全负荷下连续运转 4h，整个过程发动机运转应正常、可靠、固定牢固，同时核查轴系运转情况，观察冷却、润滑系统的工作情况。③发动机由全负荷至停车，试验应不少于 5 次。④速度测定时，尽可能在风平浪静的水域中进行。水域深度应不小于 2m。测速标杆之间的距离建议不小于 100m，并需重复测定 3 次，所得平均速度应符合规定。

（59）机动船螺旋桨轴线至船舶空载水平面距离的监督检验。螺旋桨轴线至船舶空载水线面的距离应大于 $0.7d$（$d$ 为螺旋桨直径）。检验时需用卡尺、钢板尺测量螺旋桨直径，测量轴线至水面线的距离。

（60）机动船碰碰船浮圈充气压力的监督检验。碰碰船浮圈的充气压力应不大于 0.3MPa。监督检验时，应用测量充气压力的仪表测量。

（61）水上自行车满负荷时脚蹬距水面高度的监督检验。水上自行车满负荷时，脚蹬距水面距离应不小于 80mm。检验时，脚蹬应翻转到离水面最近处测量。在不同地点测量不少于 3 次，取最小值。

（62）下滑方式标牌的监督检验。这项检验需要查看在滑梯明显处应设置下滑方式的标牌。

（63）滑道改变角度时，游客滑行的监督检验。滑道在改变角度和方向时，不允许产生游客在滑道上翻滚和明显的弹跳现象。该项检验需滑行试验，不少于 20 人次。

（64）最外侧滑道中心线距水池侧壁水平距离（成人、儿童）的监督检验。滑梯最外侧滑道中心线距水池侧壁的水平距离，成人和儿童滑梯均应不小于 1.5m。检验时可用钢卷尺测量距水池侧壁最小处的水平距离。

（65）滑梯出口安全距离的监督检验。成人池长沿滑行方向应不小于 10m，借助于载体滑行的池长也应适当加长。儿童池长沿滑行方向不小于 4m。检验时可用钢卷尺（大于 10m）测量，由滑道出口处端面至其对面的池壁距离。

（66）起点处横杆高度的监督检验。在滑道起点处必须安装高度为 1.1m 的横杆。检测时可用钢卷尺测量，由横杆下部到滑道表面的最大距离，高度偏差应为 ±10mm。

（67）滑道末端距水池水面高度（成人、儿童）的监督检验。滑道末端距水池水面高度，成人滑梯不得大于 300mm，儿童滑梯不得大于 200mm。检验时可用钢板尺测量。

3.C 类检验项目

（1）“乘客须知”的监督检验。这项检验要求使用单位必须制定“乘客须知”，并看是否在明显的地方公布。

（2）地脚螺栓的监督检验。地脚螺栓连接必须采取防止松动措施，不应有严重腐蚀、锈蚀。要检查地脚螺栓连接是否牢固可靠，并用扳手抽查。

（3）重要零部件间螺栓、销轴连接的监督检验。这项检验要求零部件间采用螺栓连接时，应采取防止松动措施；用销轴连接时，应采取防止脱落措施。还要检查零部件间螺栓连接是否牢固可靠。

（4）焊缝表面质量检验的监督检验。这项检验要求焊缝不应有影响安全的漏焊、烧穿、裂纹、气孔、夹渣、严重咬边、焊瘤熔渣及焊高不够等缺陷。

（5）塔节对角线长度差的监督检验。在塔节对接处横截面内，两对角线长度差应不大于该机横截面最大边长设计值的 1/1000，在非对接处横截面内应不大于 1 / 800。检验时，可查阅有关检验记录，必要时，在塔节对接处（或二者对接处）分别测量其两对角线的长度，算出各截面对角线的差值。

（6）桁架端面滑轮中心线对水平面的高差的监督检验。这项检验要求各桁架外端面应在同一水平面上，其任一对桁架端部滑轮中心线对同一水平面的高差应不大于 40mm。对同一基准测量不少于 2 对桁架外端。

（7）系统过压保护装置的监督检验。查看在油路或气路系统中有没有安装不超过额定工作压力 1.2 倍的过压保护装置。

（8）油质及油箱密封的监督检验。这项检验要求液压系统在装配前，接头、管路及油箱内表面必须清理干净，不得有任何污物存在。使用的液压油应保持清洁、无杂质。油箱密封良好、无渗漏。

（9）系统渗漏的监督检验。液压系统不应渗漏油，气动系统不应有明显的漏气现象。此项检查应在满载运行试验后进行。

（10）油缸（气缸）保险装置的监督检验。乘人部分由油缸或气缸支撑升降的，当压力管道、胶管及泵等损坏而产生急剧下降时，应设保险装置。检验时，应查阅资料，必要时，模拟压力管道、胶管及泵损坏的情况下，查看乘人部分的支撑是否会急剧下降，并试验 1 次。

（11）消声器工作状态的监督检验。这项检验要对消声器的工作状态进行检查，工作是否能达到消声的标准。

（12）内燃机车的监督检验。内燃机的油箱密封必须安全可靠，不得有渗油现象。减速器、离合器、消声器工作状态良好。加速和刹车机构应有明显标志。后制动装置应灵活可靠。检验方法可以是手动试验、运行试验和对油箱密封检查。

（13）皮带和滚子链传动的监督检验。这项检验要求皮带和滚子链传动应拉紧适度，其装配要求应符合 GB 50231—1998 中第八节有关规定。皮带的磨损状态应符合 GB 8408—2018 的规定。三角带、平带及槽形带的带表面局部应无破损、老化、断裂，带连接部应无伤痕、剥离；如有裂痕出现，应及时更换。

（14）润滑及渗漏的监督检验。轴承及接触表面有相对运行的部位，应有润滑措施，并便于添加润滑剂，不允许出现油滴现象，无相对运动部位不应渗油。此项检验应在额定载荷下进行。

（15）减速机及摩擦离合器的监督检验。减速机及磨擦离合器应平稳可靠。检验时应做运行试验。

（16）提升装置的监督检验。提升装置应安全可靠。在提升时不应产生异常的冲击振动。检验时应做运行试验。

（17）提升段停车后启动的监督检验。在提升段，当动力电源突然断电或设备发生故障而停车时，滑行车应能重新启动。检验时，模拟事故状态条件下满载试验应不少于 2 次。

（18）乘人部分框架材料的监督检验。乘人部分框架必须采用金属材料，座席宜采用软质、木质或玻璃钢等材料制造。检验时，可现场查看并查阅有关图纸。

（19）乘人部分尺寸的监督检验。这项监督检验有如下具体要求：座席距地面最大高度 5m 以下时，座舱深度不小于 550mm。座席靠背高度不小于 300mm。座席距地面最大高度 5m 以上时，座舱深度不小于 800mm。座席靠背高度不小于 400mm。当设有安全杠和安全带等设施时，可适当减少座舱深度。乘人座席宽度每人应不小于 400mm，专供儿童乘坐的每人应不小于 250mm。检验时，对座席靠背高度，需测量座席表面到靠背上边缘距离；座席宽度，需测量其两内侧面距离，座席上、下宽度不同时，应取其最大和最小宽度的平均值；相同形式的座席测量应不少于 3 个，取其最小尺寸，不同形式的座席，测量尺寸最小的一种。

（20）赛车防护覆盖装置的监督检验。检验时要查看赛车的驱动和传动部分及车轮应设有效的防护覆盖装置。

（21）吊厢门窗防护栏的监督检验。吊厢门窗应加防护栏，乘客头部不能伸出窗外。检验时要对每个吊厢逐一检查。

（22）车轮装置的监督检验。车轮装置应转动灵活，润滑、维修方便。检验时，应进行手动试验和运行试验。

（23）橡胶充气轮胎压力的监督检验。采用橡胶充气轮胎的，充气压力应适度。检验时，应进行运行试验，必要时，用测量充气压力的仪器测量。检验是否符合橡胶充气轮胎使用要求。

（24）电动机满载电流的监督检验。电动机满载电流应不大于电动机的额定电流值。检验时，按设计条件进行满负荷运转，等运转平稳后，用电流表测量电动机电流值，测量次数不少于 3 次。

（25）装饰照明的监督检验。乘客易接触的高度小于 2.5m 或安全距离小于 500mm 范围内的装饰照明电压应不大于 50V。检验时，要查阅设计图纸和资料，查看电气设备标牌，必要时，使用电压表测量。

（26）控制系统的监督检验。控制系统必须满足游艺机工况要求。检验时，要查阅设计图纸和资料，并对设备进行空载和满载运转试验，检查运转工况是否与设计要求一致，此项试验应不少于 3 次。

（27）控制元件及操作按钮、信号标志灯等颜色的监督检验。控制元件应灵敏可靠、操作方便，操作按钮等应有明确标志。检验时，要对设备进行空载和满载运行试验，检验控制元件是否灵敏可靠、动作到位，操作是否方便；目测检验信号灯、按钮等是否有明确标志，颜色是否符合要求。

（28）座舱升降支承臂限位控制装置的监督检验。座舱升降支承臂应设限位装置。检验时，要查阅设计图纸和资料，并对设备进行空载和满载运行试验，检验限位控制元件是否灵敏可靠，此项试验不少于 3 次。

（29）地板馈电的碰碰车馈电电压的监督检验。馈电电压应不大于 50V。检验时，要查阅设计图纸和资料，查看电气设备标牌，必要时，使用电压表测量。

（30）阶梯的监督检验。进出口的阶梯纵向宽度不小于 240mm，高度为 140 ～ 200mm；进出口为斜坡时，坡度应不大于 1 ：6；有防滑花纹的斜坡，坡度不大于 1 ：4。检验时应用钢板尺和测量坡度的仪器测量。测量不少于 2 个台阶，宽度取最小值；在不同斜坡处测量应不少于 2 次，取最大值。

（31）圆周速度、大臂倾角的监督检验。这项检验要按标准、设计参数进行校核。检验时应测量圆周速度及大臂端部上升到最高位置时的倾斜角度。测量不少于 3 次，取其平均值。

（32）吊舱着地缓冲装置的监督检验。落地式飞行塔的吊舱着地支脚处应有缓冲装置。检验时需满载运行试验，逐一进行检查。

（33）座舱升降的监督检验。座舱在升降过程中不得有抖动现象，启动和停止时不得有明显的冲击振动。检验时，需满载运行试验。

（34）电池车及类似游乐设施安全的监督检验。此类游乐没施应设安全把手和脚踏板，检验时，应到现场查看。

（35）机动船快艇最大行驶速度的监督检验。快艇最大行驶速度应小于 25km/h。检验时，需用测速仪测量。速度测定时，尽可能在风平浪静的水域中进行；水域深度应不小于 2m；测速标杆之间的距离建议不小于 100m。需重复测定 3 次，所得平均速度应符合相关的规定。

（36）机动船碰碰船最大行驶速度的监督检验。碰碰船最大行驶速度应小于 10km/h。检验时，用测速仪测量。测定时，应尽可能在风平浪静的水域中进行；水域深度应不小于 2m；测速标杆之间的距离建议不小于 100m。重复测定 3 次，所得平均速度应小于 10km/h。

（37）机动船动力和传动部分防护遮挡装置的监督检验。这项检验主要查看机动船的动力部分和传动装置，是否采用防护遮挡装置与乘客严格分开。

（38）水上自行车满负荷时车轮吃水深度的监督检验。水上自行车满负荷时，车轮吃水深度应不大于车轮直径的 1 / 3。检验时，需用钢卷尺测量车轮直径和车轮吃水深度，测量不少于 3 次，车轮直径取平均值，吃水深度取最大值。

（39）滑道材料的监督检验。滑道材料一般采用玻璃钢、不锈钢及水泥等，玻璃钢滑道壁厚一般应不小于 6mm，不锈钢滑梯壁厚一般应不小于 3mm。检验时，用游标卡尺测量其外露的边缘处，并且测量不少于 3 次，取最小值。

（40）滑道剖面尺寸的监督检验。滑道剖面尺寸应符合 GB 18168—2017 的规定。检验时，用钢板尺和钢卷尺在不同地点测量，测量应不少于 3 次，取最小值。滑道剖面为矩形时，其滑道宽应不小于 600mm；深应不小于 280mm（均为净空尺寸）。滑道剖面为半圆形时，其滑道宽应不小于 800mm；深应不小于 500mm（均为净窄尺寸）。滑道剖面为封闭式时，其滑道宽应不小于 800mm，高应不小于 1000mm。截面为圆形滑道时，其直径应不小于 1000mm。借助于工具滑行的尺寸应适当加大（均为净空尺寸）。

（41）滑道护板、护栏及侧面加高的监督检验。检验时，对滑道剖面为半圆形的滑梯，必须设置防止人从侧面摔下的护板或护栏；滑道剖面为半圆形的滑梯，在角度变化处滑道侧面应适当加高。滑道剖面为半圆形时，其滑道宽应不小于 800mm，深应不小于 500mm（均为净空尺寸）。

（42）滑道相关尺寸的监督检验。多滑道的，其相邻滑道中心线距离应不小于 900mm。单道或多道滑道边缘距护板或护栏不得小于 100mm。对高度不同的组合滑梯，其组合处滑道中心线的垂直距离不得小于 1400mm。检验时，需用钢卷尺分别在不同处测量，每处测量不少于 3 次，分别取最小值。

（43）滑梯刚度、强度检查的监督检验。检验时查看滑梯是否有足够的刚度和强度。

（44）上抛入水滑梯末端距水池面高度及上抛角度的监督检验。上抛入水的滑梯末端距水池水面高度应低于 1200mm，上抛角度应不大于 30°。检验时，需用卷尺测量由滑道末端最低表面至水池水面的高度，用测量角度的仪器测量上抛角度（滑道末端与水平面的夹角）。

（45）曲线形滑梯下滑速度的监督检验。曲线形滑梯最高下滑速度应小于 7m/s。检验时，需用测速仪分别测量每条曲线形滑道不少于 3 次，并分别取最大值。

（46）儿童滑梯高度及倾角的监督检验。儿童滑梯高度低于 3m 时，其滑道倾角应不大于 25°；高度在 3 ~ 5m 时，倾角应不大于 15°。检验时需用钢卷尺、测量倾角的仪器测量。

（47）外观和涂装的监督检验。检验时要注意，不应有影响外观的碰伤、龟裂和粗糙不平现象，电镀件表面应平滑、光亮、均匀。金属外露件不应有锈蚀现象。

## 四、监督检验结果的处理

特种设备监督检验结果的处理主要有以下步骤。

### （一）发送《特种设备安全质量监督检验工作联络单》

在监督检验过程中，出现下列情况之一的，监检人员应当及时填写并向受检单位发出《特种设备安全质量监督检验工作联络单》（以下简称《联络单》）一式 3 份，其中 1 份存档，2 份送受检单位（处理后 1 份返回监检机构）。

（1）出厂随机文件本身有一般性缺陷（签署不全、表述不清晰或不准确、项目未填写齐全等，下同）。

（2）施工方案编制不全面或者有一般性缺陷。

（3）必要的设计计算书、操作工艺、图纸等有一般性缺陷。

（4）开箱检查记录、土建检查记录、隐蔽工程记录、电气调试记录、试运转记录、自检报告等工作见证有一般性缺陷。

（5）经现场监检确认，土建施工质量有缺陷。

（6）经现场监检确认，安装检过程存在一般缺陷但不影响整机质量、安全和性能。

（7）经现场监检确认，施工质量自检报告中存在着不符合实际的结论。

（8）施工单位的质量管理体系运转存在一般性问题，检验人员认为有必要改进的。

**（二）填写《特种设备安全质量监督检验意见通知书》**

在监督检验过程中，出现下列情况之一的，监检人员应当及时填写《特种设备安全质量监督检验意见通知书》（以下简称《意见书》），经技术负责人批准并加盖本院公章后，向受检单位发出：一式 4 份，其中 1 份存档，2 份送受检单位（处理后 1 份返回监检组），1 份同时抄送给当地特种设备安全监察机构。

（1）受检单位未提供监检项目表中所规定的工作见证。

（2）经监检确认所提供的工作见证中出现严重的不符合要求或者结论性错误。

（3）针对同一问题，已发出《联络单》2 次及以上而仍未解决问题。

（4）整机验收检验时有重要项目不合格，或者一般项目不合格达到 5 项及以上。

（5）主要受力构件对接焊缝无损检测不符合要求。

（6）重要零部件不合格、重要轴、销轴未探伤。

（7）施工单位的质量管理体系运转存在严重问题。

（8）其他严重不符合相应的监督检验规程、《规则》和本细则的情况。

**（三）整改确认**

（1）检验人员接到返回的《联络单》后，应当采取现场验证、查看整改见证资料或者整改报告等方式确认存在问题是否已经解决，符合要求的，方可填写监检项目表中相应的项目。

（2）检验人员接到返回的《意见书》后，应当采取重新确认的方式，确认存在问题是否已经解决，符合要求的，方可填写监检项目表中相应的项目。

从目前情况看，一方面，由于游乐设施监督检验的相关法规还在制定，监检工作还没有在全国范围内正常施行；另一方面，游乐设施制造厂家对监检工作的重要性认识不足，管理体系不健全，自检工作不到位，相应的记录不完整，因此这一环节的法定检验工作还有待进一步加强。但随着国家相关法规的制定和对游乐设施制造厂家监检工作经验的积累，这项工作必将取得很大进展。

## 五、定期检验

特种设备的定期检验是特种设备安全的重要保证，是法定检验的重要一环。定期检验是指定期检查验证特种设备的安全性能是否符合安全技术规范。根据《特种设备安全监察条例》（国务院令第 549 号）第二十八条的规定，特种设备使用单位应当按照安全技术规范对游乐设施定期检验的要求，在安全检验合格有效期届满前 1 个月，向特种设备检验检测机构提出定期检验的要求。检验检测机构接到定期检验要求后，应当按照安全技术规范的要求及时进行安全性能检验和能效测试。特种设备检验、检测机构对特种设备进行定期检验、定期检查，目的就是及时发现存在的缺陷，提出处理意见，使缺陷能够得到及时的解决，确保特种设备的安全运行。在定期检验、检测结束后，检验、检测机构必须及时地出具报告，告知使用单位，报告上必须准确地表明存在的缺陷和是否可以继续使用的结论意见。对存在不允许继续使用的缺陷，要报告当地特种设备安全监督管理部门。

做好在用特种设备的定期检验工作，是特种设备安全监督管理的一项重要制度，是确保安全使用的必要手段。所有特种设备在运行中，因腐蚀、疲劳、磨损，都随着使用的时间，产生一些新的问题，或原来允许存在的问题逐步扩大，产生事故隐患，通过定期检验可以及时发现这些问题，以便采取措施进行处理，保证特种设备能够运行至下一个周期。特种设备使用单位应当按照安全技术规范的要求，在检验合格有效期届满前一个月向所在辖区内有相应资质的特种设备检验机构提出定期检验要求。

特种设备在使用过程中，受环境、工况等因素的影响，会产生裂纹、腐蚀等新生缺陷及安全附件和安全保护装置失效等问题，会直接导致发生事故或增加发生事故的概率。在使用单位自行检查、检验检测和维修保养的基础上，通过定期检验，可以进一步加强和及时发现特种设备的缺陷和存在的问题，有针对性地采取相应措施，消除事故隐患，是特种设备在具备规定安全性能的状态下，能够在规定周期内，将发生事故的概率控制在可以接受的程度内。

设备投入使用后，运营使用单位应加强设备的日常管理和维护保养工作，为有效督促企业落实设备的日常检查工作，及时发现并消除安全隐患，《特种设备安全法》和《特种设备安全监察条例》建立了定期检验制度，定期检验是指定期检查验证大型游乐设施的安全性能是否符合安全技术规范的一些强制性技术措施，设备的定期检验如同对人进行一次规定项目的体检，依据“健康指标”给出设备各项安全技术指标的具体情况。对日常检查和定期检验发现的问题，运营使用单位可以根据自身的安全需求，委托相关单位提供技术服务，保障设备的安全技术性能。运营使用单位应当根据安全技术规范的要求、设备的使用状况，制订年度定期检验计划，做好定期检验准备，定期检验由运营使用单位在检验合格有效期届满一个月前向具有相应资格的特种设备检验机构申请。

特种设备检验机构接到运营使用单位的申请后，实施定期检验工作，检验结束后，检验机构及时出具检验报告，交付运营使用单位存档。定期检验的程序、要求、检验项目等内容在安全技术规范中有相应规定，检验机构应严格按安全技术规范的要求进行定期检验，不得随意减少检验项目、降低检验要求。

**（一）现场检验条件与检验结果的判定**

定期检验时，由检验人员到现场进行检验，首先要对检验条件进行判定，符合要求后实施检验工作，并判定合格与否。

（1）现场检验条件。对大型游乐设施实施现场检验应具备下列检验条件：①温度、湿度、照明及室外气候条件能满足游乐设施正常运行及检验作业的要求。②输入电气系统的电压正常，电压波动在允许值以内。③检验现场不应有与游乐设施工作无关的物品和设备，相关现场应放置表明正在进行检验的警示牌。

需要指出的是，对于不具备现场检验条件的游乐设施，继续检验可能造成安全和健康损害的，检验人员可终止检验。

（2）检验结果的判定。游乐设施定期检验判定合格，应具备以下条件：①重要项目全部合格，一般项目不合格不超过 5 项（含 5 项）且满足本条第 3 款要求时，结论可以判定为合格。②水上游乐设施重要项目全部合格，一般项目不合格不超过 3 项（含 3 项）且满足本条第 3 款要求时，结论可以判定为合格。③对上述两款条件中不合格但未超过允许项数的一般项目，检验机构应当出具整改通知单，提出整改要求。只有在整改完成并经检验人员确认合格后，或者在使用单位已经采取了相应的安全措施，在整改情况报告上签署监护使用的意见后，方可判定为合格。

凡不合格项超过规定的，均判定为“不合格”。对判定为“不合格”的游乐设施，使用单位或施工单位修理整改后，可以申请复检。

**（二）定期检验项目和要求**

1. 重要项目检验

（1）重要焊缝磁粉（或渗透）探伤的检查。重要焊缝应进行不低于20%的磁粉（或渗透）探伤。磁粉（或渗透）探伤方法按照JB/T 4730标准相关规定进行，缺陷等级评定应不低于Ⅲ级。

（2）防止车辆逆行装置及疏导乘客措施的检查。车辆沿斜坡牵引时，应设防止车辆逆行装置和疏导乘客的安全走道。列车或车辆（满载）完全进入斜坡段后，停止牵引，查看防止车辆逆行装置是否起作用，是否安全可靠，此项试验应不少于2次。另应查看安全走道的具体情况，如扶手、防滑措施、牢固程度等。

（3）重要轴、销轴超声波和磁粉（或渗透）探伤的检查。滑行车的车轮轴、立轴、水平轴、车辆连接器的销轴、陀螺转盘油缸、吊厢等处的销轴、飞行塔吊舱吊挂轴、赛车车轮轴、自控飞机大臂、油缸、座舱处的销轴、观览车吊舱吊挂轴、单轨列车连接器销轴等每年应进行不低于20%的超声波与磁粉（或渗透）探伤。转马中心支承轴、旋转座舱立轴和曲柄轴、轨距不小于600mm的小火车车轮、连接器销轴、架空游览车的车轴、连接器等重要轴、销轴及水上游乐设施的重要零部件，至少在大修时应进行探伤。超声波探伤方法按照GB/T 34370标准相关规定进行，缺陷等级评定不低于A级。磁粉（或渗透）探伤方法按照GB/T 34370标准相关规定进行，缺陷等级评定不低于Ⅲ级。

（4）乘人部分钢丝绳的检查。钢丝绳端部必须用紧固装置固定，固定方法一般应符合GB 8408—2018的要求。提升钢丝绳必须设有防止钢丝绳过卷和松弛的装置，钢丝绳的终端在卷筒上应留有不少于3圈的余量。通过运行试验，检查提升钢丝绳终、始位置是否有可靠的限位或其他防止钢丝绳过卷和松弛装置。

钢丝绳的断丝、磨损等缺陷不得超过GB 8408—2018的要求。检验时，需目测检查，并用卡尺测量直径，必要时进行探伤。

（5）制动装置的检查。制动装置动作必须协调可靠，确保车辆进站顺利，并需进行运行试验，启动、运行、制动，试验应不少于5次。要求当动力电源突然断电或设备发生故障时，制动装置仍需保证正常工作。并且模拟事故状态，观察车辆是否能顺利进站，并停位准确，停位是否方便乘客上、下。此试验可进行1次。

（6）赛车与小火车制动装置的检查。制动装置必须安全可靠。赛车最大刹车距离应小于7m，小火车最大刹车距离应小于8m。

检验时，刹车距离是赛车或小火车以额定载荷最大运行速度，从开始制动，直至停车所经过的距离。此项试验应重复进行不少于2次。所测得的刹车距离，取其平均值。

（7）飞行塔制动装置的检查。升降系统的制动装置必须为带闭式，并有可调措施；制动装置必须安全可靠。按实际工况，做上、下运行试验，当吊舱在上或下的过程中，突然断电，此时制动装置必须起作用，安全可靠。吊舱上或下的运行、停止试验，应分别不少于2次。

（8）把手、安全带或安全压杠的检查。车厢或封闭式座舱必须设有安全把手、安全带（宽30mm以上，承受拉力不小于6000N）或安全压杠，安全压杠不应有影响安全的空行程，动作应可靠，并进行手动试验：用钢板尺测量安全带的宽度。每条安全带测量1次，不少于 3 条安全带，取最小值。同时逐一检查安全设施。

（9） 乘人部分进出口的检查。乘人部分的进出口，应设有门或代替门的装置、拦挡物；当无法设置时，则应设安全把手、安全带等或其他安全措施。每处的安全措施应逐一进行检查。

（10）车辆连接器及保险装置的检查。车辆连接器连接应有效可靠并必须设保险装置。

（11）吊挂乘人部分保险措施的检查。乘人部分的吊挂装置应设有效的保险措施。对每处保险措施逐一进行检查。

（12）吊舱吊挂保险措施。吊挂乘人部分的钢丝绳不得少于两根，直径不得小于 12mm，并进行外观检查，用卡尺测量。对吊挂乘人部分钢丝绳逐一进行检查。

（13）碰碰车防冲撞缓冲装置的检查。碰碰车应设防冲撞的缓冲装置，突出车体部分应不小于 100mm，方法为用钢板尺测量。

（14）座舱牵引杆保险措施的检查。座舱的牵引装置必须设有效的保险措施。对保险措施应逐一检查。

（15）滑行类车辆防撞缓冲装置的检查。在同一轨道上有 2 辆以上（含 2 辆）同时运行时，必须设防撞的缓冲装置或措施，并需进行运行试验。

（16）接地要求和接地电阻的检查。电气设备金属外壳等必须可靠接地，低压配电系统保护接地电阻应不大于 10Ω，查阅设计图纸和资料，检查电气设备金属外壳等是否做电气接地连接，并用接地电阻测试仪测量接地电阻实际数据。

（17）紧急事故开关及开关形式的检查。按标准要求，操作室内明显处或站台上应设紧急事故开关，开关按钮应采用手动复位式。站台上紧急事故开关可以根据现场情况而设；对设备运转中所按的紧急事故开关，应检验是否有效，试验应不少于 3 次。

（18）防止滑行类车辆相互碰撞的自动控制装置的检查。同一轨道有两组以上车辆运行时，必须设有车辆防止相互碰撞的自动控制装置。查阅设计图纸和资料，检查设备运行试验车辆防止相互碰撞的自动控制装置是否有效，试验应不少于 3 次。

（19）大臂升降限位装置的检查。大臂升降必须有限位装置。要查阅设计图和资料，并对设备进行运行试验，检验限位控制元件是否灵敏可靠，此试验应不少于 3 次。

（20）吊舱升降限位控制装置的检查。吊舱升降必须设提升到最高和下降到最低位置时的限位装置。要查阅设计图纸和资料，并对设备进行运行试验，检验限位控制元件是否灵敏可靠，此试验应不少于 3 次。

（21）绝缘电阻的检查。带电回路与地之间的绝缘电阻应不小于 1MΩ。需用绝缘电阻测试仪测量绝缘电阻。

（22）事故状态疏导乘客措施的检查。当动力电源突然断电或设备发生故障时，应有疏导乘客的措施。检验时，需模拟事故状态，查看是否能将乘客顺利疏导下来。

（23）事故状态座舱降落措施的检查。水上游乐设施均应配备足够的救生人员和救生设备，并设高位救生监护哨；救生器具应选用有检验标志的产品。检验时，还需查阅其他相应管理措施。

（24）各种游乐设施空载运行试验。分别进行手动和自动试验，各试验不少于 5 次。

（25）各类游乐设施车速大于 5km/h 时，安全设施的检查。各类游乐设施应设安全带，机械传动和车轮部位应设防止乘客碰触身体的设施。

（26）电池车速度大于 5km/h 的制动装置检查。电池车应设制动装置，其制动距离应小于 4m。要求电池车在额定载荷下，在坚实平整的车场或车道上，沿直线以最高车速运行时，从开始制动直至停止运行，测量出所经过的距离。此测量应不少于 3 次，取其平均值。

（27）游船稳性、渗漏的检查。此项检查的方法和要求同监督检验中 A 类检验项目 33。

（28）各类游船保护装置的检查。各类游船应有承受碰撞的保护装置，船的吊环装置应安全可靠。

（29）船速大于 15km/h 应配备救生衣的检查。游船行驶速度大于 15km/h 时，应为乘客配备足够的救生衣。要查看救生衣数量是否达到额定载客数，且没有破损。

（30）池壁、池底及棱角、底角的检查。游乐池壁及池底应不渗水，所有棱角及底角应为圆形，池壁应平整，池底应防滑。预埋件不露出池底，对露出的应采取保护措施。

2. 一般项目检验

（1）“乘客须知”的检查。使用单位必须制定“乘客须知”，并在明显的地方公布。

（2）运行检查维护记录的检查。使用单位应有运行记录，以及年检、月检、日检、维护保养、设备维修等记录。

（3）游乐设施安装基础的检查。游乐设施基础不应有影响游艺机正常运行的不均匀沉陷、开裂和松动等异常现象。要求受检单位联系有关土建检验单位进行检验。

（4）游乐设施地脚螺栓的检查。地脚螺栓连接必须采取防止松动措施，不应有严重腐蚀、锈蚀，并检查地脚螺栓连接是否牢固可靠。

（5）游乐设施重要零部件间螺栓、销轴连接的检查。零部件间采用螺栓连接时，应采取防止松动措施；用销轴连接时，应采取防止脱落措施，并检查零部件间螺栓连接是否牢固可靠。

（6）焊缝表面质量检验的检查。焊缝不应有影响安全的漏焊、烧穿、裂纹、气孔、严重咬边、焊瘤熔渣及焊高不够等缺陷。

（7）中心轴对水平面的垂直度的检查。中心支承轴的中心线对水平面的垂直度公差应不大于 1/1000，要查阅安装时的垂直度测量记录或报告。必要时，用测量倾斜度的仪器测量，在不同方位测量应不少于 3 处，取最大值。

（8）转盘径向圆和端面圆跳动的检查。转盘径向圆和端面圆跳动公差应不大于转盘直径的 1/1500。

用测距仪（钢板尺或钢卷尺）测量吊厢吊挂轴端面到同一固定不动处的水平距离 $a$ 和吊挂轴中心线到同一固定水平面的垂直距离 $b$。如何选取测量点数，见表 5-4。

**表 5-4　吊厢测量点数**

| 序号 | 吊厢数（个） | 测量点数 | 序号 | 吊厢数（个） | 测量点数 |
|---|---|---|---|---|---|
| 1 | 少于 10 | 全部测 | 3 | 24 ~ 49 | 不少于 12 |
| 2 | 11 ~ 23 | 不少于 10 | 4 | 50 以上 | 不少于 15 |

检验时要求每测一次，相隔的吊厢数基本相同，待吊厢到站台最低位置停车后同时测量 $a$ 和 $b$ 值，用钢卷尺或测距仪测量吊挂轴中心线处的转盘直径 $d$，在测出的一组 $a$ 和 $b$ 值（$a_{大}$、$b_{大}$）和最小值（$a_{小}$、$a_{小}$），其差值分别为 $\Delta a = a_{大} - a_{小}$、$\Delta b = b_{大} - b_{小}$。

径向圆跳动 $\Delta 1 = \Delta a \ / \ D$

端面圆跳动 $\Delta 2 = \Delta b / D$

（9） 转盘可调拉筋的检查。转盘中的拉筋应可调，调节应适度，拉紧基本一致，并需进行运行试验。

（10）经常与水接触的零部件的检查。经常与水接触的零部件应采用防锈材料或采取防锈措施，不应有严重锈蚀腐蚀。

（11）轨距误差的检查。轨距误差为 3 ~ 5mm。应用专用工具沿轨道线路，在不同地点取不少于 10 处进行轨距测量；测量出的一组轨距值分别与轨距设计值进行比较，并计算出其差值；在一组轨距差值中，取最大值和最小值。

（12）轨道支承间距的检查。轨道支取间距应配置合理，支柱不得承受设计文件规定以外的任何外加载荷。方法是对照设计文件，用测距仪或钢卷尺进行测量。

（13）轨道晃动的检查。轨道不应有异常的晃动现象。应进行运行试验。

（14）轨道磨损的检查。型钢轨道磨损量应小于原厚度尺寸的 20%；钢管轨道磨损量应小于原钢管壁厚的 15%。在磨损严重部位用测厚仪测量轨道壁厚，并与原壁厚比较，计算出磨损量，此项抽检率应达到 20%。

（15）车道的检查。车道要求平整坚实，不得有凹凸不平现象，并进行运行试验。

（16）道路内障碍物、支线及两侧拦挡物的检查。道路内不得有障碍物，也不应插入支线；道路两侧必须设置缓冲拦挡物，拦挡物上端高于车辆防撞装置上端，拦挡物下端低于车辆防撞装置下端。

（17）路基的检查。路基必须填筑坚实、稳固。

（18）游艇、碰碰船、快艇等行驶的检查。各种游艇、碰碰船和快艇等，必须限制在不同水域内行驶，不得混杂在一起。

（19）车场使用规定的检查。车速在 5km/h 以上的电池车与儿童专用电池车严禁在同一场地使用，并且用测速仪确认车速。

（20）卡丁车和赛车车场的检查。车场地面和车道路面应平整坚实，不得有违背原设计的凹凸不平现象。

（21）系统过压保护装置的检查。应设不超过额定工作压力 1.2 倍的过压保护装置。在油路或气路系统中检查是否有符合要求的过压保护装置。

（22）系统渗漏的检查。液压系统不应渗漏油，气动系统不应有明显的漏气现象。检验应在满载运行试验后进行。

（23）油缸（气缸）保险装置的检查。乘人部分由油缸或气缸支撑升降时，当压力管道、胶管及泵等损坏而产生急剧下降时，应设保险装置。检验时可查阅资料，必要时，在模拟压力管道、胶管及泵损坏的情况下，查看乘人部分的支撑是否会急剧下降。

（24）汽油机油箱密封装置的检查。汽油机油箱密封良好，不得有渗漏现象。应对外观进行检查。

（25）消声器工作状态的检查。消声器的工作状态良好。应进行运行试验。

（26）内燃机小火车油箱密封的检查。内燃机小火车油箱密封可靠，不得渗漏。应进行运行试验。

（27）内燃机车的检查。内燃机车的油箱密封必须安全可靠，不得有渗油现象。减速器、离合器、消声器工作状态良好。加速和刹车机构应有明显标志。后制动装置应灵活可靠。检验方法为手动试验、运行试验，感观判断，并进行油箱密封检查。

（28）齿轮传动的检查。传动齿轮应符合有关齿轮标准，并无异常偏啮合及偏磨损，齿轮啮合的接触斑点要求应符合 GB 50231—2017 的规定。

（29）皮带和滚子链传动的检查。皮带和滚子链传动拉紧应适度，其装配要求应符合 GB 50231—2017 中第八节有关规定。皮带的磨损状态应符合 GB 8408—2000 的规定。三角带、平带及槽形带，其表面无破损、老化、断裂，带连接部无伤痕、剥离。如有裂痕出现，应及时更换。

（30）润滑及渗漏的检查。轴承及接触表面有相对运行的部位，应有润滑措施，并便于添加润滑剂，不允许形成油滴现象，无相对运动部位不应渗油。此项应在额定载荷下检验。

（31）重要轴、销轴的磨损和锈蚀的检查。重要轴和销轴的磨损和锈蚀允许值应符合 GB 8408—2018 的规定。检验周期 1 年测量 1 次。在磨损严重之处，用游标卡尺在轴、销轴的不同部位测量不少于 3 次，取最小值，并与原尺寸进行比较，计算出磨损量；在锈蚀严重之处，打磨光后，需在轴、销轴不同部位用游标卡尺测量不少于 3 次，取最小值，并与原尺寸比较，计算出锈蚀量。重要轴、销轴抽检率应达 20%。

（32）减速机及摩擦离合器的检查。减速机及磨擦离合器应平稳可靠。检验时需进行运行试验。

（33）提升装置的检查。提升装置应安全可靠，在提升时不应产生异常的冲击振动。检查时应进行运行试验。

（34）提升链条的检查。提升链条应拉紧适度，链条的伸长量及磨损允许值应符合 GB 8408—2018 的规定。检查时截取不少于 3 个节距长的链条，在磨损严重部位测量每个销轴两端的直径，并与原直径比较，计算出其磨损量；在磨损严重部位测量每块链板销轴孔的直径与原直径比较，计算出其磨损量，并通过计算，得出链条的伸长量。链条伸长量小于链条原安装长度的 1.5%，每年应测量 1 次以上。链条及孔直径磨损量小于原直径的 5%，每年应抽查 1 次以上。链板厚度及宽度磨损量小于原厚度及宽度的 10%，应抽查链节 2 个以上。

（35）乘人部分钢丝绳的检查。钢丝绳绳夹固定方法和钢丝绳直径与绳夹的数量、间距应符合 GB 4808—2018 的要求。绳夹间距用钢板尺测量，取最小间距，并按钢丝绳直径分别逐一测量。

（36）提升皮带的检查。提升皮带应有张紧装置，皮带松紧应适度，不应有明显的损伤和跑偏。检验时，需进行运行试验。

（37）提升皮带导向装置的检查。提升皮带的导向装置应灵活可靠。需进行运行试验、手动试验。

（38）制动装置的检查。停机后超过 60s 仍未停止运行（转马类）或要求准确到位的，应设制动装置。检验时，应用计时器确定时间。制动闸衬的磨损量不大于原厚度的 50%。检验时，应在磨损严重部位测量闸衬厚度，并与原厚度比较，计算出磨损量。

（39）提升段停车后启动的检查。在提升段，当动力电源突然断电或设备发生故障而停车时，滑行车应能重新启动。检验时，应模拟事故状态条件下满载试验，并不少于 2 次。

（40）转向机构的检查。转向机构应灵活、可靠，不应有卡滞现象。检验方法是运行试验。

（41）乘人部分与障碍物间安全距离的检查。乘人部分与障碍物间应留出不小于 500mm

的安全距离。检查时，应测量乘人部分内侧上缘在运行过程中距障碍物最近处的距离。

（42）乘客可触及之处的检查。凡乘客可能触及之处，均不允许有外露的锐边、尖角、毛刺和危险突出物等。

（43）乘人舱门锁紧装置的检查。距地面 1m 以上应封闭乘人舱门，必须设乘人在内部不能开启的 2 道锁紧装置。非封闭座舱进出口处的拦挡物，也应有带保险的锁紧装置。乘人舱在运行中应能保证不会自行开锁。检查时，每处锁紧装置应逐一进行检查。

（44）防冲撞装置在同一高度上的检查。同一车场车辆的缓冲轮胎应在同一高度上，能起到保护作用。方法是用钢板尺测量。

（45）吊厢吊挂轴的保险装置的检查。吊厢的吊挂轴处，应设有效的保险装置。应逐一检查吊挂轴处的保险装置。

（46）非封闭式吊厢安全措施或安全距离的检查。非封闭式吊厢，必须设防止乘客在运行中与周转结构物相碰撞的安全装置，或留出不小于 500mm 的安全距离。无安全措施时，应检查安全距离是否符合要求，应用钢卷尺（或钢板尺）测量吊厢内侧上缘在运行过程中距结构物（或障碍物）最近处的距离。

（47）吊厢门窗护栏的检查。吊厢门窗应加护栏，乘客头部不能伸出窗外。每个吊厢应逐一进行检查。

（48）吊厢门窗玻璃的检查。吊厢门窗玻璃应采用不易破碎的材料。检查时，应查阅有关图纸，每个吊厢门窗玻璃应逐一进行检查。

（49）小火车车辆连接器的检查。车辆连接器必须安全可靠，转动灵活。每处连接器应逐一检查。

（50）车轮及轮缘磨损的检查。车轮及轮缘应磨损均匀，运行平稳。需进行运行试验。

（51）侧轮或轮缘与轨道间隙的检查。侧轮（或轮缘）与轨道间隙每侧应不大于 5mm，并在目测间隙较大处用塞尺测量，测量应不少于 3 处，取最大值。

（52）侧轮、底轮与轨道的间隙的检查。侧轮与轨道每侧的间隙、底轮与轨道的间隙应调整适宜，并需进行运行试验。

（53）缓冲轮胎的检查。碰碰车车架四周应设缓冲轮胎，缓冲轮胎应突出车体和装饰不小于 30mm。突出车体及装饰物尺寸用钢板尺测量。每辆车测量不少于 2 次，取最小值。

（54）车场缓冲护栏的检查。车场四周的护栏上边缘应高于车辆缓冲轮胎的上边缘，下边缘应低于车辆缓冲胎的下边缘。检查时用钢板尺测量。

（55）车轮装置的检查。车轮装置应转动灵活，润滑、维修方便。检验方法是手动试验和运行试验。

（56）车轮磨损的检查。主车轮、侧轮和底轮的磨损允许值应符合 GB 8408—2018 的规定。对磨损严重的车轮，用游标卡尺（或深度尺）在不同位置测量其轮径（或磨损深度），取最小（或最大）值与原车轮直径比较，计算出磨损量，每种轮应各抽检 20%。

（57）橡胶充气轮胎压力检查。采用橡胶充气轮胎的，充气压力应适度。检查时，需进行运行试验，必要时，用测量充气压力的仪器测量，并符合橡胶充气轮胎使用要求。

（58）玻璃钢件的检查。玻璃钢件表面检查：表面不允许有裂纹、破损等缺陷，转角处过渡要圆滑；触及乘客的内表面应整洁，不得有玻璃布头显露；玻璃钢件边缘应平整圆滑，无分层。

（59）玻璃钢件与受力件直接连接时预埋金属件的检查。玻璃钢件与受力件直接连接时，应预埋金属件。检查时，应查阅相关图纸。

（60）电池车缓冲装置的检查。车体必须设缓冲装置，并安全可靠，缓冲装置突出车体的尺寸：车速不大于5km/h，不得小于20mm；车速大于5km/h，不得小于50mm。检验时，用钢板尺测量突出车体的尺寸，每辆车按要求测量应不少于2次（不同处），取最小尺寸。

（61）低压配电系统接地型式的检查。低压供电系统的接地型式应采用TN–S系统。检验时，应查阅设计图纸和资料，必要时，使用电压表测量，并用目测检验实物是否与图纸相符，接地形式是否采用TN–S系统。

（62）工作电压不大于50V的电源变压器的检查。工作电压不大于50V的电源变压器的初、次级绕组间要采用相当于双重绝缘或加强绝缘水平的绝缘隔离，变压器的初、次级绕组间的绝缘电阻不小于7MΩ。变压器绕组对金属外壳间的绝缘电阻不小于2MΩ。

检查时，可查阅设计图纸和资料，检查工作电压不大于50V的电源变压器的初、次级绕组间是否采用相当于双重绝缘或加强绝缘水平的绝缘隔离，并使用绝缘电阻测试仪测量变压器的初、次级绕组间和绕组对金属外壳间的绝缘电阻数值。

（63）电气设备安装的检查。电气设备安装包括控制柜、元器件安装和电缆（线）敷设等，检查应符合下列规范要求：①《电气装置安装工程电气设备交接试验标准》（GB 50150—91）；②《电气装置安装工程电缆线路施工及验收规范》（GB 50168—92）；③《电气装置安装工程接地装置施工及验收规范》（GB 50169—92）；④《电气装置安装工程旋转电机施工及验收规范》（GB 50170—92）；⑤《电气装置安装工程盘柜及二次回路接线施工及验收规范》（GB 50171—92）；⑥《电气装置安装工程低压电器施工及验收规范》（GB 50254—96）。

（64）控制系统的检查。控制系统必须满足游艺机工况要求。检查时，可查阅设计图纸和资料，并对设备进行空载和满载运转试验，检查运转工况是否与设计要求一致。此试验应不少于3次。

（65）手动和自动控制的检查。采用自动控制或联锁控制的，应使每台电气设备能单独进行手动控制。可通过查阅设计图纸和资料，转换手动/自动控制，检查电气设备能否采用单独手动控制等方法进行检查。

（66）控制元件及操作按钮、信号标志灯等颜色的检查。控制元件应灵敏可靠、操作方便，操作按钮等应有明显标志。对设备要进行空载和满载运行试验，检验控制元件是否灵敏可靠、动作到位，操作是否方便，并用目测检验信号灯、按钮等是否有明显标志，颜色是否符合要求。

（67）音响等信号装置的检查。设有提醒乘客和行人注意安全的音响等信号装置的，应通过耳听和目测检查装置是否符合要求，音响是否清晰明亮。

（68）集电器的检查。电刷和滑环应接触良好，外露的集电器必须设防雨罩。电刷和滑环接触火花应不大于1.5级。

（69）小火车路轨与导电轨间绝缘电阻的检查。路轨与导电轨间绝缘电阻应不小于0.1MΩ。检验时，需使用绝缘电阻测试仪测量路轨与导电轨间绝缘电阻数值。

（70）车辆间电缆连接电器插头的检查。车辆间电缆（线）连接应设有电气插头。

（71）座舱升降支承臂限位控制装置的检查。座舱升降支承臂应设限位装置。查阅设计图纸和资料，设备进行空载和满载运行试验，检查限位控制元件是否灵敏可靠，试验不少于 3 次。

（72）防止超速的控制装置的检查。有超速可能的，应设防止超速的控制装置。查阅设计图纸和资料，对设备进行运行试验，检查防止超速的控制元件是否灵敏可靠，试验应不少于 3 次。

（73）潮湿场所电气设备漏电保护装置的检查。安装在水泵房、游泳池、地面以下等潮湿场所的电气设备应设漏电保护装置。可通过查阅设计图纸和资料，现场查看电气设备标牌等方法进行检查。

（74）人工照明水面照度的检查。造波池、儿童涉水池、儿童滑梯等游乐设施的人工照明水面照度不低于 75lx, 其他水池不低于 50lx。检查方法是使用照度计在水池距水面 300 ~ 500mm 处测量，水池测试点不少于 4 点，取测量数值最小值。

（75）上下电极板直流馈电碰碰车的检查。这项检查主要包括两个方面：①摩电弓和正极板接触情况。摩电弓与正极板应接触良好，摩电弓座应灵活可靠。可目测检查，摩电弓与正极板接触火花应不大于 1.5 级。②车上短路保护装置。每辆车上应设短路保护装置。可查阅设计图纸和资料。

（76）地板馈电碰碰车的检查。这项检查主要包括三个方面：①检查馈电电压。馈电电压应不大于 50V。通过查阅设计图纸和资料，查看电气设备标牌，以及使用电压表测量等方法进行检查。②检查滑接器与电极板的接触。滑接器与电极板应接触良好，滑接器座灵活可靠。可通过目测检查，检验滑接器与电极板接触火花不大于 1.5 级。③检查车上短路保护装置。每辆车上应设短路保护装置。方法是查阅设计图纸和资料，拆检。

（77）蓄电池为动力的碰碰车。这项检查主要包括两个方面：①蓄电池应密封良好。②主电路要有短路保护。每辆车上应设短路保护装置。可查阅设计图纸和资料，进行拆检。

（78）碰碰车车场基本要求的检查。碰碰车车场要求平整坚实，不得有凹凸不平。车场四周应设置缓冲拦挡物，拦挡物上边缘高于车辆缓冲轮胎上边缘，拦挡物下边缘低于车辆缓冲轮胎下边缘。

（79）上、下电极板间的高度的检查。上、下电极板之间的高度应不低于 2.7m。方法是使用测距仪或卷尺测量。

（80）下极板的检查。极板要求平整，焊缝应打磨平滑。钢板间断焊缝长 30mm，焊缝间隔不大于 300mm，未焊处缝隙不大于 3mm，钢板厚度不小于 4mm，每块面积不小于 $2m^2$，方法是使用卷尺和卡尺测量。

（81）上极板的检查。镀锌钢板厚度不小于 0.5mm，钢板网厚度不小于 2mm，应安装牢固、平整。可使用卡尺测量。

（82）车场面积的检查。车场面积与车辆的数量成正比，每辆车占地面积不小于 $20m^2$ 使用测距仪或卷尺测量。

（83）碰碰车车场防雨的检查。车场要有可靠的防雨措施。

（84）铺设正负极板馈电车场地板的检查。车场极板应拼接紧密、平整，拼接处的高低差不大于 2mm。使用卡尺测量。

（85）风速计的检查。距地面高度超过 20m 的游乐设施应设风速计。

（86）提升钢丝绳断绳保护的检查。提升钢丝绳应设有效的断绳保护装置。检查时，需查看保护装量是否完好、有效。

（87）加速和制动标志的检查。加速和制动装置必须有明显标志。

（88）避雷装置的检查。游乐设施高度超过 15m 时，应设避雷装置，避雷接地电阻不大于 10Ω。

（89）安全标识的检查。现场查看游乐设施有无醒目的安全标识。

（90）大臂升降的检查。大臂在升降过程中不应有异常抖动现象，启动和停止时不应有明显的冲击现象。检查方法是按实际工况结合满载运行试验查验。

（91） 立柱导向装置的检查。塔身立柱的导向装置应安全可靠。可结合满载运行试验查验。

（92）吊舱着地缓冲装置的检查。落地式飞行塔的吊舱着地支脚处应有缓冲装置。要通过满载运行试验，逐一进行检查。

（93）座舱升降的检查。座舱在升降过程中不得有抖动现象，启动和停止时不得有明显的冲击振动。可进行满载运行试验。

（94）碰碰车运行的检查。碰碰车运行应正常，启动时不应有明显打滑现象，不允许有异常的振动、冲击、发热和声响等现象。

碰碰车的运行检查需要做如下试验：①碰撞试验。两车以额定载荷、最高车速、缓冲器在规定的气压下，连续碰撞 10 次。零部件不应有破损和变形，并且整机不发生任何故障仍能正常行驶。②满载运行试验。各车内按额定载荷加载，按实际工况连续运行。③超载运行试验。在碰碰车内加入 120% 额定载荷，连续运行 5min。

（95）电池车运行检查。电池车启动时不应有明显打滑现象，运行时不允许有异常的振动、冲击、发热和声响等。还需要做如下的试验：①满载运行试验。在电池车内，按额定载荷加载，按实际工况连续运行 1h。②超载运行试验。在电池车内加入 120% 额定载荷，启动后运行 5min。③碰撞试验。在额定载荷、最高车速状态下，车速不大于 5km/h 的电池车向刚性墙壁垂直连续碰撞不少于 3 次；车速大于 5km/h 的电池车向车道缓冲拦挡物垂直连续全速碰撞不少于 3 次；零部件不应有破损和变形，且整机不应发生故障，仍能正常行驶。

（96）马拉式电池车及类似游乐设施安全的检查。马拉式电池车及类似游乐设施应设安全把手和脚踏板。可观场查看。

（97）各类无动力船的操纵杆、脚踏曲柄的检查。各类无动力船的操纵杆，脚踏曲柄回转应轻便灵活，不允许有卡滞现象。其回转力、方向操纵应灵活、可靠。现场查验。

（98）各类游船安全扶手及座位的检查。各类游船应设安全扶手，座席位置应牢固。安全扶手、座席位置应逐一检查。

（99）发动机的检查。所选发动机应易于启动和运转可靠，并安装牢固，安装处应具有足够刚性。此项检查按 GB/T 18168—2017 中有关内容执行。即机动船应按下列方法和要求进行动力装置可靠性试验及速度测定：试验应在宽敞的水域并在满载状态下进行。发动机在全负荷下连续运转 4h，整个过程发动机运转应正常、可靠、固定牢固，同时检查轴系运转情况，观察冷却、润滑系统的工作情况。发动机由全负荷至停车，试验应不少于 5 次。速度测定时尽可能在风平浪静的水域中进行。水域深度应不小于 2m。测速标杆之间的距离建议不小于 100m。检验时需重复测定 3 次，所得平均速度应符合本标准的规定。

（100）碰碰船水池的检查。人造水池水深标线应不大于 1.1m，天然水池时水深标线应不大于 1.5m。检查时，需用钢卷尺测量，在不同地点测量不少于 3 次，分别取最大值。

（101）机动船动力和传动部分安全护栏和护板的检查。机动船的动力部分和传动装置应采用护栏和护板与乘客严格分开。现场查验。

（102）水上自行车的检查。此项检查主要查验两个方面：①满负荷时车轮吃水深度的检查。满负荷时车轮吃水深度应不大于车轮直径的 1/3。用钢卷尺测量车轮直径和车轮吃水深度，测量不少于 3 次，车轮直径取平均值，吃水深度取最大值。②满负荷时脚蹬距水面高度的检查。满负荷时脚蹬距水面距离应不小于 80mm。需在脚蹬翻转到离水面最近处测量，在不同地点测量应不少于 3 次，取最小值。

（103）游乐池附设淋浴消毒装置及浸脚消毒装置的检查。应设入池前的淋浴消毒装置和池长不小于 2m、宽度与走道宽度相同深 0.2m 的浸脚消毒池。入池前及便后必须经淋浴消毒通过浸脚消毒池后入池。方法是用钢卷尺测量，同时查阅“乘客须知”。

（104）游乐池水深标志的检查。池壁周围和池内水深变化地点，应有醒目的水深标志。

游乐池水深：流水池不大于 1.2m。造波池不大于 1.8m。成人滑梯水池 0.8 ~ 0.9m。儿童滑梯水池不大于 0.6m。儿童涉水池不大于 0.6m。幼儿涉水池 0.25 ~ 0.3m。戏水池不大于 0.8m。特殊形式的水滑梯水池（如上抛式）不大于 1.5m。

检查时，需测量水深标志线及水深，每种水池在不同地点分别测量应不少于 2 次。

（105）游乐池过滤净化设备的检查。游乐池必须设置相应能力的池水过滤净化及消毒设备。方法是到池水过滤净化和消毒处查看。

（106）漂流河水道的检查。漂流河水道应漂流顺利，无危及人身安全的碰撞现象。可进行运行试验。

（107）有落差的悬吊式游乐设施（如滑索飞渡）的检查。下滑顺利，无卡阻现象，到终点应缓冲平稳，无明显冲击。水池水深应保证游客安全，一般为 1.5m。检查时，需进行运行试验，并用钢卷尺测量。

（108）润滑水流量的检查。润滑水流量应调节适当，满足润滑和适当的滑行速度。检查时需进行运行试验，查阅有关资料。

（109）滑道护板、护栏及侧面加高的检查。滑道剖面为半圆形的滑梯，必须设置防止人从侧面摔下的护板或护栏，在角度变化处滑道侧面应适当加高，其滑道宽应不小于 800mm；深应不小于 500mm（均为净空尺寸）。检查时，需查阅有关资料并实地测量。

（110）滑道改变角度时，游客滑行的检查。滑道在改变角度和方向时，不允许产生游客在滑道上翻滚和明显的弹跳现象。检查时，需进行滑行试验，试验不少于 20 人次，并进行目测。

（111）儿童滑梯高度及倾角的检查。儿童滑梯高度不大于 3m 的，其滑道倾角不大于 25°；高度大于 3m 的（不得超过 5m），其滑道倾角不大于 15°。检查方法是用钢卷尺、测量倾角的仪器测量。

# 第六章　大型游乐设施应急管理与应急预案

作为具有潜在危险性的设备和设施，游乐设施不可避免地会发生人身伤亡或者财产损害事故。另外，当供电系统或游乐设施出现故障等突发意外时，若处置不当，也很容易酿成事故等次生灾害。历史的经验和血的教训告诫我们，应加强游乐设施应急管理和制定游乐设施事故应急预案，一旦出现故障、突发安全事件或发生事故的应对、救援、报告和调查处理，必须作为特种设备安全工作的重要内容。

为了加强特种设备事故调查处理，科学划分特种设备事故等级，提出应急处置要求，明确事故报告和调查处理的程序、内容，2009 年修订后的《特种设备安全监察条例》（国务院第 549 号令），对特种设备事故报告和调查处理等事项做出专门规定。之所以在《生产安全事故报告和调查处理条例》（国务院第 493 号令）对生产安全事故报告和调查处理的工作步骤、工作时限等程序性问题已经规定得比较详细的情况下，《特种设备安全监察条例》仍然对特种设备事故分级、事故调查和批复主体、防范措施的制定等方面做出原则性规定，主要由于与其他生产安全事故相比，特种设备事故具有较强的特殊性，主要表现在三个方面：一是特种设备事故超出了生产安全事故范畴。特种设备一方面使用在工业企业，另一方面也大量使用在人民群众生活之中，一旦发生事故，直接关系到老百姓的正常生活和社会稳定，涉及的范围比较广泛，不同于生产安全事故发生在相对比较封闭的范围之中。二是特种设备事故分级的因素比较复杂。特种设备事故分级除要遵循《生产安全事故报告和调查处理条例》考虑到的事故造成的人员伤亡和直接经济损失两个共性因素外，还根据特种设备事故的特点，考虑了特种设备损坏所造成的其他严重后果来进行分级，比如，设备停止运行危及经济运行安全、设备故障造成乘客受困、设备严重损坏造成较大社会影响等。三是特种设备事故责任主体呈现多元化。特种设备安全质量与设计、制造、安装、改造、修理、使用、检验检测等单位均可能有关，每个环节的安全质量隐患都可能酿成事故发生。因此，特种设备事故责任主体不仅包括发生事故的使用单位，还可能涉及特种设备的设计、制造、安装、改造、修理、检验检测单位等多个主体。这也是特种设备事故在调查处理方面有别于其他生产安全事故的特点之一。

## 第一节　大型游乐设施应急管理

### 一、应急管理定义

应急管理是应对于特重大事故灾害的危险问题提出的。应急管理是指政府及其他公共机构在突发事件的事前预防、事发应对、事中处置和善后恢复过程中，通过建立必要的应对机制，采取一系列必要措施，应用科学、技术、规划与管理等手段，保障公众生命、健康和财产安全；促进社会和谐健康发展的有关活动。危险包括人的危险、物的危险和责任危险三大类。首先，人的危险可分为生命危险和健康危险；物的危险指威胁财产安全的火灾、雷电、台风、洪水等事故灾难；责任危险是产生于法律上的损害赔偿责任，一般又称为第三者责任险。其中，危险是由意外事故、意外事故发生的可能性及蕴藏意外事故发生可能性的危险状态构成的。

事故应急管理的内涵，包括预防、准备、响应和恢复四个阶段。尽管在实际情况中，这些阶段往往是重叠的，但他们中的每一部分都有自己单独的目标，并且成为下个阶段内容的一部分。

**（一）应急管理的工作内容**

应急管理的工作内容概括起来叫作“一案三制”。“一案”是指应急预案，就是根据发生和可能发生的突发事件，事先研究制订的应对计划和方案。应急预案包括各级政府总体预案、专项预案和部门预案，以及基层单位的预案和大型活动的单项预案。“三制”是指应急工作的管理体制、运行机制和法制。一要建立健全和完善应急预案体系。就是要建立“纵向到底，横向到边”的预案体系。所谓“纵”，就是按垂直管理的要求，从国家到省到市、县、乡（镇）各级政府和基层单位都要制订应急预案，不可断层；所谓“横”，就是所有种类的突发公共事件都要有部门管，都要制订专项预案和部门预案，不可或缺。相关预案之间要做到互相衔接，逐级细化。预案的层级越低，各项规定就要越明确、越具体，避免出现“上下一般粗”现象，防止照搬照套。二要建立健全和完善应急管理体制。主要建立健全集中统一、坚强有力的组织指挥机构，发挥我国的政治优势和组织优势，形成强大的社会动员体系。建立健全以事发地党委、政府为主，有关部门和相关地区协调配合的领导责任制，建立健全应急处置的专业队伍、专家队伍。必须充分发挥人民解放军、武警和预备役民兵的重要作用。三要建立健全和完善应急运行机制。主要是要建立健全监测预警机制、信息报告机制、应急决策和协调机制、分级负责和响应机制、公众的沟通与动员机制、资源的配置与征用机制、奖惩机制和城乡社区管理机制等。四要建立健全和完善应急法制。主要是加强应急管理的法制化建设，把整个应急管理工作建设纳入法制和制度的轨道，按照有关的法律法规来建立健全预案，依法行政，依法实施应急处置工作，要把法治精神贯穿于应急管理工作的全过程。

**（二）大型游乐设施的安全分析、安全评估和安全控制**

建立在安全分析、安全评估基础上的安全控制是现代安全管理的重要手段和方法，它能够准确、及时有效地控制事故隐患和预防事故的发生。《游乐设施安全规范》（GB 8408—2018）对游乐设施设计、制造、安装、改造、维修、使用等环节进行安全分析、安全评估和安全控制方面提出了明确的要求。主要有以下几点：

（1）游乐设施设计时应进行安全分析，即对可能出现的危险进行判断，并对危险可能引起的风险进行评估。安全分析的目的是识别所有可能出现的与游乐设施或乘人有关的一些情况，而这些情况可能对乘人和设施造成伤害。一旦发现在某个环节存在危险，应对其产生的后果，特别是对乘人造成的风险程度进行评估。

（2）安全评估的内容包括危险发生的可能性及导致伤害的严重程度（受伤的概率、涉及的人员数量、伤害的严重程度、频率等）。评估范围包括机械危险、电气危险、振动危险、噪声危险、热危险、材料有害物质的危险、加速度危险及其对环境引起的危险等。

（3）对安全分析、安全评估的结果，必须有针对性地提出应采取的措施，以使风险消除或最小化，使风险处于可控状态。

（4）游乐设施经过大修或重要的设计变更，也应进行新的安全分析、安全判断、风险评估程序。

（5）游乐设施安装、运行和拆卸等各个阶段也应进行安全分析和安全评估、危险判断。通过日常试运行检查等实施持续的监控。如存在风险可能性，必须提出应采取的相应措施，使风险处于可控状态。

（6）游乐设施应在必要的地方和部位设置醒目的安全标志。安全标志分为禁止标志（红色）、警告标志（黄色）、指令标志（蓝色）和提示标志（绿色）等四种类型。安全标志的图形式样应符合国家标准 GB 2894、GB 13495 的规定。

**（三）大型游乐设施的危险源**

大型游乐设施的危险源因设备的不同而异，大致有以下几种：

（1）机械危险源。机械危险源包括挤压危险（如设备之间的净距离不够）、剪切／切割／切断危险（如机械防护不足）、稳定性不够（如设备竖立不当）、缠绕危险（如游客头发过长或穿着过于宽松）、方向迷失危险（如出口处照明不足或太暗）、撞击／刺穿危险（如车辆可能发生碰撞）。

（2）电气危险源。电气危险源包括与带电部件或因故障而带电的部件接触、熔化的颗粒向外喷射、过载或短路产生的化学效应。

（3）热危险源。热危险源包括接触到热源、热源的辐射热、过热和过冷的工作环境。

（4）噪声危险源。噪声可能导致听力下降，使人失去平衡或者失去意识，也可能干扰通信。噪声危险源包括降噪不良的机器或噪声环境。

（5）振动危险源。振动危险，特别是涉及整个游乐设备的振动，可能导致游客一系列生理反应，如运动病。

（6）有害物质、有害材料危险源。有害物质、有害材料的危险包括接触或吸入有害油料、雾状物、气体、烟雾和灰尘，以及火灾或爆炸后形成的灰尘或类似污染物。

（7）人及其环境引起的危险源。人及其环境引起的危险包括人的错误姿势（如操控人员长时间呆在某一个位置）或从事过于繁重的任务，或是由于如操控人员培训不足或游客没有遵守规则引起操作失误或行为错误。

## 二、应急响应

应急响应是指针对可能发生的事故，为迅速、科学、有序地开展应急行动而预先进行的思想准备、组织准备和物资准备，以及在突发事件发生以后所进行的各种紧急处置和救援工作。

特种设备安全监督管理部门制定的应急预案应当定位在应急响应上，即在接到事故报告后，及时向上级部门和本级人民政府报告事故信息，由政府启动政府应急救援预案并组织实施应急救援，特种设备安全监督管理部门在应急救援中的作用应当定位于向政府提出事故应急处置的建议，并提供相应的技术支持。特种设备使用单位制定的应急预案，应当突出针对性和可操作性，即结合本单位使用的特种设备的特性，制定专项应急预案，重在对事故现场的应急处置和应急救援上。特种设备事故应急预案的内容一般应当包括应急指挥机构、职责分工、现场涉及设备危险性评估、应急响应方案、应急队伍及装备等保障措施、应急演练及预案修订等。

**(一)应急响应级别**

应急响应分级标准一般按照安全事故灾难的可控性、严重程度和影响范围来区分，应急响应级别原则上分为Ⅰ级响应、Ⅱ级响应、Ⅲ级响应、Ⅳ级响应。应急响应机制强度由Ⅰ级至Ⅳ级依次减弱。大型游乐设施的分级标准可参考表6–1。

**表6–1 应急响应分级标准**

| 响应级别 | 响应标准 |
| --- | --- |
| Ⅰ级 | 1. 客人滞留≥ 60min。<br>2. 游客在游玩过程中出现严重伤亡（如：游客严重疾病出现不醒人事、身体四肢躯干等严重受伤、大量失血，甚至休克或死亡）群死群伤等情况。<br>3. 需要申请外部救援（政府消防、质监、安监、应急等机构）的突发事件 |
| Ⅱ级 | 1.15min ≤ 客人滞留＜ 60min。<br>2. 游客受到过度惊吓、身体严重不适、受伤情况较严重须送医院处理等情况。<br>3. 需调用公司各个部门资源的突发事件 |
| Ⅲ级 | 1. 客人滞留＜ 15min。<br>2. 造成设备轻微故障或受损并造成运转不顺畅、游客轻微受伤或游乐现场秩序出现混乱等状况。<br>3. 能通过公司职能部门内部资源（医务室、顾客抱怨处理流程等）解决的突发事件 |

**(二)常见现场急救的分类**

大型游乐设施的应急响应包括现场急救和医院救护等方面，其中，现场急救是应急响应至关重要的一环。常见事故的急救有以下五类：

1. 触电事故的急救

1）触电类型

根据电流通过人体的路径和触及带电体的方式，一般可将触电分为单相触电、两相触电和跨步电压触电。单相触电是当人体某一部位与大地接触，另一部位触及一相带电体所致。按电网的运行方式不同，单相触电又分为两类：一类是变压器低压侧中性点直接接地供电系统中的单相触电；另一类是变压器低压侧中性点不接地供电系统中的单相触电。两相触电是发生触电时人体的不同部位同时触及两相带电体（同一变压器供电系统）。两相触电时，相与相之间以人体作为负载形成回路电流，此时，流过人体的电流强度完全取决于与电流路径相对应的人体阻抗和供电电网的线电压。跨步电压触电是指在电场作用范围内（以带电体接地点为圆心，半径为20m的半球体），人体如双脚分开站立，则施加于两足的电位不同形成电位差，此电位差便称为跨步电压，人体触及跨步电压而造成的触电，称跨步电压触电。跨步电压触电时，电流仅通过身体下半部及两下肢，基本上不通过人体的重要器官，故一般不危及人体生命，但人体感觉相当明显。当跨步电压较高时，流过两肢电流较大，易导致两肢肌肉强烈收缩，此时如身体重心不稳（如奔跑等），极易跌倒而造成电流通过人体的重要器官（心脏等），引起人身死亡事故。除了输电线路断线落地会产生跨步电压外，当大电流（如雷电电流）从接地装置流入大地时，若接地电阻偏大，也会产生跨步电压。

2）触电事故的特点

触电的危害包括电流通过人体对人造成的损伤，或者在电压较高或被雷电击中时，因电弧放电受的损伤。触电事故发生一般都很突然，极短时间内释放的大量能量会严重损伤人体，往往还会危及心脏，因而死亡率较高，危害性极大。触电事故的发生虽比较突然，但还是有一定的规律性。如果我们掌握了这些规律，做好安全工作，触电事故是可以预防的。根据对事故的统计与分析，触电事故的发生有如下规律：

①事故的发生大多是接触电源的人员缺乏安全用电知识或不遵守安全用电技术要求造成的。

②触电事故的发生有明显的季节性。一年中，春、冬两季触电事故较少；夏、秋两季，特别在6～9月中，触电事故较多。据上海市有关部门的统计，历年上海地区6～9月中触电死亡人数约占全年死亡人数的2/3以上。其原因是这一时期气候炎热，多雷雨，空气中湿度大，导致电气设备的绝缘性能下降，人体也因炎热多汗使皮肤接触电阻变小；再加上衣着单薄，身体暴露部位较多。这些因素都大大增加了触电的可能性，并且一旦发生触电，通过人体的电流较大，后果严重。因此，游乐园（场）在这段时间要特别加强对用电部位、电气设备、电气线路的检修，保证绝缘符合要求。

③低压工频电源触电事故较多。据统计，这类事故占触电事故总数的99%以上。这是因为低压设备的应用远比高压设备广泛，人们接触的机会较多，加之安全用电知识未能普及，误认为220～380V的交流电源为“低压”。实际上，这里的工频低压是相对几万伏高压输电线而言，但对于36V以下安全电压来讲，这里的220～380V工频电压仍是能危害人生命的高压，应引起高度重视。

④潮湿、高温、有腐蚀性气体、液体或金属粉尘的场所较易发生触电事故。

3）触电现场的处理

发生触电事故时，现场急救的具体操作可分为迅速解脱电源、对症处理两个部分。

（1）迅速解脱电源。一旦发生触电事故，切不可惊慌失措，束手无策，一定要设法先使触电者脱离电源。方法一般有以下几种：第一种是切断电源。当电源开关或电源插头就在事故现场附近时，可立即将闸刀打开或将电源插头拔掉，使触电者脱离电源。必须指出：普通的电灯开关（如拉线开关）只切断一根线，且有时断的不一定是相线，因此关掉电灯开关并不能被认为是切断了电源。第二种是用绝缘物移去带电导线。当带电导线触及人体引起触电，且不能采用其他方法解脱电源时，可用绝缘的物体（如木棒、竹竿、手套等）将电线移掉，使触电者脱离电源。第三种是用绝缘工具切断带电导线。出现触电事故，必要时可用绝缘的工具（如带有绝缘柄的电工钳、木柄斧及锄头等）切断导线，以使触电者脱离电源。第四种是拉拽触电者衣服，使之摆脱电源。若现场不具备上述三种条件，而触电者衣服是干燥的，救护者可用包有干毛巾、干衣服等干燥物的手去拉拽触电者的衣服，使其脱离电源。

必须指出的是，上述办法仅适用于220～380V触电抢救。对于高压触电，应及时通知供电部门，采用相应的紧急措施，否则容易产生新的事故。

总之，发生触电事故最重要的是在现场要因地制宜，灵活采用各种有效方法，迅速安全地使触电者脱离电源。这里还必须注意，触电者脱离电源后因不再受电流刺激，肌肉会立即放松，故有可能会自行摔倒，造成新的外伤（如颅底骨折等），特别是事故发生在高处时，危险性更大。因此，在解脱电源时，应对触电者辅以相应措施，避免发生二次事故。此外，帮助触电者解脱电源时，应注意自身安全，同时还要注意不能误伤他人。

（2）对症处理。对解脱电源的伤员应做简单诊断，一般应按下列情况分别进行处理：

对神志清醒，但乏力、头昏、心悸、出冷汗，甚至有恶心或呕吐的伤员，应让其就地安静休息，以减轻心脏负荷，加快恢复。对情况比较严重的，应小心地将他送往医院，请医务人员检查治疗。在送往的路途中，要注意严密观察伤员，以免发生意外。对呼吸、心跳尚存在，但神志不清的伤员，应使其仰卧，保持周围空气流通，注意保暖，并且立即通知医疗部门，或用担架将伤员送往医院，请医务人员抢救。同时，还要严密观察，做好人工呼吸和体外心脏挤压急救的准备工作，一旦伤员出现“假死”情况，应立即进行抢救。

对已处于“假死”状态的伤员，若呼吸停止，则要用口对口的方式进行人工呼吸，使其维持气体交换；若心脏停止跳动，则要用体外人工心脏挤压法使其重新维持血液循环；若呼吸、心跳全停，则需要同时施行体外心脏挤压和口对口人工呼吸，并应立即向医疗部门告急求救。抢救工作不能轻易中止，即使在送往医院的途中，也必须继续进行抢救，边送边救，直至心跳、呼吸恢复。

2. 火灾事故受伤人员的急救

（1）发生火灾后，应立即切断电源，以防止扑救过程中造成触电。若是精密仪器起火，应使用二氧化碳灭火器进行扑救；若是油类、液体胶类发生火灾，应使用泡沫或干粉灭火器，严禁使用水进行扑救。若火灾燃烧产生有毒物质，扑救人员应该佩戴防毒面具方可进行扑救。在扑救火灾的过程中，应始终坚持救人第一的原则，首先救人。

（2）对火灾受伤人员的急救，应根据受伤者情况，结合现场实际施行必要的医疗处理。对烧伤部位，要用大量干净的冷水冲洗。在伤情允许情况下，应将受伤人员搬运到安全的地方。

（3）如发生人员伤亡事故，应立即拨打 120 医疗急救电话，说明伤员情况，告诉行车路线，同时安排人员到入场口指引救护车的行车路线。

3. 坠落事故受伤人员的急救

（1）要清除坠落处周围松动的物件和其他尖锐物品，以免进一步伤害。

（2）要去除伤员身上的用具和口袋中的硬物，防止搬运移动时，对伤员造成伤害。

（3）如果现场比较危险，应及时转运受伤者。在搬运和转送过程中，伤者颈部和躯干不能前屈或扭转，而应使脊柱伸直，绝对禁止一个抬肩一个抬腿的搬运方法，以免发生或加重截瘫。

（4）在现场无任何危险，急救人员又能很快赶到场的情况下，尽量先不要转运受伤者。

（5）在对创伤人员进行局部包扎时，要注意对疑似颅底骨折和脑脊液漏的受伤人员，切忌作填塞，以防导致颅内感染。

（6）对颌面部受伤的人员，让其保持呼吸畅通。先帮其撤除假牙，清除移位的组织碎片、血凝块、口腔分泌物等，同时松解其颈、胸部钮扣。若其舌已后坠或口腔内异物无法清除，可用 12 号粗针穿刺环甲膜，并要尽可能早地做气管切开手术，为其维持呼吸。

（7）伤员如有复合伤，应要求其保持平仰卧位，解开衣领扣，保持呼吸道畅通。

（8）如伤员有血管伤，应压迫伤部以上动脉干至骨骼，可直接在伤口上放置厚敷料，用绷带加压包扎，以不出血和不影响肢体血液循环为宜。当上述方法无效时，可慎用止血带，原则上尽量缩短使用时间，一般不超过 1h，并做好标记，注明上止血带时间。

（9）有条件时，迅速给予伤员静脉补液，补充血量。

（10）发生伤亡事故时，应立即拨打 120 医疗急救电话，说明伤员情况、行车路线，同时安排人员到入场口指引救护车的行车路线，并安排人员保护事故现场，避免无关人员进入。

4. 撞击（落下物）事故受伤人员的急救

当发生撞击（落下物）人员伤害时，应根据伤者情况，结合现场实际施行必要的处理，抢救的重点是对颅脑损伤、胸部骨折、脊柱骨折和出血进行如下处理：

（1）要观察伤者的受伤情况、部位、伤害性质。对出血的伤员，用绷带或布条包扎止血。

（2）如伤员发生休克，应先处理休克。如呼吸、心跳停止，应立即进行人工呼吸、胸外心脏挤压。处于休克状态的伤员，要让其安静、保暖、平卧、少动，将下肢抬高约 20cm，并尽快送医院进行抢救治疗。

（3）对出现颅脑损伤的，必须让其保持呼吸道通畅。对昏迷者，应让其平卧，面部转向一侧，以防舌根下坠或分泌物、呕吐物吸入气管，发生阻塞。

（4）对有骨折者，应初步固定后再搬运。如果是脊柱骨折，不要弯曲，防止扭动伤员的颈部和身体，不要接触伤员的伤口，要使伤员身体放松，尽量将伤员放到担架或平板上进行搬运。

（5）对有凹陷骨折、严重的颅底骨折及严重的脑损伤症状的伤员，创伤处要用消毒的纱布或清洁布等覆盖，用绷带或布条包扎，及时、就近送到有条件的医院治疗。

（6）如发生重大的伤亡事故，应立即拨打 120 医疗急救电话，说明伤员情况、行车路线，同时安排人员到入场口指引救护车的行车路线，并安排人员保护事故现场，避免其他无关人员进入。

5. 倾覆事故受伤人员的急救

当发生人员倾覆伤害时，应根据伤者受伤情况，结合现场实际施行必要的处理，抢救的重点放在颅脑损伤、骨折、溺水、内脏损伤、触电上。要注意做好以下几点：

（1）要仔细观察伤者的受伤情况、部位、伤害性质，对出血的伤员，要用绷带或布条包扎止血。

（2）伤员如发生休克，应先处理休克。遇呼吸、心跳停止者，应立即进行人工呼吸、胸外心脏挤压。处于休克状态的伤员，要让其安静、保暖、平卧、少动，并将下肢抬高约 20cm，并尽快送医院进行抢救。

（3）对颅脑损伤的伤员，必须让其保持呼吸道通畅。如昏迷，应平卧，面部转向一侧，以防舌根下坠或分泌物、呕吐物吸入气管，防止发生喉阻塞。

（4）有骨折者，应进行初步固定后再搬运。如果是脊柱骨折，不要弯曲、扭动受伤人员的颈部和身体，不要接触受伤人员的伤口，要使受伤人员身体放松，尽量将受伤人员放到担架或平板上进行搬运。

（5）遇有凹陷骨折、严重的颅底骨折及严重的脑损伤症状的伤员，对其创伤处应用消毒的纱布或清洁布等覆盖伤口，用绷带或布条包扎，及时、就近送有条件的医院治疗。

（6）有溺水者，应立即组织人员将溺水者打捞出水。伤员如发生窒息，应及时清理其口中的淤泥等物质，挤压胸部排出肺内积水，然后进行人工呼吸，并尽快送往医院救治。

（7）从倾覆的设备上摔落的人员，如发生内脏损伤，应尽量使其平躺，保持呼吸通畅，并尽快、就近送往医院治疗。

（8）如发生重大伤亡事故，应立即拨打120医疗急救电话，说明伤员情况、行车路线，同时安排人员到入场岔口指引救护车的行车路线，并要保护事故现场，避免无关人员进入。

## 三、应急演练

应急演练是应急管理的重要一环。相关人员通过亲身体验和处理应急状态下发生的问题，对于事故的预防和处理具有非常重要的作用。紧急状态虽然是假定的，但处理预案却是真实可行的。为了保证预案的有效性与可靠性，游乐园（场）应定期进行演习，以检验预案的可操作性。如假定因设施异常、天气恶劣、地震或其他原因，游乐设施必须紧急停止时的紧急停止训练；假定因紧急停止、故障、停电等情况，游客在停止游乐设施上的救出训练；假定发生人身伤害事故的救出、救护、紧急联络训练等。

演习训练应作为游乐园（场）安全管理的一项重要内容，列入全年工作计划。演习也可以与培训、操作技能竞赛结合起来，通过演习，提高操作人员、管理人员的安全意识和应变能力。条件允许时，游乐园还应与外部支援机构共同进行演习。通过演习，确认应急预案的有效性，以检验有关各方的反应灵敏程度、行动的准确与快速程度。如表6–2所示。

**表6–2 大型游乐设施常见紧急情况的应急处理与应急演练**

| 序号 | 模拟故障或事故现象 | 处置措施 | 预防措施 |
|---|---|---|---|
| 1 | 突然断电或发生机械故障，导致设备停止运行，乘客被悬挂在空中 | 产生原因：供电断电（包括电源断电、电气系统故障断电）<br>（1）确定原因后，关闭设备电源总开关；<br>（2）通过广播等有效手段，将发生的情况告知乘客并安慰之，防止乘客惊慌；<br>（3）按照每台设备制定的应急预案（一般为每台设备使用说明书中的紧急状况疏导措施）中的操作程序进行操作：①采用设定的最可靠的方法使座舱下降至下客位置（对于大型观览车，一般采用备用发电机）；②按照下客顺序，采用手动方式开启安全压杠、舱门等约束乘客装置或拦挡物（注意：不得已时，拆除之），尽快疏导乘客；<br>（4）对乘客进行安抚和必要的检查，对伤者进行治疗；<br>（5）对设备进行检查，有问题的应停止运营。<br>（注意：重新运营前，必须对设备进行检查、试车，经重大修理的设备应约请有资质的检验机构进行检验，符合要求后方可运营） | （1）有关人员应做好日、月、年检工作，维护好电气系统，及时更换已损坏的元器件；<br>（2）更换的元器件应符合设计制造要求，产品质量应有所保证；<br>（3）操作人员应按规程操作，随时注意电气系统运行情况，一旦有异常现象，应停机检修；<br>（4）对操作人员等进行应急处理培训，使之熟练掌握操作；<br>（5）定期检查、维护备用设备和救护用品，使之处于完好状态；<br>（6）定期组织有关人员进行应急预案的演习 |
| | | 产生原因：自动控制系统故障引起设备停运（对有自动控制设备而言）<br>（1）通过广播等有效手段，将发生的情况告知乘客并安慰之，防止乘客惊慌；<br>（2）通过反馈信号查明发生故障的系统、部位、原因，确定疏导乘客方法； | （1）有关人员应做好日、月、年检工作，维护好电气系统，及时更换已损坏的元器件；<br>（2）更换的元器件应符合设计制造要求，产品质量应有所保证； |

**续表 6–2**

| 序号 | 模拟故障或事故现象 | 处置措施 | 预防措施 |
| --- | --- | --- | --- |
|  | 突然断电或发生机械故障，导致设备停止运行，乘客被悬挂在空中 | （3）如果尚可采用“手动”模式，用手动模式下降座舱，打开压杠或舱门，疏导乘客；如果不可采用“手动”模式，应采用上述应急预案进行乘客的疏导；<br>（4）对乘客进行安抚和必要的检查，对伤者进行治疗；<br>（5）停止运营，对发生故障的系统、部位进行检查。 | （3）操作人员应按规程操作，随时注意电气系统运行情况，一旦有异常现象，应停机检修；<br>（4）对操作人员等进行应急处理培训，使之熟练掌握操作；<br>（5）定期检查、维护备用设备和救护用品，使之处于完好状态；<br>（6）定期组织有关人员进行应急预案的演习 |
|  |  | 产生原因：设备机械故障造成停运<br>（1）确定是机械故障后，关闭设备电源总开关；<br>（2）通过广播等有效手段，将发生的情况告知乘客并安慰之，防止乘客惊慌；<br>（3）查明发生故障的系统、部位、原因，确定最有效的、可靠的疏导乘客方法；<br>（4）如果可以通过排除故障方法将座舱降至下客位置，疏导乘客，则首选进行之；如果故障暂时不能排除或查不清故障原因，但尚可用上述应急预案疏导乘客，则应按上述方法进行；如果前两种方法均不能采用，则应联系消防等有关部门，用消防云梯等特殊方法进行救援（注意：上述应急救援措施中都应考虑作业人员的安全和防止事故的扩大）；<br>（5）对乘客进行安抚和必要的检查，对伤者进行治疗；<br>（6）停止运营，对设备进行检查，查明产生故障的原因和损坏的程度，进行整改，对经重大修理或改造的设备，应约请有资质的检验机构进行检验 | （1）有关人员应做好日、月、年检工作，做好日常的维护保养，及时更换已损坏的易损件和重要零部件；<br>（2）更换的易损件和重要零部件、所加的润滑油应符合设计制造要求，且产品质量应有所保证；<br>（3）操作人员应按操作规程操作，不允许违章操作，并随时注意设备运行状况，一旦有异常现象，应停机检修；<br>（4）做好应急预案的培训、演习 |
| 2 | 滑行车在滑行轨道上停止，乘客被悬挂在空中 | （1）关闭设备电源总开关；<br>（2）通过广播等有效手段，将发生的情况告知乘客并安慰之，防止乘客惊慌；<br>（3）查看风速、风向、气温及轨道、支架状况，检查车辆状况（注意：必须保证检查人员的安全），确定救援方法；<br>（4）一般情况下，在保证车辆不会滑行后，先将乘客有序地疏导下来，再将空车拉回站台；在特殊情况下，如果实在无法先下客，在保证车辆、轨道、支架无损坏和乘客安全的前提下，可采取特殊可靠的方法，将车辆推动，使车滑回站台。<br>（5）对乘客进行安抚和必要的检查，对伤者进行治疗； | （1）对于新装设备设计，应符合国家标准要求，保证设计计算准确，并明确使用条件；制造安装要保证工艺和质量，保证轨道平整、顺畅，车辆运行平稳，试车应达到设计要求，并应严格按国家有关规定进行设计文件鉴定、型式试验和检验；<br>（2）有关人员应做好日、月、年检工作，做好日常的维护保养，及时更换已磨损超标的车轮、损坏的轴承、易损件；<br>（3）更换的车轮、轴承、易损件应符合设计制造要求，且产品质量应有所保证； |

续表 6–2

| 序号 | 模拟故障或事故现象 | 处置措施 | 预防措施 |
|---|---|---|---|
| | | （6）停止运营，查明发生故障的原因，进行整改，对经重大修理或改造的设备，应约请有资质的检验机构进行检验 | （4）列车载客时，避免严重偏载现象；<br>（5）按设备使用条件：风速、温度的要求进行运行，不宜在超过设计规定的风载、低温下运行 |
| 3 | 滑索中滑行者滑不进站停在空中 | （1）通过喊话向滑行者说明情况并安抚之；<br>（2）按照每条滑索设置的救援方法进行救援操作，使滑行者滑进下站，疏导之；<br>（3）询问滑行者身体状况，并检查设备 | （1）逆风滑行时，应避免体重较轻者滑行；<br>（2）调整滑索的松紧程度；<br>（3）做好日检，维护好设备，保证救援装备完好并定期演习 |
| 4 | 乘客或设备有异常情况 | （1）操作服务人员发现异常情况后，应及时按下操作台或站台上的紧急停车按钮，使设备快速停运；<br>（2）如果是个别乘客身体不适或恐惧等异常情况，待设备停稳后，疏导出该乘客，进行适当的处置，并向其余乘客说明情况，在正常情况下重新运营；<br>（3）如果是设备运行出现的异常现象，待停稳后，向乘客说明情况，疏导全部乘客，安抚乘客和检查乘客身体状况，随后停止运营，检查设备 | （1）“乘客须知”中应明确乘坐设备的人员身体限制条件，对于刺激性较大的设备，服务人员应对乘客讲明乘坐人员的身体条件，尽可能避免不适应者乘坐；<br>（2）对于设备异常情况，使用单位应做好日检，做好设备的维护保养 |
| 5 | 因操作不当或设备重要零部件损坏或控制系统失效等发生意外事故，造成乘客伤亡 | （1）当事故发生时，设备仍在运行，应该按下紧急停车按钮，使设备快速停运；如果设备已被迫停运，应采取应急措施，将受伤者座舱先降下；<br>（2）救出受伤者，并进行抢救；<br>（3）向其余乘客说明情况，并快速将所有乘客疏导下来，安抚乘客；<br>（4）停止运营，保护现场和损坏零部件，进行事故调查、分析、处理 | （1）操作人员应严格按照操作规程作业，避免发生误操作；<br>（2）操作人员应注意观察设备运行情况，一旦有异常现象，应紧急停机，避免事故发生；<br>（3）有关人员应做好日、月、年检工作，做好日常的维护保养，及时更换已损坏的易损件和重要零部件；<br>（4）更换的易损件和重要零部件应符合设计制造要求，且产品质量应有所保证 |
| 6 | 滑道中发生滑车追尾碰撞或滑行者飞出滑道（一般为槽式滑道），滑行者受伤 | （1）巡查人员发现情况后，应立即用通信设备联络上下站，停止运营，并通知救援人员；<br>（2）对受伤者进行救护，必要时，应立即送医院抢救；<br>（3）向其他滑行者说明情况，并安抚之；<br>（4）事故严重时，应保护现场和伤者乘坐的滑车，进行事故调查、分析、处理 | （1）严禁下雨或滑道表面有水时运营；<br>（2）服务人员应向滑行者讲明操作方法和注意事项，并安排巡视人员、定点观察人员在危险点提醒滑行者；<br>（3）必要时，采取服务人员领滑、串车的方法，限制滑行速度；<br>（4）严格按程序作业，控制放车间隔距离，以防滑行碰撞；<br>（5）做好日检、车辆和滑道的维护保养，及时更换磨损大的刹车块 |

# 第二节　大型游乐设施应急预案

## 一、应急预案定义

应急预案，是指各级人民政府及其部门、基层组织、企事业单位、社会团体等，为依法、迅速、科学、有序应对突发事件，最大程度减少突发事件及其造成的损害而预先制订的工作方案。从应急预案的定义看出，应急预案有两个显著特征，即预案是一种工作方案，是预先制订的。

（1）方案是进行工作的具体计划或对某一问题制定的规划，是从目的、要求、方式、方法、进度等都部署具体、周密，并有很强可操作性的计划。所以，应急预案是就事故发生后的应急救援机构和人员，应急救援的设备、设施、条件和环境，行动的步骤和纲领，事故信息的报告处理、控制事故发展的方法和程序等，预先做出的科学而有效的计划和安排，为事故应对构建权责体系，提供基本的处置程序与步骤，明确资源协调分配方式。

（2）预先制定，就意味着要以确定性去应对事故的不确定性。事实上，应急预案不是万能的，不可能解决事故应对中的所有问题，无法消除事故本身的不确定性。因此，应急预案就是要通过建立标准化、专业化的反应程序，在确定性的应对过程当中尽可能地将事故的不确定性降到最低，把事故转化成为可以控制的常规事件，把事故处置转换为常规管理。

应急预案是在对事故风险特点和影响范围评估的基础上，选择出最优反应程序，达到可以最及时、有效地帮助应急行动者采取行动路线，并对现有资源进行最优化的部署和配置的目的，从而最大程度地预防和应对事故、保证人身和财产安全，是持续改进的最优化工作方案。

## 二、应急预案的目的和作用

应急预案的目的：使预案编制单位各相关部门和人员在事故发生后有条不紊地开展应急工作，提高应急处置的效率，依法、迅速、科学、有序应对事故，最大程度减少事故及其造成的损害。

应急预案的作用：为事故处置工作形成一个应急体系、建立一套应对机制、培养一种响应意识、确定一类处置方法。

可以说，应急预案平时牵引应急准备，战时指导应急救援，是应急管理工作的主线、应急体制机制的载体、应急法规制度的延伸、应急培训的教材、应急演练的脚本、应急行动的指南。

## 三、应急预案的工作原则

（1）以人为本，安全第一。始终把保障人民群众的生命安全放在首位，认真做好预防事故工作，切实加强员工和应急救援人员的安全防护，最大限度地减少事故灾难造成的乘客伤亡和财产损失。

（2）积极应对，立足自救。完善安全管理制度和应急预案体系，准备充分的应急资源，落实各级岗位职责，做到人人清楚游乐设施事故特征、类型、原因和危害程度，发生事故时，应当迅速采取正确措施，积极应对，并立即按程序报告。

（3）统一领导，分级管理。应急救援指挥部在总指挥统一领导下，负责指挥、协调处理突发事故灾难应急救援工作，有关部门按照各自职责和权限，负责事故灾难的应急管理和现场应急处置工作。

（4）依靠科学，依法规范。遵循科学原理，充分发挥专家的作用，实现科学民主决策。依靠科技进步，不断改进和完善应急救援的方法、装备、设施和手段，依法规范应急救援工作，确保预案的科学性、权威性和可操作性。

（5）预防为主，平战结合。坚持事故应急与预防工作相结合。加强重大危险源管理，做好事故预防、预测、预警和预报工作。做好应对事故的思想准备、预案准备、物资和经费准备、工作准备，加强培训演练，做到常备不懈。将日常管理工作和应急救援工作相结合，搞好宣传教育，提高全体员工的安全意识和应急救援技能。

## 四、应急预案的分类

大型游乐设施运营使用单位应急预案一般分为综合应急预案、专项应急预案和现场处置方案。

（1）综合应急预案，是指运营使用单位为应对各种生产安全事故而制订的综合性工作方案，是本单位应对游乐设施安全事故的总体工作程序、措施和应急预案体系的总纲。综合应急预案应当规定应急组织机构及其职责、应急预案体系、事故风险描述、预警及信息报告、应急响应、保障措施、应急预案管理等内容。

（2）专项应急预案，是指运营使用单位为应对某一种或者某一类型游乐设施安全事故，或者针对重大危险源、重大活动防止游乐设施事故而制订的专项性工作方案。专项应急预案应当规定应急指挥机构与职责、处置程序和措施等内容。

（3）现场处置方案，是指运营使用单位根据不同游乐设施事故类型，针对具体场所、装置或者设施所制定的应急处置措施。现场处置方案应当规定应急工作职责、应急处置措施和注意事项等内容。事故风险单一、危险性小的生产经营单位，可以只编制现场处置方案。

综合预案是游乐设施安全事故总体工作程序，专项预案是针对一种事故或者事故性质相近、事故处置程序相近的多种事故而制定的专项工作程序，这里强调多种事故类型，其目的是简化企业专项预案的数量。鉴于实践中，多数现场处置方案均由基层车间、班组编制，重点规范关键场所的所有岗位人员在事故发生时的先期处置措施，具有具体、简单、针对性强、易于操作等特点，编制现场处置方案的对象为重点场所、装置或者设施。要分析本单位事故风险可能引发什么事故、多大的事故；要搞清楚组织结构、应急资源配置、应急能力等现状；要了解掌握当地政府应急响应机制和周边企业、应急救援队伍情况；要利用桌面推演等方式模拟事故处置过程，确定应急预案体系，以及应急处置程序等应急预案核心内容。

就地方政府来讲，督促指导企业落实预案工作责任，重心就是要推动企业以好用管用为目的，开展应急预案编制修订工作，简化文本、优化程序。对企业应急预案工作的指导、执法检查，重心在于企业的预案是否符合企业实际、是否能够满足有效处置事故的要求，而不是过于侧重要素是否齐全。

## 五、应急预案的编制原则和基本要求

《特种设备安全监察条例》第六十九条中有明确规定：国务院负责特种设备安全监督管理的部门应当依法组织制定特种设备重特大事故应急预案，报国务院批准后纳入国家突发事件应急预案体系。县级以上地方各级人民政府及其负责特种设备安全监督管理的部门应当依法组织制定本行政区域内特种设备事故应急预案，建立或者纳入相应的应急处置与救援体系。特种设备使用单位应当制定特种设备事故应急专项预案，并定期进行应急演练。

制定应急预案是大型游乐设施安全管理的基础工作，目的是在游乐设施发生事故，或发生紧急情况时，能以最快的速度、发挥最大的效能，有序地实施应急救援，尽快控制事态的发展，降低事故造成的危害，减少事故的损失。制定应急预案应根据设备和环境特点，在对危险源进行充分识别的基础上，进行风险分析与评价，科学确定应急预案的对象、程度、内容和方法，进行分类管理。

### （一）应急预案的基本特征

编制的应急预案应具有以下基本特征：

（1）科学性。应急管理工作是一项科学性很强的工作，制定预案必须在全面调查研究的基础上，以科学的态度，进行分析和论证，制定出严密、统一、完整的应急方案。

（2）实用性。应急预案应符合使用现场的实际情况，对现场管理和应急处置具有适应性、实用性和针对性，便于现场操作。

（3）权威性。救援工作是一项紧急状态下的应急工作，制定的救援预案应明确救援工作的管理体系、救援行动的组织指挥权限、各级救援组织的职责和任务等一系列行政性管理规定，保证救援工作统一指挥。

（4）综合性。游乐园（场）的经营者对危险因素应进行综合分析，知道在运行过程中会发生的紧急状态，且分析的范围不能局限于单台游乐设施，应当包括整个游乐园的环境，包括意外事件及气候情况，如大风、暴雨等。在多地震的国家，游乐园还应考虑发生地震时的应急处理。

### （二）应急预案的工作原则

国家突发公共事件总体应急预案提出了六项工作原则：以人为本，减少危害；居安思危，预防为主；统一领导，分级负责；依法规范，加强管理；快速反应，协同应对；依靠科技，提高素质。

（1）以人为本，减少危害。切实履行政府的社会管理和公共服务职能，把保障公众健康和生命安全作为首要任务。凡是可能造成人员伤亡的突发公共事件发生前，要及时采取人员避险措施；突发公共事件发生后，要优先开展抢救人员的紧急行动；要加强抢险救援人员的安全防护，最大程度地避免和减少突发公共事件造成的人员伤亡与危害。

（2）居安思危，预防为主。增强忧患意识，高度重视公共安全工作，居安思危，常抓不懈，防患于未然。坚持预防与应急相结合，常态与非常态相结合，做好应对突发公共事件的思想准备、预案准备、组织准备及物资准备等。

（3）统一领导，分级负责。在党中央、国务院的统一领导下，建立健全分类管理、分级负责，条块结合、属地管理为主的应急管理体制，在各级党委领导下，实行行政领导责任制。实行应急处置工作各级行政领导责任制，依法保障责任单位、责任人员按照有关法律法规和规章及本预案的规定行使权力；在必须立即采取应急处置措施的紧急情况下，有关责任单位、责任人员应视情况临机决断，控制事态发展；对不作为、延误时机、组织不力等失职、渎职行为依法追究责任。根据突发公共事件的严重性、可控性、所需动用的资源、影响范围等因素，启动相应的预案。

（4）依法规范，加强管理。坚持依法行政，妥善处理应急措施和常规管理的关系，合理把握非常措施的运用范围和实施力度，使应对突发公共事件的工作规范化、制度化、法制化。

（5）快速反应，协同应对。加强以属地管理为主的应急处置队伍建设，充分动员和发挥乡镇、社区、企事业单位、社会团体和志愿者队伍的作用，依靠群众力量，建立健全快速反应机制，及时获取充分而准确的信息，跟踪研判，果断决策，迅速处置，最大程度地减少危害和影响。建立和完善联动协调制度，推行城市统一接警、分级分类处置工作制度，加强部门之间、地区之间、军地之间、中央派出单位与地方政府之间的沟通协调，充分动员和发挥城乡社区、企事业单位、社会团体和志愿者队伍的作用，形成统一指挥、反应灵敏、功能齐全、协调有序、运转高效的应急管理机制。

（6）依靠科技，提高素质。加强公共安全科学研究和技术开发，采用先进的预测、预警、预防和应急处置技术及设备，提高应对突发公共事件的科技水平和指挥能力；充分发挥专家在突发公共事件的信息研判、决策咨询、专业救援、应急抢险、事件评估等方面的作用。有序组织和动员社会力量参与突发公共事件应急处置工作；加强宣传和培训教育工作，提高公众自我防范、自救互救等能力。整合现有突发公共事件的监测、预测、预警等信息系统，建立网络互联、信息共享、科学有效的防范体系；整合现有突发公共事件应急指挥和组织网络，建立统一、科学、高效的指挥体系；整合现有突发公共事件应急处置资源，建立分工明确、责任落实、常备不懈的保障体系。

**（三）编制应急预案的基本要求**

编制应急预案应符合以下基本要求：

（1）要考虑发生紧急情况的各种可能性。因为紧急情况发生的可能性不尽一样，有的可能性较大，如设施故障、人的行为引起的故障等；有的可能性很小，如暴风雨（视地区而定）；有的甚至可能性绝少，如地震。

（2）要分析产生后果的严重性。有些事故一旦发生，后果将很严重，因此事先就应制定应急处理的方案。这种“未雨绸缪”“有备无患”，对事故进行有效的应急处理，才可以及时避免和减少事故损失。

（3）对紧急情况的分析要建立在科学、合理的基础上。在分析时，要尽量多收集资料，如同类型游艺机和游乐设施的事故记录、游乐园（场）所在地区的气候资料等，使得对紧急状态的分析既不遗漏，又不过分。

（4）要认真分析紧急情况和潜在事故的规模与影响。应急预案除要分析潜在事故、紧急情况外，还应进一步分析其规模与事故产生的影响如何，目的是更好地制订与之对应的处理方案。

**（四）应急预案的主要内容**

应急预案应包括如下内容：

（1）应急处理期间的负责人，参加应急处理的所有人员，包括特种救灾人员，如消防人员、急救人员等；每个应急处理人员应承担的职责、权限和义务。

（2）游客如何进行疏散。

（3）与外部支援机构的联络方法，包括电话号码，救援车辆行车路线，支援机构联络人员所在部门、姓名，以及支援人员赶到所需的时间等。

（4）与行政管理部门的联络方法，包括负责人、联系电话，以便及时汇报情况和请求给予协助等。

（5）与游客亲属联系的方法，以便及时通报情况。

（6）应急处理时需要使用的游乐设施布置图、技术参数、运行说明书、制造厂联络方法等。

（7）需要准备充分、可靠的应急设备，主要有：①报警系统；②应急照明和动力能源；③逃生工具；④游客安全避难场所；⑤消防设备；⑥急救设备；⑦通信设备。

## 六、应急救援组织机构及职责

### （一）应急救援组织机构

应急救援组织机构包括应急救援指挥部（领导小组）由应急救援办公（值班）室、现场指挥部、专家技术组。现场指挥部下设抢险救灾组、通信联络组、警戒保卫组、医疗救护组、后勤保障组、善后工作组等，其中总指挥应由单位的主要责任人担任。

发生紧急事件时，应急救援指挥部在总指挥的领导下，有序开展应急救援。应急救援组织机构如图 6–1 所示。

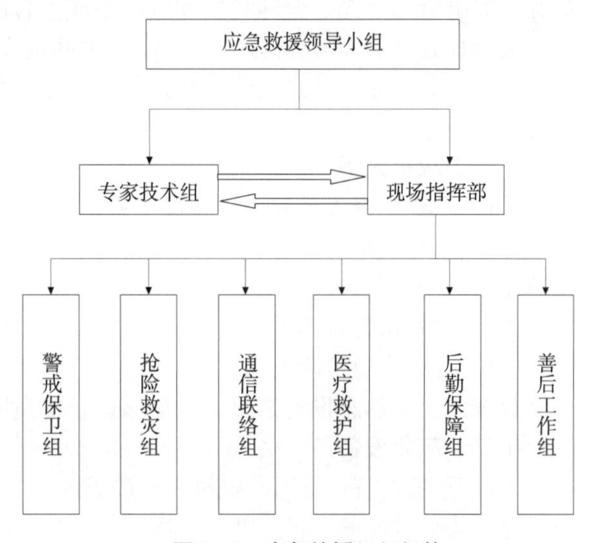


图 6–1　应急救援组织机构

### （二）应急救援指挥人员岗位职责

（1）组织制定特种设备事故应急救援预案。

（2）负责人员、资源配备、应急队伍的调动。

（3）确定现场指挥人员。

（4）协调事故现场相关工作。

（5）批准本预案的启动与终止。

（6）事故状态下设立的办公室、警戒保卫组、医疗救助组、现场救援小组等内部机构的工作职责及各级人员的职责。

（7）特种设备事故信息的上报工作。

（8）负责保护现场及相关物证、资料。

（9）组织应急预案的演练。

（10）接受政府的指令和调动。

**（三）相关操作岗位职责**

（1）抢险救灾组：根据方案实施情况，机动组成应急小组、设备抢修组和营救组，负责设备抢修、营救乘客和应急时的设备监测等工作。

（2）警戒保卫组：负责做好现场保卫警戒、维护秩序、疏通道路、组织人员撤离等工作。

（3）医疗救护组：负责对营救人员和受伤乘客的现场救治、心理抚慰或转送医院治疗。

（4）后勤保障组：抢险物资供应，应急交通的保障。

（5）通信联络组：负责单位内外的通信联络，保障救援现场通信联络和对外通信联络的畅通。

（6）善后工作组：负责事故伤亡人员及其家属的安抚、抚恤和理赔等工作，负责设备、厂房、建筑物受损后保险理赔及恢复工作。

## 七、应急救援资源及保障措施

运营使用单位应针对不同类别的大型游乐设施，结合救援活动的需要，配备实际资源类型（人力、装备、资金和物资供应）、具体数量及保障措施。安全管理人员应对照现有资源，提出资源补充、合理利用和资源集成整合的建议方案。

运营使用单位应明确与应急工作相关联的单位或人员的通信联系方式和方法，并提供备用方案。应建立信息通信系统及维护方案，保障报警、通信器材完好，保证信息渠道24小时畅通。

**（一）救援人员**

（1）专业维修人员和该设备操作人员。

（2）医疗服务人员。

（3）保安人员。

（4）物资信息管理人员。

（5）综合应急抢险人员。

救援人员应熟悉设备情况，了解该设备的危险源，掌握相应的救援技能。

**（二）应急设备**

（1）营救设备：备用发电机、救援服务车、高空作业车，消防云梯、液压升降平台、安全绳、叉车、汽车式起重机、气割设备、金属切割机、液压扩张器、千斤顶、手拉葫芦、便携式照明灯、撬杆和其他常用工具等。

（2）通信设备：对讲机、手持话筒、电话、传真等。

（3）个人防护设备：安全绳、防护服、安全帽、安全带、防滑靴、防砸鞋、绝缘鞋、手套、防护眼镜、防毒面具等。

（4）消防设备：消防栓、泡沫灭火器、砂土等。

（5）警示标志：各种警示牌、警戒线等。

（6）医疗设备：救护车、担架、止血带、夹板、氧气、急救箱等。

（7）文件资料：观览车类游乐设施使用维修说明书、使用维修记录、整机及主要零部件图、电气原理图及敷线图、安装拆卸工艺、设计计算书及有关计算机内存储的信息等。

### （三）社会资源

社会资源包括公安、消防、设备的设计制造单位、就近的专业制造厂、特种设备检测机构等。在运营过程中，游乐园必须制定娱乐安全规则，指导安全运营。例如，某公园娱乐安全规则规定：

（1）配备义务卫生员和简易外伤处理药物器材。

（2）运营前须对机器进行试运行，确认一切正常后方可开机营业；每班次必须有安全跟班；操作人员在游艺机运行中不得擅离工作岗位。

（3）服务员在开机前后要维持好秩序，注意不要让乘客抢上抢下；在开机前必须逐个检查乘客的安全带是否系好并不准超员乘坐。

（4）所有乘客必须听从服务人员安排和劝阻，不得将头、手伸到座舱外面；机器运行中，更不得进入安全栅栏并在内走动。

（5）高空项目必须设置高空救护器材。

（6）水上项目必须配置救生艇、救生圈；除设置固定救生员岗位外，另设置机动救生员 1 ~ 2 名。

（7）设备发生故障时即停止运行，迅速安置游客到安全地方。

（8）意外发生或即将发生时，操作人员和服务员必须沉着冷静，针对不同的情况采取不同的应急措施，以减轻事故造成的损害。义务卫生员应先对意外中的伤者进行简单处理并及时送医院。必要时立即通知“110”或“120”或“119”。

（9）成立安全领导小组。事故发生后，安全领导小组成员负责查找事故原因，做出妥善处理交向上级汇报。

## 八、大型游乐设施应急救援危险源及应对措施

### （一）大型游乐设施危险源风险分析

1. 人员滞留

（1）突然停电导致游客滞留：由于供电线路故障、设备故障等原因造成设备运营中突然停电，游客滞留在座舱上，不能到达地面安全区域。

（2）突发故障导致游客滞留：由于设备故障，导致设备停止运行、安全压杆锁死，提升段链条卡死，游客滞留在设备上，不能回到站台。

2. 游客意外伤害事故

（1）游客自身原因引起意外事故：设备在运营中或停止后，发现乘坐设备的游客身体状况发生异常。

（2）工作人员及设备本身原因导致意外伤害事故：因设备操作人员误操作、安全带或安全压杠等安全装置未扣紧、设备突然损坏或安全装置失灵等原因，导致游客高空跌落或碰撞等人员伤害事故发生。

（3）自然因素引起的事故：设备运行中或停止后，突遇恶劣天气（温度低于 0℃、风速超过 15m/s、雷雨、暴雨、闪电）或不可抗因素导致设备出现故障，游客身体出现不适导致事故发生。

### （二）大型游乐设施常见危险源及应对措施

大型游乐设施常见危险源及应对措施如表 6–3 所示。

表6-3 大型游乐设施常见危险源及应对措施

| 危险源 | 可能的原因 | 对应的救援措施 | 预防措施 |
| --- | --- | --- | --- |
| 设备突然停止运行，游客停留在距地面不同高度上 | 动力源突然中断 | 如设备采用双路供电或有备用电源，救援人员在判断安全的前提下应迅速切换电源，并按操作规程疏导乘客 | 1. 备有备用电源。<br>2. 操作人员熟悉应急救援方法 |
|  | 机械卡住 | 1. 迅速检查故障根源，解决问题后平稳启动。<br>2. 如短时间无法恢复，根据座舱的不同位置，实施救援 | 加强设备日常检查 |
| 乘人部分剧烈摇摆、非正常翻滚，使游客产生一定冲击和恐慌 | 机械故障导致某座舱不正常翻滚 | 按下紧急停车按钮，迅速固定该座舱，按危险程度顺序疏散乘客 | 加强日常设备检查 |
| 机械挤压、碰撞、剪切、缠绕等事故，或游客感到身体不适等症状时 | 乘客违反乘坐规定 | 按下紧急停止按钮，疏导乘客，并及时联系相关医疗救助 | 做好安全乘坐宣传 |
|  | 秩序混乱、场地管理不善 | 设备停机，救助伤员、疏散人群 | 加强现场管理 |
| 高空、高速坠物 | 机械连接失效 | 按下紧急停止按钮，疏导乘客，并及时联系相关医疗救助，进行设备检查 | 加强日常设备检查 |
|  | 乘客携带物品飞出 | 设备停机，救助伤员 | 做好安全乘坐宣传 |
| 火灾 | 乘客携带火种 | 火灾发生时，应停机、断电、及时合理疏散游客，隔离现场并采取常规的灭火措施，同时视火险情况及时通知消防部门 | 1. 日常清洁场地，避免杂物堆积；<br>2. 设备配备消防设施 |
|  | 电气短路 | 火灾发生时，应停机、断电、及时疏散游客，隔离现场并采取常规的灭火措施，同时视火险情况及时通知消防部门 | 1. 加强设备日常检查；<br>2. 设备配备消防设施 |
| 各种误操作 | 操作人员精神负担过重、疲惫、压力过大、注意力分散 | 设备停机，操作人员休息或者更换操作人员 | 合理安排人员 |
|  | 培训不足，未持证上岗 |  | 必须持证上岗，操作人员熟悉设备运行 |
|  | 操作人员与服务人员配合出错 | 按下紧急停止按钮，疏导乘客，并及时进行相关医疗救助 | 明确操作人员与服务人员的责任和配合方 |
| 各种误动作 | 信号干扰 | 按下紧急停止按钮，疏导乘客，进行设备检查 | 1. 每天开机前进行试运行；<br>2. 加强设备日常检查 |

**续表 6-3**

| 危险源 | 可能的原因 | 对应的救援措施 | 预防措施 |
| --- | --- | --- | --- |
| | 检测信号失灵 | 按下紧急停止按钮，疏导乘客，进行设备检查 | 1. 每天开机前进行试运行；<br>2. 加强设备日常检查 |
| 乘人部分超速 | 电气控制系统错误 | 按下紧急停止按钮，紧急情况下断电处理，疏导乘客，进行设备检查 | 加强设备日常检查 |
| | 油（气）压系统问题 | 按下紧急停止按钮，疏导乘客，进行设备检查 | 加强设备日常检查 |
| 油（气）管等突然爆裂伤害 | 管路老化、油压过高、连接接头失效 | 按下紧急停止按钮，疏导乘客，进行设备检查 | 加强设备日常检查 |
| 设备整体倾翻 | 结构性损伤 | 自救同时请求外部支援 | |
| 人员触电伤害 | 电气漏电 | 按下紧急停止按钮，疏导乘客，进行设备检查 | |
| 恶劣天气（雷电、台风、地震等） | | 根据厂家的应对措施处理 | 根据天气预报和实际情况安排设备是否运行 |
| 人员、座舱高空坠落。 | 安全保护装置失效 | 按下紧急停止按钮，疏导乘客，设备停机 | 1. 加强设备日常检查；<br>2. 服务人员检查安全保护装置是否到位，并与操作人员确认 |
| | 吊挂轴等结构失效 | 按下紧急停止按钮，疏导乘客，设备停机 | 加强设备日常检查 |
| 上下乘客时人员跌伤 | 操作人员与服务人员配合出错 | 设备停机，救助伤员，必要时疏导乘客 | 明确操作人员与服务人员的责任和配合方式 |
| | 对于观览车，座舱转速较快 | 设备停机，救助伤员，必要时疏导乘客 | 1. 调整设备转速；<br>2. 对乘客加强安全提示，身体条件不合适者严禁乘坐 |
| 乘客恐高、疾病等晕倒、发病等 | 乘客个人原因 | 最短时间内将该乘客疏导下来，及时进行相关医疗救助 | 对乘客加强安全提示，身体条件不合适者严禁乘坐 |
| 管理原因人员滞留高空 | 操作人员等疏忽 | 最短时间内将该乘客疏导下来，如需要，进行相关医疗救助 | 1. 设备运行（座舱的上下客情况）有完整的记录；<br>2. 站台工作人员下班前应确认每个座舱已没有乘客 |
| 乘人部分长时间摆动，短时间无法停止 | 动力源中断（如海盗船） | 利用备用电源或者手动的方式制动，将设备停下，如需要，进行相关医疗救助 | 操作人员熟悉相关应急处理方法 |
| | 程序错误或检测信号失灵 | 1. 按下紧急停止按钮；<br>2. 切断电源 | 加强设备日常检查并进行试运行 |

### （三）典型大型游乐设施应急救援措施

大型游乐设施应急预案当中的救援措施，只是一种方向性的措施。当突发性的设备和人身事故发生时，原则上是救人第一，及时采取相应的措施，以尽可能减轻事故造成的损害。

下面举例说明一些在典型游乐设施游艺机出现紧急情况时，应采取的措施。

1. 自控飞机类游艺机

自控飞机类游艺机在出现紧急情况时应采取的措施主要包括：

（1）当座舱的平衡拉杆出现异常，座舱倾斜或座舱某处出现断裂情况时，应立即停机，使座舱下降，同时通过广播告诉乘客一定要紧握扶手。

（2）当游艺机运行中突然停电时，座舱不能自动下降，服务人员应迅速打开手动阀门泄油，将高空的乘客降到地面。若未停电，换向阀因故不能换向，亦采用此办法将乘客降到地面。

（3）当游艺机运行中，出现异常振动、冲击和声响时，要立即按动紧急事故按钮，切断电源，将乘客疏散。经过检查排除故障后，再开机。

2. 观览车类游艺机

观览车类游艺机出现紧急情况时应采取的措施主要包括：

（1）当乘客上机产生恐惧时，要立即停车并反转，将恐惧的乘客疏散下来。不要等转一周后再停下来，时间长会出现意外。

（2）当吊箱门未锁好时，要立即停车并反转，服务人员将两道门锁均锁好后再开机。

（3）当运转中突然停电时，要及时通过广播向乘客说明情况，让乘客放心等待。立即采用备用动力源（手动卷扬或内燃机）将乘客疏散下来。

3. 转马类游艺机

转马类游艺机出现紧急情况时应采取的措施主要包括：

（1）当乘客不慎从马上掉下来时，服务人员要立即提醒乘客不要下转盘，否则会发生危险。

（2）当有人将脚掉进转盘与站台的间隙中时，要立即停车。

4. 双人飞天类游艺机

双人飞天类游艺机出现紧急情况时应采取的措施主要包括：

（1）当升降大臂不能下降时，先停机，然后打开手动放油阀，使大臂徐徐下降。

（2）当吊椅悬挂轴断裂时，因有钢丝绳保险设施，椅子不会掉下来，但要立即告诉乘客抓紧扶手，同时停车，将吊椅放下。

5. 滑行车类游艺机

滑行车类游艺机在出现紧急情况时应采取的措施主要包括：

（1）正在向上拖动着的滑行车，若设备或乘客出现异常情况，按动紧急停车按钮，停止运行，然后将乘客从安全走台上疏散下来。

（2）如果滑行车因故停在拖动斜坡的最高点上，应将乘客从车头开始，依次向后进行疏散。注意一定不要从车尾开始疏散，否则滑行车重心前移，有可能自动滑下，造成重大事故。

6. 小赛车类游艺机

小赛车类游艺机在出现紧急情况时应采取的措施主要包括：

（1）当小赛车冲撞抵挡物翻车时，服务人员应立即赶到出事现场，并采取救护措施。

（2）小赛车进站不能停车时，服务人员应立即上前，扳动后制动器的拉杆，协助停车，以免冲撞其他车辆。

（3）车辆出现故障，服务人员在跑道内排除故障时，绝对不能再发车，以免冲撞。故障不能马上排除时，要及时将车辆移到跑道外面。

7. 碰碰车类游艺机

碰碰车类游艺机在出现紧急情况时应采取的措施主要包括：

（1）车的激烈碰撞，使乘客胸部或头部碰到方向盘而受伤时，操作人员要立即停电，采取救护措施。

（2）突然停电时，操作人员要切断电源总开关，并将乘客疏散到场外。

## 九、正确处理应急预案的几个关系

（1）应急准备与事故预防的关系。事故预防是安全生产的核心，其目的是通过制定政策、规章、标准，加强行业安全管理，消除安全隐患，防止或减少事故发生，落脚点在“防”上，而应急准备尽管也是通过政策、规章等进行规范，但其落脚点在“备”上，规范的是应对事故的各种能力。因此，应急预案编制和管理，必须围绕完善应急准备而进行，利用应急预案的编制过程发现并完善应急救援机制、应急救援队伍和装备体系；利用应急预案的实施管理，提升各类人员应急意识和应急处置能力，规范应急处置行为。

（2）应急预案文本与现场救援方案的关系。应急预案不是单纯的救援措施，不是具体的救援方案，更不是简单的制度汇编。应急预案是应急处置的行动指南，而现场救援方案是事故应对过程中，根据事故的具体信息，针对事故抢险救援而制订的处置方案。因此，要改变将应急预案等同于现场救援方案而产生的应急预案无用论、实用性差等理解上的误区，用应急预案指导应急救援，用现场救援方案指挥应急救援。

（3）应急预案内容与应急管理规章制度的关系。应急预案是应急工作制度的具体细化和实施细则，是管理制度的延伸。应急管理规章制度是日常应急管理工作必须遵循的通用规范，用于指导包括应急预案等相关工作。在应急管理工作的初期，由于应急管理法制建设的相对滞后，应急预案在一定程度上代替了应急管理规章制度。随着应急管理体制机制法制的不断健全，应急预案应当向规范应急行动转变。因此，不能以制度代替应急预案，更不能罗列规章制度形成应急预案，而是要将部门、人员应急职责等能够以制度明确的内容从应急预案中脱离出来，简化应急预案文本。

（4）现场处置方案和操作规程的关系。操作规程是根据企业的生产性质、机器设备的特点和技术要求，结合具体情况及群众经验制定出的安全操作守则，其中包括的应急操作，多为生产应急操作，主要用于解决生产过程中设备设施等异常行为。而现场处置方案是事故发生初期各个岗位人员的应对措施，基于生产应急操作规程，主要体现自救互救特点。因此，必须正确区分生产应急和事故应急，将属于生产应急的措施纳入操作规程，将事故应急的措施纳入现场处置方案，提升应急预案的实效性。

# 第七章　游乐设施的维护与保养

作为特种设备之一的游乐设施，已成为人民群众生活质量日臻优化、文化娱乐活动丰富多彩的一个重要标志。随着高新技术的应用，刺激、惊险和更加复杂的大型游乐设施不断涌现，种类繁多、形态各异的游乐项目，使游客的游乐质量、品位得到了很大的提升。特别是近年来由于国际嘉年华进入中国游乐市场，对游乐设施的更新发展起到了有力的推动作用。

由于游乐设施是一种向社会公众开放使用的特种设备，且乘坐者又绝大多数是青少年和儿童，所以在营运过程中的安全非常重要。若因设备设施、管理和游客等因素，发生事故乃至造成人身伤害，后果将非常严重，会造成很不好的社会影响。而游乐设施特别是大型游乐设施事故的发生，往往与日常的维护保养有着非常重要的关系。

## 第一节　国内大型游乐设施经营现状

随着经济体制改革的不断深入，游乐设施的经营体制和经营形式发生了较大的变化。在经营管理体制上，目前大致有国有企业经营管理、国有企业管理且由本单位职工承包经营、国有单位管理且由外来人员承包经营、外来人员租赁场地自购设备经营管理和其他形式的经营管理体制等五种形式。

游乐设施经营管理体制的改革，给游乐设施行业带来了新的生机，同时也出现了一些不容忽视的隐患和问题。各营业单位游乐设施的设备状况参差不齐。一些经营规模较大、“家底”殷实的单位，自己拥有较强的维护保养队伍，对设备的日常维护保养、定期检查等工作做得比较好，所以设备状况良好。有的单位是直接委托制造厂家对设备进行日常维护保养，其设备状况也较正常。而一些由私人租赁承包经营的企业，以“小打小闹”的家庭作坊式从事经营活动，大多设备状况较差，他们既没有设备维护保养队伍，又不具备维护保养的专业技术，距规范要求的日常维护保养与定期检查存在很大的差距。而这种体制及经营方式还有扩大的趋势，这是游乐设施监管工作中的一个亟待关注的重要问题。还有一些经营单位和经营承包人，只追求经济利益，轻视安全营运，对游乐设施日常维护保养的重要性缺乏认识，只知“马达转、电灯亮”就可以营运，却不知设备是否具备安全营运的条件。他们平时给设备的保养，只是做一些清扫、上一些油漆之类的，大多属表面文章。这些状况，与国家《特种设备安全监察条例》（国务院令第 549）规定的“经常性日常维护保养，并定期自行检查”的要求存在很大差距。要改变这种状况，必须对大型游乐设施的日常维护保养乃至安全营运加强监督管理。

## 第二节　大型游乐设施维护保养的意义

大型游乐设施的维护保养是指通过设备部件拆解，进行检查、系统调试、更换易损件，但不改变大型游乐设施的主体结构、性能参数的活动，以及日常检查工作中紧固连接件、设备除尘、设备润滑等活动。设备维护保养包含的范围较广，包括：①为防止设备劣化，维持设备性能而进行的清扫、检查、润滑、紧固及调整等日常维护保养工作；②为测定设备劣化程度或性能降低程度而进行的必要检查。

维护保养的意义在于，在游乐设施长期使用过程中，机械部件发生磨损，间隙增大，配合改变，直接影响到设备原有的平衡，设备的稳定性、可靠性、使用效益均会有相当程度的降低，甚至会导致设备丧失其固有的基本性能，无法正常运行。为此，必须建立科学的、有效的设备管理机制，加大设备日常管理力度，理论与实际相结合，科学合理地制订设备的维护、保养计划。

为保证游乐设施经常处于良好的技术状态，随时可以投入运行，减少故障停机日，提高机械完好率、利用率，减少机械磨损，延长机械使用寿命，降低机械运行和维修成本，确保安全生产；维护保养必须贯彻“养修并重，预防为主”的原则，做到定期保养、强制进行，正确处理使用、保养和修理的关系，不允许“只用不养，只修不养”。

## 一、设备状况与日常维护、定期检查的重要关系

游乐设施种类繁多，结构复杂，几乎都在露天营运，受环境、气候影响较大，日晒雨淋，有些零部件极易老化、损坏，影响游客的人身安全。大型游乐设施营运中的设备状况与游乐设施日常维护保养、定期检查的开展有着非常重要的关系，特别是它的一些重要部位和重要零部件，如重要轴（销）、吊挂件、重要焊缝、电气保护装置、安全装置。若没有这方面的专业技术知识，就无法开展维护保养工作，无法识别存在的隐患，也就无法开展真正意义上的维护保养和定期检查。而这些重要部位、重要部件一旦发生问题，就很容易酿成事故，重则机毁人亡。

另外，对游乐设施的日常维护保养不能粗浅地理解为清洁、油漆、润滑等简单工作，有时因为这些简单的工作，在未做检查、未被确认有无缺陷存在的情况下盲目实施，反而起到了相反的作用。如重要焊缝不做专业检查，不知是否存在裂纹等隐患就进行油漆，反而使存在的缺陷被覆盖，为日后的检验检测、安全检查带来困难，由此造成的事故国内已有先例；再如重要轴（销），不做拆卸专业检查，只知加油润滑而发生断裂造成事故的情况举不胜举。因此，做好设备的日常维护和检查，对设备的正常运行是非常重要的。

## 二、安全监督检验制度的重要作用

国家的法律、法规，可对使用游乐设施的单位起到监督与警示的作用。如对使用单位游乐设施的监督检验，检验机构按规定履行每年 1 次的专业检测检验，是要对设备营运的安全状况做出客观、公正的判断。由于大型游乐设施的营运是一个动态的系统，对营运周期（1 年）而言，监察检查与检验检测只是整个营运周期中的数个节点上活动的反映，其他节点上的安全还应靠使用单位自己管理，依靠企业在日常维护保养、定期检查中发现并整改隐患。所以，在整个大型游乐设施监管体系中，“使用单位应当对在用大型游乐设施进行经常性日常维护保养并定期自行检查”的规定，决定了它是企业的游乐设施安全营运中一项必不可少的工作。

# 第三节 大型游乐设施维护保养的内容和要求

游乐设施的定期保养分日常维护保养、周维护保养、月维护保养和年维护保养等。

## 一、游乐设施日常维护保养项目内容及要求

游乐设施日常维护保养项目内容及要求见表7–1。

**表7–1 游乐设施日常维护保养项目内容及要求**

| 序号 | 项目 | 内容及要求 |
|---|---|---|
| 1 | 土建基础 | 检查游乐设施基础不应有影响运行的不均匀沉降、开裂、松动等现象 |
| 2 | 结构件 | 检查各结构件不应有异常情况、裂纹等 |
| | | 检查支柱、梁等结构件应无锈、无腐蚀 |
| | | 检查支柱及组成部件应无移位、变形和损坏 |
| 3 | 紧固件及连接件 | 检查用于固定的钢缆松紧度 |
| | | 检查用于固定的钢缆及安全保护钢缆 |
| | | 检查螺钉应无松动现象 |
| | | 检查各处螺栓应无松动情况 |
| 4 | 玻璃钢材料 | 检查玻璃钢体表面应清洁 |
| 5 | 空气压缩机 | 检查各轮脚支点应与地面接触平稳，宜水平放置 |
| | | 检查机器各部位紧固件应无松动现象 |
| | | 检查V带松紧应适度，无不均匀磨损及开裂现象 |
| | | 温升应正常 |
| | | 检查气压自动开关的控制压力，安全阀动作应灵敏 |
| | | 检查各指示仪表和润滑点应正常 |
| | | 机器运转声音应正常 |
| | | 检查整体机器设备的工作情况应正常 |
| | | 检查空压机储气罐，管道内油水混合物应放尽 |
| | | 检查油位应正常 |
| | | 检查运转中安全阀的灵敏性，压力表的指示值应正常，压力继电器应灵敏可靠 |
| | | 检查油面应在规定范围内 |
| 6 | 回转支撑 | 检查润滑情况应正常 |
| | | 检查啮合齿面应无径向窜动及严重磨损 |
| | | 检查回转支撑在运行中应无异响、振动冲击、功率突然增大等异常现象 |
| | | 检查密封应良好 |

**续表 7–1**

| 序号 | 项目 | 内容及要求 |
| --- | --- | --- |
| 7 | 减速器 | 检查应无异常声响 |
| | | 检查轴承温升应正常 |
| | | 检查油位应正常 |
| | | 检查运行中油温及温升应正常 |
| | | 检查安装固定情况应良好，无松动 |
| | | 检查润滑油量应正常 |
| 8 | 耦合器 | 检查安装情况应良好，无松动 |
| | | 检查温升应正常 |
| | | 检查应无渗、漏油现象 |
| 9 | 轴承 | 检查润滑应良好 |
| | | 检查温升应正常 |
| | | 应无异常声响 |
| 10 | 滑轮 | 检查润滑情况应良好 |
| 11 | 吊厢门 | 检查开关应灵活 |
| | | 检查应无损坏现象 |
| 12 | 车轮及轨道 | 检查与车轮及轨道相关的紧固件应良好，轴端锁具防松应良好，无锈蚀、裂纹等 |
| | | 车轮转动应灵活 |
| | | 车轮磨损不应超标，应无裂纹及其他缺陷 |
| | | 检查立柱与基础相连处应无生锈及腐蚀 |
| | | 检查车轮轮胎气压应适度 |
| 13 | 牵引系统 | 检查钢丝绳头组合及绳端固定应完好无损 |
| | | 检查钢丝绳断丝与锈蚀情况不应超标 |
| | | 张力弹簧不应变形断裂，拉杆应无锈蚀磨损 |
| | | 检查曳引机运行应平稳无杂音 |
| | | 吊挂和提升用钢丝绳破断应均匀分布，每股在一个捻距内断丝数不得超过 3 根 |
| | | 钢丝绳破断磨损后，余断面积为原断面积的 80% 以下或严重锈蚀情况下，每股捻距内破断数不得超过 2 根 |
| | | 钢丝在一处破断或特别集中在一股时，钢丝绳破断总数在一个捻距内，6 股不超过 10 根，8 股不超过 12 根 |

续表 7-1

| 序号 | 项目 | 内容及要求 |
|---|---|---|
| 14 | 车辆及连接部位 | 检查紧固件连接应牢固，防松应可靠 |
| | | 检查车辆连接器安装应良好 |
| | | 检查车体骨架、外围玻璃钢应无裂纹、破损及腐蚀 |
| | | 检查座位及靠背应无破损 |
| | | 车辆连接器给油应适当 |
| 15 | 电源 | 检查电源电压应满足起动及运行的要求，试运行时电压波动范围应满足要求 |
| | | 检查额定电流应在允许范围之内，电源接点及开关无发热现象 |
| 16 | 电缆及接插件 | 检查各部分线路线缆不应损坏，大负荷线路不应有发热及变色现象 |
| 17 | 环境 | 检查各电器装置的通风散热情况，潮湿情况应满足安全要求 |
| | | 检查气象条件对电器装置应无影响 |
| | | 检查动物对电气装置应无影响 |
| | | 检查环境卫生情况对电器装置应无影响 |
| 18 | 备用电源 | 检查发电机各部件应正常及完好 |
| | | 检查发电机起动装置的蓄电池电量及燃料应充足 |
| | | 检查各种按钮应有效 |
| | | 检查发动机燃油和润滑油的油位高度应在正常位置 |
| 19 | 液压泵及油马达 | 启动前，液压泵和油马达的壳体和吸油口应有储存充足的油液 |
| | | 运转时应无异响，吸油管应无松动 |
| | | 检查油液温升应正常 |
| 20 | 液压阀与集成块 | 检查应无漏油情况 |
| 21 | 油、气缸 | 检查各连接件应完好 |
| | | 检查油（气）缸支座固定螺钉应无断裂现象 |
| | | 检查活塞杆端头螺纹处和活塞应可靠锁紧 |
| | | 检查销轴润滑应良好 |
| | | 检查油（气）缸动作应灵活到位，无异常声响，速度均匀，无爬行现象 |
| | | 检查气缸运动件表面保持良好的润滑状态，对气源入口设置的油雾器及时补油 |
| | | 检查气缸应无异常声响，应无窜动错位现象 |
| | | 检查刹车减速装置（如板式制动器）中的气缸（囊）刹车分泵等部件应完好 |

**续表 7-1**

| 序号 | 项目 | 内容及要求 |
|---|---|---|
| 22 | 回转接头 | 检查密封应良好，无明显漏气（漏油）现象 |
| 23 | 管路和油箱 | 检查工作油温应正常 |
| | | 检查油位指示器外观应清洁、刻度清晰，接合部位应无漏油现象 |
| 24 | 低温工作 | 启动时，检查操作盘的油温指示装置应指示正确、灵敏有效 |
| | | 检查油温加热器，指示装置、电气连接应正常，管路应通畅，连接处无漏油等异常现象 |
| 25 | 气动安全阀 | 检查气动安全阀工作应正常 |
| 26 | 三元件与阀件 | 检查分水滤气器、减压阀、油雾器工作应正常 |
| 27 | 储气罐 | 检查管接头、孔加强圈密封处、封头结合等部位应无漏气、变形和严重锈蚀等现象 |
| 28 | 干燥器 | 检查管路接口的密封应良好，管路连接处应无泄漏，各部件与连接支架应牢固 |
| | | 检查电源、漏电断路保护器、接地线、指示信号、冷媒压力等应正常 |
| | | 检查干燥器排水管应通畅 |
| | | 检查高分子隔膜式干燥器的露点显示情况应正常 |
| 29 | 安全防护 | 检查人体束缚装置应完好 |
| | | 检查安全扶手、把手表面应光滑，固定应牢靠 |
| | | 检查防撞设施应完好 |
| | | 检查限位装置、超速保护装置、止逆装置、制动装置、锁紧装置等应有效可靠 |
| 30 | 安全标识 | 检查操作盘安全标识应完好 |
| | | 检查游乐设备各安全标识、语音提示器应正常 |
| 31 | 机械制动 | 检查制动装置应开闭灵活、可靠，制动蹄、摩擦片、制动盘、电磁线圈、弹簧、杠杆连轴等关键部位应无损坏 |
| | | 检查赛车类手刹制动应灵活有效、定位准确、刹车到位 |
| 32 | 电磁式制动 | 检查电磁式制动装置应完好 |
| 33 | 机械安全装置 | 检查安全压杠固定旋转轴应灵活可靠，锁母无松动 |
| | | 检查安全压板，棘爪与棘轮齿面应紧密啮合且旋转灵活自如，无缺齿现象，安全压板间隙不宜过大 |
| 34 | 液压安全装置 | 检查液压缸伸缩运动应上下自如，无泄漏、无爬行和卡阻现象，液压系统油路应畅通，电磁阀开关应动作灵敏、可靠 |

续表 7–1

| 序号 | 项目 | 内容及要求 |
|---|---|---|
| 35 | 气动安全装置 | 检查气缸上下伸缩运动及锁销定位应灵活自如，无渗漏和卡阻现象，气动三元件应完好无损，系统额定压力正常，密封性良好，无漏气现象，气动阀开关应灵敏、可靠 |
| | | 检查弹簧气动杆无断裂、漏气现象，回位应灵活，锁紧装置应可靠 |
| | | 检查板式制动装置应协调、可靠，保证系统额定压力，保证乘坐物顺利进站制动，制动闸衬的磨损量不得超标 |
| 36 | 电器控制 | 检查卷筒升降钢丝绳无过卷和松弛现象，钢丝绳的终端在卷筒上应留有不少于 3 圈的余量。其他机械限位装置及光电限位装置要检查元器件应灵敏、可靠 |
| | | 检查设备急停按钮应完好，动作应可靠，并采用凸起手动复位式 |
| 37 | 二次保险装置 | 检查止逆装置功能应良好，动作可靠，无严重锈蚀，结构件无开焊 |
| | | 检查漂浮类充气装置应完好 |
| | | 检查架空类防倒钩装置不应断裂 |
| 38 | 锁具 | 检查各种锁具应闭合到位，锁具应安全可靠 |
| 39 | 监控系统 | 检查报警系统工作应正常 |
| | | 检查监视系统应可靠 |
| | | 检查各种监测仪器应正常有效（如风速、温度、湿度、重力等） |

## 二、游乐设施周维护保养项目内容及要求

游乐设施周维护保养项目内容及要求见表 7–2。

表 7–2　游乐设施周维护保养项目内容及要求

| 序号 | 项目 | 内容及要求 |
|---|---|---|
| 1 | 土建基础 | 检查设备与基础连接部位应牢固可靠 |
| | | 检查基础部分与地面的交接处、设备与平台的交接部位、连接楼面处梁、板不应出现裂缝等现象 |
| | | 检查游乐设备基础防水层不应漏水 |
| | | 检查游乐设备基础沉降情况 |
| 2 | 联轴器 | 检查弹性联轴器橡胶圈的磨损情况 |
| 3 | 滑轮 | 检查固定应牢固 |
| | | 应无开裂现象 |
| | | 槽体磨损应均匀 |
| 4 | 牵引系统 | 检查支臂滑轮、牵引绳、齿圈、环形轨道板、轿厢、对重导轨润滑应良好 |
| | | 检查链轮与其轴承应安装正确，齿轮啮合应正常，无偏磨损，润滑应良好 |
| | | 检查传动链与牵引链张紧适当，给油适量，磨损正常，无断裂现象 |

续表 7-2

| 序号 | 项目 | 内容及要求 |
| --- | --- | --- |
| 5 | 车辆及连接部位 | 检查各部位的轴与衬套应无锈蚀、磨损、裂纹等缺陷 |
| | | 检查车轮轴承运转情况应良好，给油应适量 |
| 6 | 回转支撑 | 定期填加润滑油脂一次，直至从密封处渗出油脂 |
| | | 检查小齿轮和回转支撑齿面旋转应正常，无杂音，无偏啮合及偏磨损，润滑应良好 |
| 7 | 电缆及接插件 | 检查线路中各接点的连接应牢固可靠，无松动及氧化现象 |
| | | 检查接插件及接头等的连接应良好 |
| | | 检查线路、线缆的托架及防护装置应可靠 |
| 8 | 接地 | 检查电气柜的主接地点和电气柜的门，电动机的外壳，设备主体与基础的接地装置应可靠连接，紧固件无松动、生锈等不良现象 |
| 9 | 液压阀与集成电路 | 检查各阀件之间固定应牢固，密封应良好，紧固松动的连接螺栓 |
| | | 调定液压阀的压力后，检查调节手柄螺母固定情况 |
| 10 | 滤油器 | 检查滤油器应完好及清洁 |
| | | 检查滤芯应完好及清洁 |
| 11 | 管路油箱 | 检查结合部位的密封件应无渗漏情况 |
| 12 | 应急动力源 | 应急动力源设备应能正常运转，且应可靠有效 |
| | | 检查应急动力源与液压系统及切换元件的链接功能应正常 |
| 13 | 回转接头 | 润滑一次 |
| 14 | 三元件与阀件 | 检查减压阀调压和稳压工况应正常 |
| | | 检查油雾器润滑油的品质，并及时补充 |
| | | 检查油雾器的滴油量应正常 |
| 15 | 密封件 | 检查液压系统中马达、阀件、集成电路、管路接口等连接应完好，密封无漏（滴）油现象 |
| 16 | 二次保险装置 | 检查二次保险装置应完好有效 |
| 17 | 安全保护装置 | 检查是否安全可靠 |
| 18 | 电气 | 检查绝缘是否符合要求，接地是否可靠 |

## 三、月维护保养项目内容及要求

大型游乐设施月维护保养项目内容及要求见表 7-3。

**表7-3　大型游乐设施月维护保养项目内容及要求**

| 序号 | 项目 | 内容及要求 |
|---|---|---|
| 1 | 记录 | 各种工作记录应建立健全 |
| 2 | 基础 | 游乐设备基础沉降情况应符合要求 |
| 3 | 钢结构、金属材料、玻璃钢材料 | 结构件应无变形及断裂 |
| | | 结构件应无严重锈蚀 |
| | | 结构件重要焊缝应无开焊现象，应无严重锈蚀 |
| | | 结构件中铸造件应无裂纹 |
| | | 玻璃钢骨架应无裂纹、损坏及腐蚀现象 |
| | | 玻璃钢体应无开裂、破损现象 |
| 4 | 机械部分 | 空气压缩机中空气滤清器、机油滤清器应清洁完好 |
| | | 空气压缩机中冷却器外表面、风扇叶片和机组周围应清洁完好 |
| | | 空气压缩机中消声过滤器的过滤效果应良好 |
| | | 检查回转支撑螺栓的预紧力应符合要求 |
| | | 小齿轮和回转支撑齿面旋转应正常，应无杂音，应无偏啮合及偏磨损，润滑应良好 |
| | | 检查减速器固定螺栓应无松动现象 |
| | | 检查减速器机体应无裂纹及渗漏现象 |
| | | 检查减速器轴承温升应正常 |
| | | 联轴器安装情况应良好 |
| | | 耦合器安装情况应良好 |
| | | 轮桥各轴衬应无生锈、腐蚀、裂纹等缺陷，衬的磨损不能超过粉末冶金层 |
| | | 检查全部滚动轴承应正常 |
| | | 车轮总成架不应变形开焊 |
| | | 检查牵引系统应润滑良好 |
| | | 曳引钢丝绳表面的油污应清洁 |
| 5 | 电气控制系统 | 检查各带电元件的绝缘情况 |
| | | 检查滑环（滑触线）表面应无局部烧毁的现象 |
| | | 检查滑环（滑触线）的绝缘层应无破损、击穿的现象 |
| | | 检查电刷的磨损情况和集电环的接触应良好 |
| | | 检查各种电磁装置的吸合情况，电磁线圈应无过热情况发生 |

续表 7–3

| 序号 | 项目 | 内容及要求 |
| --- | --- | --- |
| | | 检查各种电子装置（变频器、调速器、PLC、交流电源等）的通风散热情况，灰尘应清洁，接线应正常 |
| | | 检查断路器开合状态应正常 |
| | | 检查漏电断路器，漏电保护功能应正常 |
| | | 检查接线应良好，无松动 |
| | | 检查接地电阻应满足要求 |
| 6 | 备用电源 | 检查备用电源应有效可靠 |
| 7 | 液压气压传动系统 | 液压部件应固定牢固；检查马达连接螺栓、轴承座和轴承盖螺钉的松紧程度应良好 |
| | | 液压阀与集成块动作应灵活、到位，响声正常，并检查电气线路接头连接情况，清洁电磁线圈污水、油垢 |
| | | 液压阀与集成电路应无漏油情况，应无失效的密封件 |
| | | 检查气动传动系统中传动带的拉力和表面破损程度，及时调整传动带的松紧度。传动带更换时，数根皮带应全部更换 |
| | | 应清除干燥器及通风口周围的杂物，清除黏附在热交换器、冷凝器上的灰尘等脏物，保持其通风环境和散热效果良好 |
| | | 管道使用中应无振动、冲击、窜动等情况。检查紧固支架的螺栓，并对管道磨损之处采取保护措施。检查气路板应无变形、漏气等情况 |
| | | 检查电解液的液面应保持至规定高度（蓄电池电解液液面应超过极板10~15mm） |
| | | 检查存放的蓄电池应定期补充充电 |
| 8 | 安全装置 | 检查游乐设备安全隔离装置 |
| | | 检查游乐设备消防器材是否过期，拉环锁销是否完好，不符合要求的严格按防火规定年限更换 |
| | | 制动装置必须为常闭式并有可调措施，在断电情况下，必须起到制动作用 |
| | | 检查人体束缚装置、止逆装置、防碰撞装置、超速保护装置、限位装置等是否可靠有效 |
| | | 采用充气轮胎驱动的架空类设备，其辅助二次保险轮系应转动灵活 |

## 四、年检

大型游乐设施每年应由相应的检验检测机构定期检测一次，但游乐设施是动态的，需要运营使用单位常态化的管理，所以要求在定期检验前，运营使用单位做好年检工作，年检的项目不得少于使用维护说明书和技术规范中的要求，可根据设备的特点增加检验项目，运营使用单位自检要特别关注以下几个方面：

(1) 无损检测，使用维护说明书中规定的重要的轴及销轴、重要焊缝，应按要求进行无损检测，无损检测机构应为经国家质检总局核准的机构。

(2) 避雷装置完好，避雷装置的接地电阻应不大于 30Ω。

(3) 压力容器应按要求检测合格。

(4) 重要零部件使用寿命应符合要求。

# 第四节　大型游乐设施的状态监视

对运转中的游乐设施整体或其零部件的技术状态进行检查与鉴定，以判断其运转是否正常，有无异常与劣化征兆，或对异常情况进行追踪，预测其劣化趋势，确定其劣化及磨损程度等，这种活动就称为状态监视。状态检视的目的在于掌握设备发生故障之前的异常征兆与劣化信息，以便事前采取针对性措施控制和防止故障的发生，从而减少故障停机时间与停机损失，降低维修费用和提高设备有效利用率。

对于在使用状态下的游乐设施进行不停机或在线监测，能够确切掌握设备的实际特性，有助于判定需要修复或更换的零部件和元器件，充分利用设备和零件的潜力，避免过度维修，节约维修费用，减少停机损失。

## 一、状态监视在维修中的作用

自从世界上出现第一台机器到今天，设备维修的发展过程共经历了事后维修和预防性定期维修两个阶段。事后维修的特点是设备坏了才修，不坏不修。这种维修方式，显然会失去设备维修的最佳时机，增加了设备维修难度，增大了维修成本，延长了维修时间。预防性定期维修有三种具体形式：一是检查后维修；二是标准化维修；三是定期性维修。

该类维修虽然强调以预防性为主，但是，定期维修计划的编制是否精确，计划与实际修理需要是否相适应，都直接取决于对其状态估计的精确性。由于过去检查手段落后，对设备状态的估计往往是主观的，特别对大型、复杂的设备，确定设备状态和制定修理期限时常会发生错误，加上定期维修过于强调维修的预防性，对维修的经济效果注意不够，只注意专业管理，忽视管理的群众性。所以，定期维修的综合效果往往是事倍功半。

随着设备状态监视技术和诊断技术的迅速发展，设备状态监视维修逐渐得到广泛的推广和应用，已成为当今国际科学维修技术与管理的发展方向。设备状态监视维修是一种以设备状态为依据的预防维修方式，它根据设备的日常点检、定检、状态监视和诊断提供的信息，经过统计分析来判断设备的劣化程度、故障部位和原因，并在故障发生前能进行适时和必要的维修。由于这种维修方式对设备失效的部位有着极强的针对性，修复时只需修理或更换将要或已损坏的零件，从而有效地避免意外故障和防止事故发生，减少了设备维修的成本，缩短了设备维修的时间。

## 二、状态监视的基本原理

状态监视是利用设备在运行过程中伴随而生的噪声、振动、温升、磨粒磨损和游乐设施的质量状况等信息，并受运行状态影响的效应现象，通过作业人员的感官功能或仪器获取这些信息的变化情况，作为判断设备运行是否正常，预测故障是否可能发生的依据。

（1）噪声和振动信息的监测。对噪声和振动强度的测量，可用以判断设备运行是否出现异常，然后分析故障发生的位置。比如，游乐设施一般有异常响声时，设备肯定出现了问题，作业人员要在第一时间能听出来，并及时汇报排查，直至问题解决。

（2）温升信息的监测。对设备在规定运行时间内的滑动轴承、滚动轴承等处温度变化情况进行测量，通过发现热异常现象，判断设备的故障位置及预防出现故障。

（3）磨损磨粒信息的监测。对游乐设施在运行过程中产生的金属材料的磨损磨粒进行收集（如重要销轴的磨损检查等），并测量其直径大小和观察其形状特点，用以预防故障是否可能发生。

（4）游乐设施重要部件质量状况信息的监测。通过分析重要部件或重要结构的受力情况，并结合这些部位设计制造安装的情况，预测什么情况下容易失效，并可以采取相应的补救措施。

## 三、状态监视的常用方法

在游乐设备上常用的简易状态监视方法（针对作业人员）主要有听诊法、触测法和观察法等。这些方法作业人员基本都能很快地掌握。

（1）听诊法。游乐设备正常运行时，伴随发生的声响总是具有一定的音律和节奏，作业人员只要熟悉、掌握这些正常的音律和节奏，通过人的听觉功能就能对比出设备是否出现了异常噪声，判断设备内部是否出现了松动、冲击、不平衡等隐患。这种方法对游乐设施作业人员很重要，一般设备出现故障，伴有异常响声时，就要求作业人员注意力集中，多听多检查，及时发现故障点。如滚动轴承发出均匀而连续的“咝咝”声，这种声音由滚动体在内外圈内旋转而产生，包括与转速无关的不规则的金属振动声响。一般表现为轴承内加润滑油不够，应补充。如轴承在连续的“哗哗”声中发出均匀的周期性的“嗬罗”声，这种声音是由滚动体和内外圈滚道出现伤痕、沟槽、锈蚀斑而引起的。

（2）触测法。游乐设施在运行一段时间后，用手的触觉可以检测设备的温升、振动及其间隙的变化情况。用手晃动机件可以感觉出 0.1 ～ 0.3mm 的间隙大小，用手触摸机件可以感觉振动的强弱变化和是否产生冲击。

（3）观察法。人的视觉可以观察设备的零部件有无松动、裂纹及其他损伤等；检查润滑是否正常，有无干摩擦和滴漏现象；检测设备运动是否正常，有无异常现象发生；观看设备上安装的各种反映设备工作状态的仪表指示数据的变化情况；通过测量工具和直接观察表面状况，检测设备质量出现的与设备工作状态有关的问题等；然后，通过把观察的各种信息进行综合分析，就能对设备是否存在故障、故障部位、故障程度及故障原因做出判断。

以上简易监测对游乐设施日常维护保养有很好的指导作用，因此应将这些简易的方法应用到实际工作中，切实提高维护保养的质量。

## 四、游乐设施的润滑

### （一）润滑的作用

游乐设施是大型游乐场经营的主要设备，为了能正常使用设备，就必须保证游乐设备经常处于良好的技术状态。这也就需要在产品设计阶段正确进行结构和润滑系统设计，选择适当的摩擦副材料及表面处理工艺；在生产阶段，应注意保证游乐设施的制造质量；而在使用期间，则必须重视游乐设施的维护保养。润滑是贯穿始终的重要环节。

任何游乐设施都是由若干零部件组合而成的，在设备运转过程中，可动零部件会在接触表面做相对运动，而有接触表面的相对运动就会有摩擦，就会消耗能量并造成零部件的磨损。据估计，世界能源的 1/3 ~ 1/2 消耗于摩擦发热，大约有 80% 的零件损坏是由磨损而引起的。由此可见，由于摩擦与磨损所造成的损失是十分惊人的，很多游乐设施故障是由润滑不正确引起的。

润滑是指在做相对运动的两个摩擦表面之间加入润滑剂，以减小摩擦和磨损。此外，润滑还可起到散热降温、防锈防尘、缓冲吸振等作用。因此，加强设备润滑，对提高摩擦副的耐磨性和游乐设施的可靠性，延长关键零部件的使用寿命，降低设备使用维修费用，减少机械设备故障，都有着重大意义。

游乐设施常常需要润滑的部位及零部件很多，例如齿轮、减速箱、轴承、重要销轴等，润滑在游乐设施的正常运转和维护保养中起着重要的作用。

（1）控制摩擦。对摩擦副进行润滑后，由于润滑剂介于对偶表面之间，使摩擦状态改变，相应摩擦因数及摩擦力也随之改变。试验证明，摩擦因数和摩擦力的大小，是随着半干摩擦、边界摩擦、半流体摩擦、流体摩擦的顺序递减的，即使在同种润滑状态下，因润滑剂种类及特性不同而不同。

（2）减少磨损。摩擦副的黏着磨损、磨粒磨损、表面疲劳磨损及腐蚀磨损等，都与润滑条件有关。在润滑剂中加入抗氧化和抗腐蚀添加剂，有利于抑制腐蚀磨损；而加入油性抗磨添加剂，可以有效地减轻黏着磨损和表面疲劳磨损；流体润滑剂对摩擦副具有清洗作用，也可减轻磨粒磨损。

（3）降温冷却。降低摩擦副的温度是润滑的一个重要作用。众所周知，摩擦副运动时必须克服摩擦力而做功，消耗在克服摩擦力上的功全部转化为热量，其结果将引起摩擦副温度上升。摩擦热的大小与润滑状态有关，干摩擦热量最大，流体摩擦热量最小，而边界摩擦的热量则介于两者之间。因此，润滑是减少摩擦热的有效措施。摩擦副温度的高低与摩擦热的高低有关，而半固体润滑剂的散热性则介于两者之间。由此可见，用液体润滑剂不仅可以实现液润滑，减少摩擦热的产生，而且可以将摩擦热及时带走。

（4）防止腐蚀。摩擦副不可避免地要与周围介质接触，引起腐蚀、锈蚀而损坏。在摩擦副对偶表面上，若有含防腐剂、防锈剂的润滑剂覆盖，就可避免或减少由腐蚀而引起的损坏。

上述四点是润滑的主要作用。对于某些润滑而言，还有如下的独特作用：

（1）密封作用。半固体润滑剂具有自封作用，它不仅可以防止润滑剂流失，而且可以防止水分和杂质等的侵入。使用在蒸汽机、压缩机和内燃机等设备上的润滑剂，不仅能保证润滑，而且也使气缸与活塞之间处于高度密封的状态，使之在运动中不漏气，起到密封作用并提高了效率。

（2）传递动力。有不少润滑剂具有传递动力的作用，如齿轮在啮合时，其动力不是齿面间直接传递，而是通过一层润滑膜传递的。液压传动、液力传动都是以润滑剂作传动介质而传力的。

（3）减振作用。所有润滑剂都有在金属表面附着的能力，而且本身的剪切阻力小，所以在摩擦副对偶表面受到冲击载荷时，也都具有吸振的能力。如汽车的减振器就是利用油液减振的，当汽车车体上下振动时，就带动减振器中的活塞在密封液压缸中上下移动，缸中的油液则逆着活塞运动的方向，从活塞的一端流向另一端，通过液体摩擦将机械能吸收而达到稳定车体的目的。

**（二）润滑剂的性能与选择**

生产中常用的润滑剂包括润滑油、润滑脂、固体润滑剂、气体润滑剂及添加剂等几大类。其中矿物油和皂基润滑脂的性能稳定、成本低，应用最广；固体润滑剂如石墨、二硫化钼等耐高温、高压能力强，常用在高压、低速、高温处，或不允许有油、脂污染的场合，也可以作为润滑油或润滑脂的添加剂使用；气体润滑剂包括空气、氢气及一些惰性气体，其摩擦因数很小，在轻载、高速时有良好的润滑性能。当一般润滑剂不能满足某些特殊要求时，往往有针对性地加入适量的添加剂来改善润滑剂的黏度、油性、抗氧化、抗锈和抗泡沫等性能。

1. 润滑油

润滑油的特点是流动性好、内摩擦因数小、冷却作用较好，可用于高速机械。更换润滑油时可不拆开机器，因油容易从箱体内流出，故常需采用结构比较复杂的密封装置，而且需经常加油。润滑油具有黏度、油性、闪点、凝点和倾点等性能。

（1）黏度。黏度是润滑油最重要的物理性能指标。它反映了液体内部产生相对运动时分子间内摩擦阻力的大小。润滑油黏度越大，承载能力也越大。润滑油的黏度并不是固定不变的，而是随着温度和压强而变化的。当温度升高时，黏度降低；压力增大时，黏度增高。润滑油的黏度分为动力黏度、运动黏度和相对黏度，各黏度的具体含义及换算关系可参看有关标准。

（2）油性。油性又称为润滑性，是指润滑油润湿或吸附于摩擦表面构成边界油膜的能力。这层油膜如果对摩擦表面的吸附力大，不易破裂，则润滑油的油性就好。油性受温度的影响较大，温度越高，油的吸附能力越低，油性越差。

（3）闪点。润滑油在火焰下闪烁时的最低温度称为闪点，它是衡量润滑油易燃性的一项指标，也是表示润滑油蒸发性的指标。油蒸发性越大，其闪点越低。润滑油的使用温度应低于闪点 20 ~ 30℃。

（4）凝点。凝点是指在规定的冷却条件下，润滑油冷却到不能流动时的最高温度，润滑油的使用温度应比凝点高 5 ~ 7℃。

（5）倾点。倾点是润滑油在规定的条件下，冷却到能继续流动的最低温度，润滑油的使用温度应高于倾点 3℃以上。

润滑油的选用原则是：载荷大或变载、冲击载荷，加工粗糙或未经跑合的表面，宜选用黏度较高的润滑油；转速高时，为减少润滑油内部的摩擦功耗，或采用循环润滑、芯捻润滑等场合，宜选用黏度低的润滑油；工作温度高时，宜选用黏度高的润滑油。

2. 润滑脂

润滑脂习惯上称为黄油或干油，是一种稠化的润滑油。其油膜强度高，黏附性好，不易流失，密封简单，使用时间长，受温度的影响小，对载荷性质、运动速度的变化等有较大的适应范围，因此常应用在不允许润滑油滴落或漏出引起污染的地方（如纺织机械、食品机械等）、加（换）油不方便的地方、不清洁而又不易密封的地方（润滑脂本身就是密封介质），以及特别低速、重载、间歇运动、摇摆运动等机械设备等。润滑脂的缺点是内摩擦大，启动阻力大，流动性和散热性差，更换、清洗时需停机后拆开机器。

润滑脂的主要性能指标有滴点和锥入度。滴点是指在规定的条件下，将润滑脂加热至从标准的测量杯孔滴下第一滴时的温度，它反映了润滑脂的耐高温能力。选择润滑脂时，工作温度应低于滴点 15 ~ 20℃。锥入度是衡量润滑脂黏稠程度的指标，它是指将一个标准的锥形体，置于25℃的润滑脂表面，在其自重作用下，该锥形体沉入脂内的深度（以 0.1 为单位）。国产润滑脂都是按锥入度的大小编号的，一般使用 2、3、4 号。锥入度越大的润滑脂，其稠度越小，编号的顺序数字也越小。

根据稠化剂皂基的不同，润滑脂主要有钙基润滑脂、钠基润滑脂、锂基润滑脂、铝基润滑脂等类型。选用润滑脂类型的主要根据是润滑零件的工作温度、工作速度和工作环境条件。

**（三）润滑装置**

游乐设施中常见的润滑方式为油润滑，油润滑是工业上常用的润滑方法。由于润滑油的散热效果佳、易于过滤除去杂质、流动性较好，因而适用于所有速度范围的润滑。润滑油还可以循环使用，换油也比较方便，但是油润滑密封比较困难。游乐设施的油润滑有分散润滑和集中润滑等方法，润滑装置有油润滑装置、脂润滑装置、固体润滑装置和气体润滑装置等。

1. 油润滑装置

（1）手工润滑。手工润滑是一种最普遍、最简单的方法。一般是由设备操作人员用油壶或油枪向注油孔、油嘴加润滑油。润滑油注入油孔后，沿着摩擦副对偶表面扩散以进行润滑。因润滑油量不均匀、不连续、无压力而且依靠操作人员手感操作，有时不够可靠，所以只适用于低速、轻负荷和间歇工作的部件和部位，如开式齿轮、链条、钢丝绳等。

（2）滴油润滑。滴油润滑主要是滴油式油杯润滑，它依靠润滑油的自重向润滑部位滴油，图 7–1 所示为依靠油的自重向润滑部位滴入。滴油式油杯的构造简单，使用方便。其缺点是给油量不易控制 w，机械的振动、温度的变化和液面的高低都会改变滴油量。

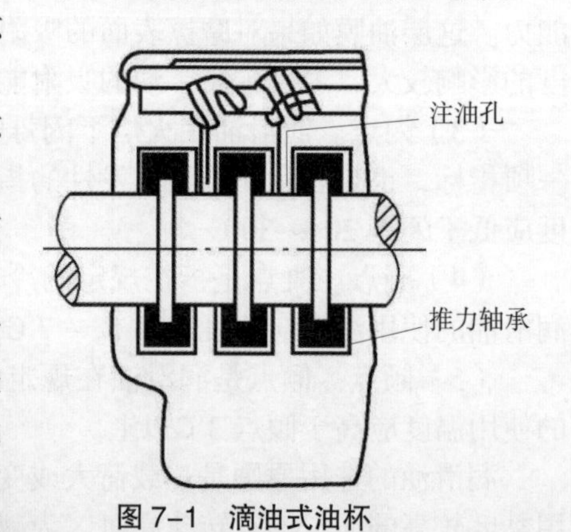

图 7–1 滴油式油杯

（3）油池润滑。油池润滑是依靠淹没在润滑油池中的旋转零件，将润滑油带到需润滑的部位进行润滑。这种润滑方法适用于封闭箱体内转速较低的摩擦副，如齿轮副、蜗杆蜗轮副、凸轮副等。油池润滑的优点是自动可靠、给油充足。其缺点是润滑油的内摩擦损失较大，且易引起发热，油池中的润滑油可能积聚冷凝水。

（4）飞溅润滑装置。当回转件的圆周速度较大，介于 5 ~ 12m/s 时，润滑油飞溅雾化成小滴飞起，直接散落到需要润滑的零件上，或先溅到集油器中，然后经油沟流入润滑部位，这种方式称为飞溅润滑。这种装置结构简单，工作可靠。

（5）油绳、油垫润滑。这种润滑装置是用油绳、毡垫或泡沫塑料等浸在油中，利用毛细管的虹吸作用进行供油。图 7–2 所示为油绳式油杯，图 7–3 所示为用油绳润滑的推力轴承。图 7–4 所示为用毡垫润滑的滑动轴承。这种装置多用于低速、中速的机械上。

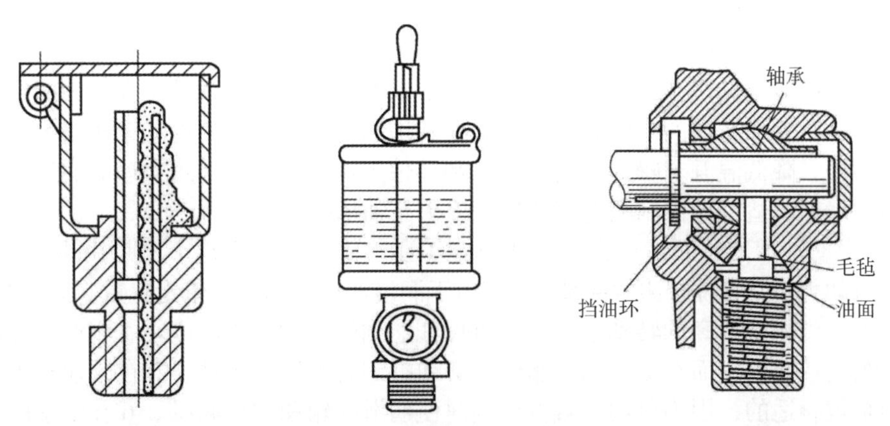


图 7–2　油绳式油杯　　图 7–3　用油绳润滑的推力轴承　图 7–4　用毡垫润滑的滑动轴承

（6）油环、油链润滑装置。油环、油链润滑装置是依靠套在轴上的环或链把油从池中带到轴上再流向润滑部位，如图 7–5 和图 7–6 所示。

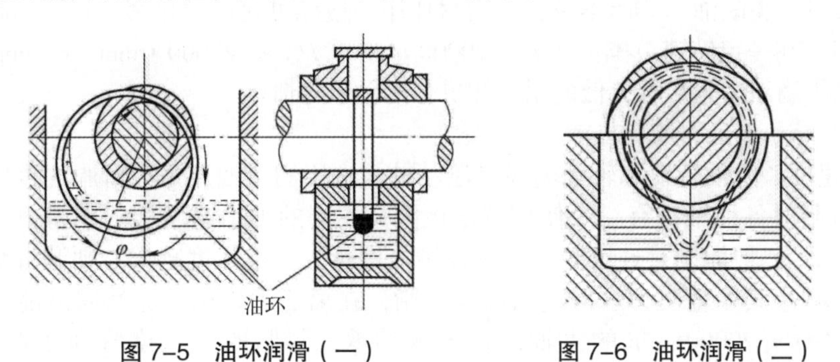


图 7–5　油环润滑（一）　　图 7–6　油环润滑（二）

（7）喷油润滑装置。当回转件的圆周速度超过 12m/s 时，采用喷油润滑装置。它是用喷嘴将液压油喷到摩擦副上，由液压泵以一定的压力提供油液。

（8）油雾润滑装置。油雾润滑是利用压缩空气将油雾化，再经喷嘴喷射到所润滑表面。

2. 脂润滑装置

润滑脂是非牛顿型流体，与油相比较，脂的流动性、冷却效果都较差，杂质也不易除去。因此，脂润滑多用于低、中速机械。脂润滑装置分为手工润滑装置、滴下润滑装置、集中润滑装置三种。

3. 固体润滑装置

固体润滑剂用于整体润滑、覆盖膜润滑、组合和复合材料润滑、粉末润滑等。

4. 气体润滑装置

气体润滑一般用于强制供气润滑系统。

游乐设施零部件种类很多，其结构形式、工作条件、速度、负荷、精度等各不相同，对润滑剂的要求也不同，如果解决得不好，就会加速摩擦，进而加速磨损，甚至发生严重事故。因此，必须按设备的零部件不同情况，慎重选择润滑材料。

**（四）典型零部件的润滑**

1. 滚动轴承的润滑

1）滚动轴承的特点

滚动轴承既有滚动摩擦，也有滑动摩擦。滑动摩擦是由于滚动轴承在表面曲线上的偏差和负载下轴承变形造成的。随着速度和负荷的增加，滚动轴承的滑动摩擦增大。为了减少摩擦、磨损，降低温升、噪声，防止轴承和部件生锈，就必须采用合理的润滑方式和正确地选用润滑剂，适宜地控制润滑剂数量，以提高轴承的使用寿命。

（1）滚动轴承使用润滑油润滑的优点：①在一定的操作规范下，使用润滑油比润滑脂润滑的启动力矩和摩擦损失显著要小。②由于润滑油可在循环中带走热量起到冷却作用，故能使轴承达到相对较高的转动速度。③可保证达到较高的使用温度。④用润滑油时，不必拆卸有关连接部件；而在更换润滑脂时，必须拆卸有关连接部件。⑤在减速箱中的轴承用润滑油是很合适的，因为可用飞溅方式同时使润滑齿轮和轴承润滑。⑥在轴承中润滑脂逐步被产品磨损的产物、磨料、从外经密封装置渗透的和自身老化的产物所沾污，如不及时替换，则引起轴承加速磨损，而用润滑油时，可经过过滤而保证其正常运转。

（2）滚动轴承使用润滑脂润滑的优点：①个别需用手经常加油的轴承点，如换用脂则既省事又可避免缺油。②脂本身就有密封作用，这样可允许简化密封程度不高的机构。③经验证明，在一定转速范围内（$n<20000$r/min 或 $DN<20000$（mm・r）/min），用锂基脂润滑比用滴油法润滑有更低的温升和更长的轴承寿命。

2）滚动轴承选用润滑脂应考虑的因素

（1）速度。主轴转速和轴承内径是滚动轴承选用润滑油还是润滑脂的重要依据，通常使用润滑脂时各种轴都有一个使用速度极限，不同的轴承速度极限相差很大，通常以 $DN$ 值来表示。一般原则是速度越高，选择锥入度越大（锥入度越大，则润滑脂越软）的润滑脂，以减小其摩擦阻力。但过软的润滑脂，在离心力作用下，其润滑能力则降低。根据经验，对 $n$=20000r/min 的主轴，若用球轴承，其脂的锥入度宜在 220 ~ 250，当 $n$=10000r/min 时，选锥入度为 175 ~ 205 的脂；若用滚锥、滚子轴承，由于它们与主轴配合比较紧密，甚至有些过盈结构，因此即使主轴转速 $n$=1000r/min 左右，其用脂的锥入度应在 245 ~ 295 范围内。

（2）温度。轴承的温度条件及变化的幅度对润滑脂的润滑作用和寿命有明显的影响，润滑脂是胶体分散体系，它的可塑性和相似黏度随着温度而变化。当温度升高时，润滑脂的基础油会产生蒸发、氧化变质，润滑脂的胶体结构也会变化而加速分油。当温度达到润滑脂稠化剂的熔点或稠化纤维骨架维系基础油的临界点时，其胶体结构将完全破坏，润滑脂不能继续使用。如果温度变化幅度大且温度变化频繁，则其凝胶分油现象更为严重。一般来讲，润滑脂高温失效的主要原因都是凝胶萎缩和基础油的蒸发，当基础油损失达 50% ~ 60% 时，润滑脂即损失了润滑能力。轴承温度每升高 10 ~ 15℃，润滑脂的寿命缩短一半。在高温部位润滑时，要考虑选用抗氧化性好、热蒸发损失小、滴点高的润滑脂。在低温下使用，要选用相似黏度小、低启动阻力的润滑脂。这类润滑脂的基础油大多是合成油，如酯类油、硅油等，它们都具有低温性能。

（3）载荷。对于重载荷机械，在使用润滑脂润滑时，应选用基础油黏度高、稠化剂含量高的润滑脂，稠度大的润滑脂可以承受较高载荷；或选用加有极压添加剂或填料（二硫化钼、石墨）的润滑脂。对于低、中载荷的机械，应选用 1 号或者 2 号稠度的短纤维润滑脂，基础油以中等黏度为宜。

（4）环境条件。环境条件是指润滑部位的工作环境和所接触的介质，如空气湿度、尘埃及是否有腐蚀性介质等。在潮湿环境或水接触的情况下，要选用抗水性好的润滑脂如钙基、锂基、复合钙基脂。条件苛刻时，应选用加有防锈剂的润滑脂。处在有强烈化学介质环境的润滑部件，应选用抗化学介质的合成油润滑脂，如氟碳润滑脂等。

2. 动压滑动轴承的润滑

1）动压滑动轴承润滑剂的选择

动压滑动轴承是滑动轴承中应用最广泛的一类，包括液体（油与非油润滑介质）与气体动压润滑两种类型。油润滑动压轴承，包括单油楔（整体式）、双油楔、多油楔（整体或可倾瓦式）、阶梯面等多种类型，润滑特点各有不同，一般要求在回转时产生动压效应，主轴与轴承的间隔较小（高精度机床要求达到 1 ~ 3μm），有较高的刚度，温升较低等。

动压滑动轴承一般使用普通矿物润滑油和润滑脂作为润滑剂，在特殊情况下（如高温系统），可选用合成油、水和其他液体，在选择滑动轴承润滑油时应考虑如下因素：

（1）载荷。根据一般规律，重载荷应采用较高黏度的油，轻载荷采用较低黏度的油，为了衡量滑动轴承负荷的大小，一般以轴承单位面积所承受的载荷大小来决定。

（2）速度。主轴线速度高低是选择润滑油黏度的重要因素。根据油楔形成的理论，高速时，主轴与轴承之间的润滑处于液体润滑的范围，必须采用低黏度的油以降低内摩擦：低速时，处于边界润滑的范围，必须采用高黏度的油。

（3）主轴与轴承间隙。主轴与轴承之间的间隙取决于工作温度、载荷、最小油膜厚度、摩擦损失、轴与轴承的偏心度、轴与轴承的表面粗糙度等要求。间隙小的轴承要求采用低黏度油，间隙大的采用高黏度油。

（4）轴承温度。对于普通滑动轴承，影响轴承温度的最重要的性质是润滑剂的黏度。黏度太低，轴承的承载能力不够，黏度太高，功率损耗和运转温度将会不必要地过高。由于矿物油的黏度随着温度升高而降低。所以，润滑剂的性能在很大程度上取决于在其配制过程中基油的黏度和稠化剂的种类。

（5）轴承结构。载荷、速度、间隙、速度、温度、轴承结构等并不是单一影响因素，在选择滑动轴承润滑油时，要综合考虑这些因素的影响。

2）动压滑动轴承润滑脂的选用

动压滑动轴承可以采用润滑脂进行润滑，在选择润滑脂时应考虑以下几点：

（1）轴承载荷大、转速低时，应选择锥入度小的润滑脂；反之，要选择锥入度较大的。高速的轴承选用锥入度小、机械安定性好的润滑脂。特别注意的是，润滑脂的基础油的黏度要低。

（2）选择润滑脂的滴点一般高于工作温度 20 ~ 30℃，在高温连续运转的情况下，注意不要超过润滑脂允许的使用温度范围。

（3）滑动轴承在水淋或潮湿环境里工作时，应选择抗水性能好的钙基、铝基或锂基润滑脂。

（4）选择具有较好黏附性能的润滑脂。

3. 液体静压轴承的润滑

1）静压轴承的特点

静压轴承是利用静压润滑原理润滑的滑动轴承。通过外部液压油把主轴支承起来，在任何转速下（包括启动和停车）轴颈和轴承均有一层油膜分离摩擦表面，与轴的转数和油的黏度无关，摩擦副处于流体润滑状态，不发生金属接触。因此，有极低的摩擦，其摩擦因数为 0.0003 ~ 0.001。即使使用低黏度液体、水和液压介质等，也能承受载荷的变化。

流体静压轴承的优点是：在启动时为流体摩擦，几乎没有磨损。由于轴与轴承之间有相当高的压力油，其油膜具有良好的抗振性能。静压轴承的承载能力较大，而承载能力取决于泵的压力和支承的结构尺寸。

2）静压轴承对润滑油的选用

静压轴承所用润滑油应不易挥发，使其在长时间运转过程中保持稳定的黏度；抗氧化性能好，使其在运转期间不致氧化结胶，堵塞通道；没有腐蚀性等要求，并要根据以下节流形式来选择：

（1）毛细管节流形式。一般采用 15 号轴承油和 32 号液压油或 10 号变压器油和 32 号汽轮机油；反之，则用黏度较高的油。

（2）小孔节流形式。一般采用 50% 的 2 号轴承油加 50% 的 5 号轴承油。也可用白煤油和 32 号汽轮机油的混合油（黏度调成 $5mm^2/s$，40℃），并把它加热到 70℃，加入 0.2% 的 2，6- 二叔丁基对甲酚或其他抗氧化添加剂。

（3）薄膜反馈节流形式。一般采用 15 号轴承油、32 号液压油或 46 号液压油，也可用10号变压器油、32号汽轮机油或46号汽轮机油。在高速轻载荷的情况下，用15号轴承油，在低速重载荷的情况下，用 46 号液压油，在中速中载荷时，则用 32 号液压油。

4. 齿轮传动的润滑

开式及半开式齿轮传动，或速度较低的闭式齿轮传动，通常用人工作周期性加油润滑，所用润滑剂为润滑油或润滑脂。通用的闭式齿轮传动，其润滑方法根据齿轮的圆周速度大小而定。当齿轮的圆周速度 $v < 12m/s$ 时，常将大齿轮的轮齿浸入油池中进行浸油润滑，如图 7–7 所示。这样，齿轮在传动时，就把润滑油带到啮合的齿面上，同时也将油甩到箱壁上以散热。齿轮浸入油中的深度可视齿轮的圆周速度大小而定，对圆柱齿轮油深通常不超过一个齿高，但一般不应小于 10mm；对锥齿轮应浸入全齿宽，至少应浸入齿宽的 1/2。在多级齿轮传动中，可用带油轮将油带到未浸入油池内的齿轮的齿面上，如图 7–8 所示。

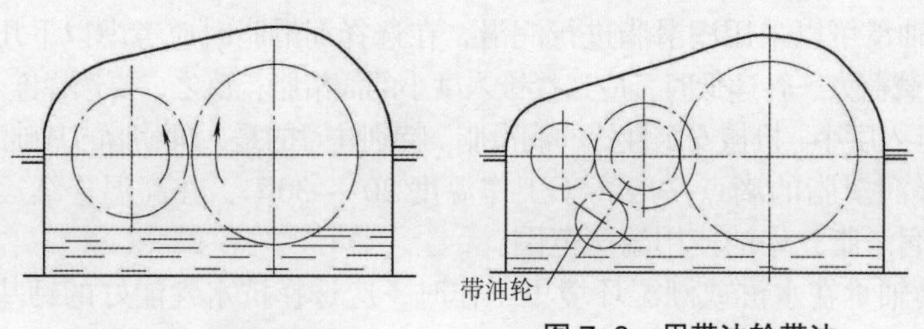


图 7–7　浸油润滑　　图 7–8　用带油轮带油

油池中的油量多少，取决于齿轮传递功率的大小。对单级传动，每传递 1kW 的功率，需油量为 0.35 ~ 0.7L；对于多级传动，需油量按级数成倍地增加。

当齿轮的圆周速度 $v > 12$m/s 时，应采用喷油润滑，如图 7–9 所示，即由液压泵或中心供油站以一定的压力用喷嘴将润滑油喷到轮齿的啮台面上。当 $v \leq 25$m/s 时，喷嘴位于轮齿啮入边；当 $v > 25$m/s 时，喷嘴应位于轮齿啮出的一边，以便用润滑油及时冷却刚啮合过的轮齿，同时也对轮齿进行润滑。

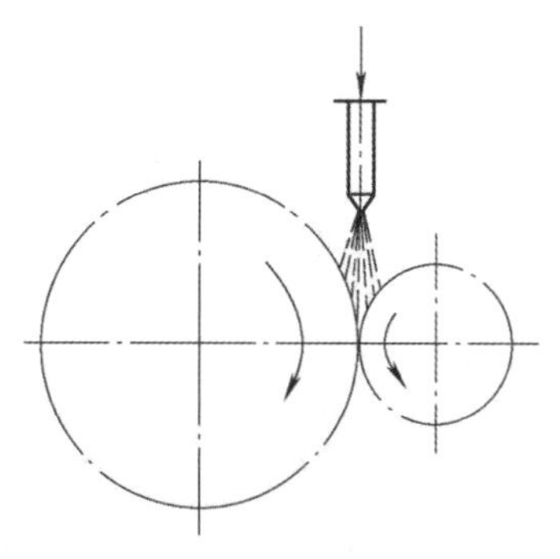

图 7–9 喷油润滑

开式齿轮传动中易落入灰尘、切屑等外部介质而造成润滑油污染，齿轮易于产生磨料磨损。当对开式齿轮给以覆盖时，在相同的工作条件下，开式齿轮的润滑要求与闭式齿轮相同。开式齿轮传动通常使用高黏度油、沥青质润滑剂或润滑脂，并在比较低的速度下能有效工作。现有三个档次的分类，即普通开式齿轮油（CKH）、极压开式齿轮油（CKJ）及溶剂稀释型开式齿轮油（CKM）。

在决定开式齿轮传动润滑油时，应考虑下列因素：封闭程度、圆周速度、齿轮直径尺寸、环境、润滑油的使用方法和齿轮的可接近性。

除在某些场合下润滑油可以循环回流外，此时应设置油池。开式齿轮传动的润滑方法一般是全损耗型的，而任何全损耗型润滑系统，最终在其齿轮表面只有薄层覆盖膜，它们常处在边界润滑条件下，因为当新油或脂补充到齿面时，由于齿面压力作用而挤出，加上齿轮回转时离心力等的综合作用，只能在齿面上留下一层薄油膜，再加上考虑齿轮磨合作用，因此润滑油必须具备高黏度或高稠度和较强的黏附性，以确保有一层连续的油膜保持在齿轮表面上。

开式齿轮暴露在变化的环境条件中工作，如果齿轮上的润滑剂被抛离，那么损坏齿轮的危险依然存在。

开式齿轮传动润滑油的最通用类型是一种像焦油沥青那样具有黑色、胶黏的极重石油残渣材料，这种材料对齿轮起保护作用，要使用它们，必须加热软化。现在一般是通过供油者加一种溶剂，使它们变成一种液体，这种溶剂是一种具挥发性、无毒的碳氢化合物，使用时直接涂上或喷上，当溶剂挥发后，有一层塑性的类似橡胶膜覆盖在齿面上，以达到阻止磨损、灰尘和水的损害，最终达到保护齿轮的目的。某些类型的开式齿轮润滑剂要加入极压抗磨添加剂，当它们与大气接触后，就能较稠而牢固地附着在齿轮表面，以阻止灰尘的沉积和水的侵蚀。

在考虑润滑方式时，应该知道：循环油比周期性加油对齿轮润滑更有效和方便。对于开式齿轮和齿轮轮系，可使用比较软的润滑脂。

5. 链传动的润滑

对于链传动，即使链条和链轮设计得非常符合使用条件和环境，但是如果润滑不良，则不可能充分发挥设计的性能和保证使用寿命。链条在使用中良好的润滑和润滑不良，其磨损量可相差 200 ~ 300 倍，一旦润滑不充分，则销轴和套筒将发生磨损，并由此引起链条与链轮啮合失调，噪声增大，链节伸长，甚至造成断链事故。特别是滑行类游乐设施，滚子与套筒之间如润滑不良，将造成这些零件早期严重磨损而无法继续使用。因此，选择好润滑油黏度、给油位置及方法、给油间隔和注油量等合理方案，使链条各摩擦表面之间充分润滑，是发挥链条性能的至关重要的措施。通过润滑，可以减少摩擦副的磨损，减少动力消耗，防止发生黏着磨损引起的胶合，消除因摩擦而产生的过热，保证传动平稳并延长使用寿命。

1）润滑材料的选择

只要能减少摩擦副之间的摩擦与磨损、降低摩擦阻力的一切减磨物质都可以作为润滑材料。可用于链条润滑的润滑剂种类繁多，有润滑油、润滑脂、固体润滑剂等。但在选择链条传动润滑剂时，必须考虑润滑形式、环境温度、链条规格之间的配合。一般都使用化学性质稳定的优质矿物油，以成分纯净、不易氧化、不含杂质的为最佳。至于各种用过了的油或脂类，可能含有微小颗粒及腐蚀性成分，会造成链条死节等故障，所以绝对不可以用作链传动润滑剂。链条润滑油选用方案见表 7–4。

**表 7–4　链条润滑油选用方案**

| 润滑形式 | A 型和 B 型 | | | C 型 | | |
|---|---|---|---|---|---|---|
| 环境温度 | 0℃ | 0~40℃ | 40 ~60℃ | 0℃ | 0 ~40℃ | 40 ~60 ℃ |
| 链条 0A−12A | HJ10 | HJ20 | HJ30 | HJ10 | HJ20 | HJ30 |
| 型号 6A40A | HJ10 | HJ30 | HJ40 | HJ20 | HJ30 | HJ40 |

链条在出厂前必须渗防锈润滑油，为了防止运输保管时滴油流失，往往在润滑油中加入稠化剂，一般各制造厂家都自行调制。

2）润滑部位及给油方式

链传动润滑方式根据使用工况的不同分为三种：手工给油或滴油润滑方式、油池润滑方式、液压泵强制给油润滑方式。

对于 B 型渗油润滑和 C 型强制润滑，各部位都能充分润滑。而对于 A 型手工给油或滴油润滑方式，则必须保证润滑油充满金属之间产生摩擦的部位，它主要有：销轴与套筒之间，可以防止过度磨损而伸长；套筒与滚子之间，可以减少两者之间的磨损，同时其间的油膜还能起到减缓冲击，以防滚子和套筒碎裂和减少噪声的作用。当润滑油充满间隙，特别是在链条松边给油，可以使油充满各摩擦副间隙之中，能有效地防止金属之间直接接触，从而延长链条的使用寿命，同时润滑油也可防止链条锈蚀。

# 第八章　大型游乐设施事故预防及案例

## 第一节　事故概论

### 一、事故的定义

#### （一）事故

事故是指人们在进行有目的的活动过程中，突然发生了违反人们意愿，并可能使有目的的活动发生暂时性或永久性中止，造成人员伤亡或（和）财产损失的意外事件。事故的定义反映出事故有四个特征：

(1) 事故发生在到达目标的行动过程中。

(2) 事故表现为与人的意志相反的意外事件。

(3) 事故的结果是使达到目标的行动停止。

(4) 事故结果造成人员伤亡或财产损失，包括暂停运行而产生的直接和间接损失。有的是人受到伤害，物也遭到损失；有的是人受到伤害，而物没有损失；有的是人没有受到伤害，物遭到损失；有的是人没有受到伤害，物也没有损失，只有时间和其他间接的经济损失。

#### （二）事故的必然性和偶然性

一切事故的发生都是由一定原因引起的，这些原因就是游乐设施运行中潜在的危险因素，事故本身只是所有潜在危险因素或显性危险因素共同作用的结果。这就是事故的因果性。

因果关系具有继承性，即第一阶段的结果可能是第二阶段的原因，第二阶段的原因又会引发产生第三阶段的结果。

事故的必然性是对游乐设施及运行中潜伏的危险因素而言的，即若生产过程中存在危险因素，则迟早会导致事故发生。事故的因果性也就是事故的必然性。必然性是客观事物联系和发展的合乎规律的、确定不移的趋势，在一定条件下不可避免。

在事故尚未发生或还未造成后果时，游乐设施及运行中潜伏的危险因素是不会显现出来的，好像一切处在“正常”和“平静”状态，这就是事故的潜伏性。由于这种一切“正常”和“平静”状态，当事故发生时就显得很突然，似乎是偶然的。偶然性是指事物发展过程中呈现出来的某种摇摆、偏离，是可以出现或不出现，可以这样出现或那样出现的不确定的趋势。实际上，偶然性是为必然性开辟道路的，必然性通过偶然性反映出来。

### 二、事故分析方法

#### （一）事故树分析（FTA）

事故树分析（Fault Tree Analysis，FTA）又称为故障树分析，是从结果到原因，反向找出与灾害事故有关的各种因素之间的因果关系。这种分析方法是把系统可能发生的事故放在最上面，成为顶上事件，按系统构成要素之间的关系，往下分析灾害事故有关的原因。这些原因又可能是其他原因的结果，称为中间原因事件（或中间事件）。继续往下分析，直至找出不能进一步往下分析的原因，这些不能再往下分析的原因称为基本原因事件（或基本事件）。系统分析的因果关系用不同的逻辑门联系起来，由此得到的图形像一棵倒置的树。

#### （二）事件树分析（ETA）

事件树分析（Event Tree Analysis，ETA）是一种从原因推论结果的系统安全分析方法，它按事故发展的时间顺序，由初始事件出发，每一事件的后续事件只能取完全对立的两种状态（成功或失败、正常或故障、安全或事故）之一的原则，逐步向事故方面发展，直至分析出可能发生的事故或故障，从而展示事故或故障发生的原因和条件。通过事件树分析，可以看出系统的变化过程，从而查明系统可能发生的事故和找出预防事故发生的途径。

#### （三）故障假设 / 安全检查表分析

故障假设 / 安全检查表分析（What-If/Safety Checklist Analysis）是将故障假设和安全检查表两者组合在一起的分析方法，由熟悉有关过程的人员组成分析组进行分析。分析组用故障假设分析法，确定过程中可能发生的各种事故。然后用一份或多份安全检查表补充可能的疏漏。这些安全检查表不着重设计或操作，而着重于危险或事故产生的原因，主要考虑与工艺过程有关的危险类型和原因。

#### （四）失效模式与影响分析（FMEA）

失效模式与影响分析（Failure Modesand Effects Analysis，FMEA）主要分析设备故障（或操作不当）发生的方式（简称失效模式），以及失效模式对工艺过程产生的影响。这为失效模式分析人员提供了一种依据，通过失效模式及影响来决定需要在哪些地方对什么部件进行修改，以提高系统的设计水平。

#### （五）原因—结果分析法

原因—结果分析法是对系统装置、设备等设计、操作时综合运用事故树和事件树来辨识事故可能产生的结果及原因的一种分析方法。

### 三、特种设备事故

#### （一）特种设备事故特征

特种设备事故特征一般指与导致事故最严重后果所对应的设备失效形式或致害方式。通常表现为事故特种设备的爆炸、爆燃、泄漏、倾覆、变形、断裂、损伤、坠落、碰撞、剪切、挤压、失控或者故障等特征。

#### （二）特种设备事故分类

（1）爆炸。特种设备部件因物理或者化学变化而发生破裂，设备中的介质蓄积的能量迅速释放，内压瞬间降至外界大气压力的现象。如：锅炉、压力容器（含气瓶）、压力管道等主要承压部件及安全附件、安全保护装置、元器件损坏造成易燃、易爆介质外泄发生爆燃的现象。

（2）爆燃（闪爆、闪燃）。锅炉炉膛、压力容器、压力管道内的可燃介质泄漏与空气（氧）混合达到一定浓度，遇火（或者能量）在空间迅速燃烧爆炸的现象。用煤粉、油、可燃气体等燃烧介质的锅炉，在点火或者燃烧不正常时，炉膛内积存的燃烧介质与空气形成混合物达到一定极限，遇明火快速燃烧爆炸的现象。如：锅炉、压力容器（含气瓶）、压力管道等主要承压部件及安全附件、安全保护装置、元器件损坏造成易燃、易爆介质外泄发生爆燃的现象。

（3）泄漏。承压类特种设备主体或者部件因变形、损伤、断裂失效或者安全附件、安全保护装置损坏等因素造成内部介质非正常外泄的现象。

（4）倾覆。特种设备在安装、改造、维修、使用和试验中，因特种设备主体或者构件的强度、刚度难以承受实际的载荷，发生局部、整体或者基础的失稳、坍塌或者倾覆事故。或对有整体稳定性要求的特种设备，由于各种原因使得加载于设备上的力矩大于稳定力矩，导致特种设备整体倾倒事故。包含特种设备主体或者构件因载荷等外力影响，发生设备整体或者承载基础的失稳、坍塌的现象。

（5）变形。特种设备承载主体或者构件因受外力作用，导致形状变化引起失效的现象。变形一般分为弹性过量变形、塑性变形和蠕变过量等方式。

（6）断裂。特种设备承载主体及部件因材质劣化或者受力超过强度极限而发生的失效现象。断裂一般分为塑性断裂、脆性断裂、疲劳断裂和蠕变断裂等现象。

（7）损伤。因特种设备承载主体或者构件受机械力、周围介质化学或者电化学的作用、接触或者相互运动表面产生接触疲劳或者腐蚀疲劳，从而导致材料失效的现象。一般有磨蚀疲劳、接触疲劳或者腐蚀疲劳等三种失效形式。

（8）坠落。因特种设备本身部件、相关的工件故障或者失控，以及违章操作、操作失误、使用不当等，造成物体或者人员由高势能位置非正常落下的现象。

（9）碰撞。因特种设备故障或者失控，以及违章操作、操作失误、使用不当时，造成的人、运动物体或者固定物相互之间短暂接触发生力作用的过程，如设备与固定或运动物体相撞、人撞固定物体、运动物体撞人、人与人互撞等现象。

（10）剪切。因特种设备故障或者失控，以及违章操作、操作失误、使用不当时，人、物体因承受一对相距很近、方向相反的外力作用，发生横截面沿外力方向发生错动变形的现象。

（11）挤压。因特种设备故障或者失控，以及违章操作、操作失误、使用不当时，人、物体因承受外来压力被推挤压迫在运动物体或者固定物体之间的现象。

（12）失控。因特种设备控制系统失灵、安全保护系统功能缺失或者失效，导致设备不能被正常操作的现象。

（13）故障。因特种设备本体、部件或者安全装置发生意外，导致设备不能顺利运转，无法实现正常功能的现象。

（14）受困（滞留）。因特种设备本体、部件或者安全装置发生故障或损坏，或缺乏外部资源的情况下，导致设备停止或不能顺利运转，人员被困在特种设备之中不能出来的现象。

**（三）特种设备损坏程度分类**

（1）完全损坏。特种设备在安装、修理、运行、使用时，特种设备主要结构或者主要构件损坏，无法或者不宜修复再用的损坏。

（2）严重损坏。特种设备在生产（设计除外）、使用时，因主要受力构件、安全保护装置损坏，导致特种设备必须立即停止运行而进行修理的损坏。

（3）一般损坏。特种设备在生产（设计除外）、使用时，主要构件、主要受压部件轻微损坏，不需要立即停止运行进行修理，并且未引起其他相关灾害的损坏。

（4）严重故障。特种设备在生产（设计除外）、使用时，导致特种设备长时间不能正常运行或者可能造成人员伤亡的设备故障。

**（四）特种设备事故原因类别**

（1）事故原因。导致事故发生的多重因素、若干事件和情况的集合。

（2）直接原因。物的不安全状态、人的不安全行为或者不安全环境等因素对事故发生的作用程度，直接引起设备失控或者失效的因素。

（3）间接原因。形成事故直接原因的基础因素。形成事故直接原因也有一个或者多个不安全行为或者不安全条件和管理缺陷等因素对事故发生的作用程度，这种不安全行为或者不安全条件或因素构成事故原因的第二个层次，即事故的间接原因，主要指社会环境、管理以及个人因素等。

（4）主要原因。对事故后果起主要作用的事件或者使事故不可逆转地发生的事件为事故的主要原因。

（5）次要原因。除事故的主要原因外，对事故后果起次要作用的其他影响事件为次要原因。一般事故的次要原因可能有若干个，按照其对事故后果作用的大小进行排序。

# 第二节　大型游乐设施事故

## 一、游乐设施事故的产生及原因分析

游乐设施从设计、制造到运营要经常强调安全。游乐设施在实际运行中，事故总是要发生的，年年都有人员伤亡，国内如此，国外也是如此。事故都是突然发生的，有其偶然性，分析起来也有它的必然性。在事故发生以前，已经具备了这种必然性（设备存在隐患、操作不经心、管理混乱等），何时发生，那只是时间问题罢了。

事故产生的根源，大多为物的不安全状态、人的不安全行为和管理失误等综合因素导致的。经国内调查，发生人身和设备事故各种因素大约所占的比例如图 8-1、图 8-2 所示。

大量的调查、检测资料表明，由于游乐设施设计、制造、运营所产生的人身事故，主要与下面一些因素有关。

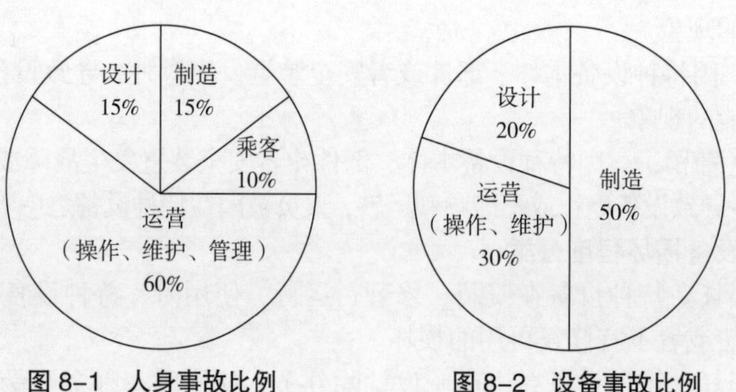


图 8-1　人身事故比例　　　图 8-2　设备事故比例

**（一）设计方面**

（1）设计者虽然搞过机械设计，但对游乐设施设计并不熟悉，因此在整体结构上考虑得不够完善。

（2）个别游乐设施设计在安全方面采取的措施不力，如：该设保险装置的地方而没有设；安全带、扶手等安全设施安装位置不当，固定不牢；座舱出入口太小，上下不方便；乘客能触及到的可动件与固定件之间的间距太小；穿过座舱的电线不加覆盖，绝缘不好；液压和气动系统中没有采取缓冲措施等。

（3）结构设计不合理。这种情况在游艺机的焊接件上表现尤为突出。许多关键部位无法保证焊接质量，看上去安全，实际上等于虚设，存在着隐患。

**（二）制造方面**

（1）加工质量达不到设计要求，配合件间隙太大，运动不平稳，有的装配过紧，转动困难，甚至造成抱轴烧瓦，安全压杠不灵活、锁不住等。

（2）安装调试未达到要求，传动系统未调整好，电动机、减速机未对中，开式齿轮接触面积不够，有偏啮合。传动链轮未在一个平面上，经常掉链，使运转不平稳；控制系统未调整好，未完全按设计程序动作，有时尚有误动作；导电滑线不直，与滑块接触不好，滑块易脱落；轨道不直不平，车辆侧轮和底轮与轨道间隙未调好，车辆运转起来摆动、振动较大。

（3）外购件质量差，减速机、油泵噪声大；液压阀件及油缸动作不灵活且漏油；尼龙轮、橡胶轮寿命短，容易脱落；继电器等元件失灵，限位开关不起作用；玻璃钢质量太差，座舱受力后断裂等。

**（三）运营方面**

（1）由于操作不善造成事故的因素：操作人员玩忽职守，擅自离岗位，出现异常情况时，无人负责停机；乘客未坐好，没系好安全带就开机；操作人员误操作或操作人员业务不熟，遇到异常情况，不知道采取何种措施。

（2）管理不善造成事故的因素：游艺机场地内乘坐秩序混乱，抢上抢下；游艺机运转过程中，闲人随便进入安全栅栏；乘客上机后，服务人员没有认真检查是否系好了安全带及安全压杠等安全设施，没有检查高空旋转的座舱门是否锁好；场地未设乘客须知，也没有宣传注意事项，乘客不会操作，违犯操作制度。

（3）维护不善造成事故的因素：游乐设施关键焊缝有裂纹，没有及时检查，致使乘客座舱发生坠落；安全带已老化，不能承受人体负荷而又没有及时更换；液压油太脏，没有及时更换，座舱升到高空后，液压阀卡死不能换向，座舱不能及时下降；高速运转的车轮轴，多年不检查、不维修、不更换，在运转时断裂。除上述因素外，个别乘客不遵守纪律，不听管理人员劝阻，都极易发生事故。

## 二、大型游乐设施的事故预防

大型游乐设施的事故预防要从预防游客伤亡事故的发生、预防财产损失及防止游客高空滞留等方面入手，运用现代系统安全理论控制物的不安全状态、人的不安全行为并加强管理。

**（一）控制物的不安全状态**

控制物的不安全状态包括提高系统安全性和降低设备故障率。要提高系统的安全性，必须根据现代安全系统工程原理，在大型游乐设施的设计、制造、安装、改造、维修和保养等环节进一步提升质量，提高系统可靠度，提高游乐设施的本质安全度，减少危险因素和隐患，即减少危险源。从设计开始，对每一个环节都要优先考虑事故预防措施。

（1）直接安全技术措施。设计时要充分考虑设备的安全性能要求（如考虑足够的安全系数等）及预防事故和危害的安全技术措施。

（2）安全防护装置等间接安全技术措施。若直接安全技术措施失效而不能或不能完全保证安全，为游乐设施设计一种或多种安全防护装置，以最大限度地预防、控制事故或危害的发生。

（3）报警装置、警示标志等指示性安全技术措施。间接安全技术措施也无法完全保证安全时，可采用检测报警装置、警示标志等措施，警告、提醒操作人员及游客的注意，防止事故的发生，并能采取相应的对策将人员紧急撤离危险场所。

（4）教育培训措施。若间接、指示性安全技术措施仍然不能完全避免事故、危害的发生，则采用安全操作规程、安全教育、培训和个人防护用品来预防、减弱危害程度。这里所说的安全教育，对于游客来说，包括认真阅读游乐须知，因为这也是安全教育的一种形式。

这些措施层层递进，逐项落实，才能保证游乐设施具有本质的安全性。必须注意：本质安全性固然是游乐设施设计、制造时必须具备的，但在运行、检修过程中，它有可能减少或失去。为此，本质安全性的保持，必须得到游乐园安全管理的支持与保证。设计的先进性、材料的优质性、安全防护装置的齐全有效性，都会因运行时间的延长而发生变化，这正是"管理"之所以重要的原因。

要降低设备故障率，就必须保证设备各个元件及整个系统的性能。因为故障是游乐设施系统及其元部件在运行过程中，由于性能（含安全性能）低下而不能实现预定功能（含安全功能）的现象。在正常情况下，设备故障率满足"浴盆曲线"。设备运行过程中，故障的发生是不可避免的。故障的发生又具有随机性、渐近性或突发性，故障的发生是一种随机事件。造成故障发生的原因很复杂，有的是设计、制造中存在的问题，有的是在设备运行中由于磨损、疲劳、老化出现的问题，有的是检查和维修保养人员的工作失误造成的，有的是由于认识上的原因对一些问题没有能发现，还有一些问题是受环境和其他因素的影响而产生的。发生故障是有规律可循的，即故障率满足"浴盆曲线"。通过定期检查、维护、保养和分析总结，可使多数故障在预定时间内得到控制（避免或减少）。掌握游乐设施各类故障发生规律和故障率是防止故障发生造成严重后果的重要手段，是游乐设施管理人员应当重点关注和研究的课题。

### （二）控制人的不安全行为（严格控制人为失误）

对于大型游乐设施而言，人的不安全行为包括操作人员的不正确操作和游客的不正确乘坐两个方面。操作人员应持证上岗，严格按操作规程进行操作；应督促游客严格按照"游客须知"的要求进行游乐。人为失误在一定经济、技术条件下，是引发危险、危害的重要因素。人为失误具有随机性和偶然性，往往是不可预测的意外行为；但发生人为失误的规律和失误率是可以通过大量的观测、统计和分析来预测的。人为失误的原因比较复杂，一般可归纳为病理机制失调、非理智行为和无意识非故意行为三类。

### （三）加强管理

要加强对游乐园（场）的管理。游乐园（场）要接待大量的游客，而游客群体构成复杂，所以加强游乐园（场）的管理任务重、难度大。游乐园（场）的安全管理与经营体制和经营者的经营理念有直接关系。经营者要自觉地遵守有关安全的法律、法规，自觉地接受质量监督与安全监察并为控制人的不安全行为、物的不安全状态，创造良好的游乐环境，制定并严格执行一系列行政、技术管理措施，从根本上建立起安全管理机制。不能做到这些，管理上就存在缺陷。如果经营者特别是个体经营者目光短浅，唯利是图，不重视社会效益，不重视职工素质的提高和各项规章制度的建设，安全就没有保证。

加强管理要充分识别危险源，根据风险评价的结果，明确控制要求，实施分类管理，落实岗位责任制。加强检查与监督，使管理工作落到实处。加强管理要按照海因里希事故法则，从事故预防的角度出发，对于未遂事故，也需要统计分析，把隐患消灭在萌芽状态。

## 三、游乐设施事故预测

事故预测就是通过对影响设备安全的重要参数及故障进行有效监控，以便发现异常情况，采取有效措施加以预防。运用事故预测技术能够大大提高设备的安全性能，使设备在有效控制下始终处于安全状态下运行，可以大大降低大型游乐设施安全事故。设备状态监测和故障诊断是事故预防的基础。事故预测技术包括以下几个方面：

（1）设备状态监测。对设备或系统当前的运行状态进行识别，称为设备或系统的设备状态监测。对设备运行状态的监测是非常必要的。一个系统或一台机器，在运行的过程中，必然有各种参数的传递和变化，产生各种各样的信息（振动、噪声、转速、温度、压力、流量等），这些信息直接或间接反映出系统的运行状态。当设备运行异常时，这些参数或其部分就会发生变化，对这些参数的监控实际上就是对设备状态的监控。

（2）故障诊断。机械设备运行过程中产生的各种信息，通过状态监测、识别，判断出机械设备是否发生了故障，以及产生故障的性质、部位、程度等，称为故障诊断。设备失效或发生事故后进行的各种分析则称为设备的失效分析。一些大型游乐设施事故就是因为没有实施故障诊断而致使故障失去控制，进而发展为事故的，因此故障诊断技术在大型游乐设施中的应用十分重要。

（3）广义上讲，故障就是危险因素，就是隐患。故障诊断就是识别隐患及其危害。对于大型游乐设施，故障一般为设备的机械、电气、液压、气动系统功能的异常，结构上的异常一般不称故障而是直接称隐患。

（4）设备状态维修与预知维修。按照在线监测和诊断装置所预报的设备故障状态，确定设备维修工作的时间和内容，这就是设备状态维修与预知维修。

（5）专家系统。专家系统是指在发现装置、设备出现异常、紧急停车、发出警报之前，根据熟练操作人员的经验推论，假定导致故障可能发生的原因，然后通过检测相关数据进行验证、查明真正原因，从而对操作人员发出防止紧急停车指示或其他的处置方法及措施。专家系统由硬件和软件两部分组成。硬件包括计算机及相关的网络设备；软件要求能反映各个方面的知识和逻辑推导，具有高速处理功能。

## 四、游乐设施失效模式

游乐设施的失效，是指游乐设施在运行过程中整机或零部件发生了损伤破坏。例如，滑行类游乐设施的车轮轴断裂、翻滚类游乐设施的安全装置失去保护功能、设备的稳定性不够导致倒塌等，这些都是失效。游乐设施失效分析的任务就是找出失效的主要原因，提出一些改进建议，防止同类事故的发生。国内外许多事故都是灾难性的，人们已经充分认识到失效分析的重要性，而我国游乐设施起步较晚，目前设计、制造、使用等环节的工作处于初级阶段，设计、制造水平正在逐步提高，但与国外相比，差距较大，再加上使用环节上管理不到位，很容易引起事故的发生。因此，游乐设施的失效分析尤为重要。

游乐设施的整机失效通常最终都是追溯到某个零部件或某些零部件失效。尽管零部件的功能千差万别，但绝大多数情况下，失效是由构成零部件的材料的损伤和变质引起的。根据游乐设施机械失效过程中材料发生变化的物理、化学本质不同，以及设备运行过程特征的差异，失效形式有 3 种：一是过量变形，以致在机构中失去功能；二是磨损或腐蚀造成表面损伤，影响到机构的精度及强度；三是断裂事故，这往往会造成灾难性的后果。造成失效的原因是设计不当（强度核算及几何形状设计及选材不当等）、材料及工艺缺陷（热处理或装配不当所致）、使用条件及运行维护不当等。游乐设施零部件（含结构件）的主要失效模式可分为磨损失效、变形失效、断裂失效和腐蚀失效等。

**（一）过量变形**

过量变形是指零件受载荷作用后发生弹性变形，过度的弹性变形会使零件的机械精度降低，造成较大的振动，引起零件的失效；当作用在零件上的应力超过了材料的屈服极限，零件会产生塑性变形，甚至发生断裂。在载荷的长期作用下，零件会发生蠕变变形，造成零件的变形失效。当外载荷突然增加或在变载荷作用下，零件的变形量大于许用变形量时，可能发生过度变形而失效；过度变形的表现形式是金属零件的畸变。畸变是一种不正常的变形，可以是塑性的或弹性的或弹塑性的。从变形的形貌上看，畸变有尺寸畸变和形状畸变两种基本类型。如受轴向载荷的连杆产生轴向拉压变形，受径向载荷作用产生轴的弯曲，在应力作用下导轨的翘曲变形等。畸变可导致断裂。畸变失效的零件可体现为：不能承受所规定的载荷，不能起到规定的作用，与其他零件的运动发生干扰等。

（1）弹性畸变失效。弹性畸变的变形在弹性范围内变化。因此，不恰当的变形量与失效零件的强度无关，是刚度问题。对于拉压变形的杆柱类零件，其变形量过大，会导致支承件过载或机构尺寸精度丧失，而造成动作失误；对于弯、扭（或其合成）变形的轴类零件，其过大变形量（过大挠度、偏角或扭角）会造成轴上啮合零件的严重偏载，甚至使啮合失常，导致传动失效；对于某些靠摩擦力传动的零件，如带传动中的传动带，如果初拉力不够，即带的弹性变形量不够，会产生带的滑动，严重影响其传动；对于复合变形的框架及箱体类零件，要求有合适的、足够的刚度以保持系统的刚度，特别是防止由于刚度不当而造成系统振动。

（2）塑性变形。塑性变形在外观上有明显塑变（永久变形）。不同材料，其塑变开始阶段，随载荷的变化，其变形规律也有所不同。在微观上，塑变的发展过程一般有滑移、孪生、晶界滑动和扩散蠕变等。

**（二）过度磨损**

过度磨损是机械零件在载荷作用下发生失效的常见形式之一。磨损是固体摩擦表面上物质不断损耗的过程，表现为零件尺寸、形状的改变。磨损过程是渐进的表面损耗过程，当由于过度磨损使零件截面尺寸过量减少时，就会导致零件的断裂。

过度磨损失效的基本类型有黏着磨损、磨粒磨损、表面疲劳磨损、冲刷磨损和腐蚀磨损五种基本类型。其中黏着磨损与表面疲劳磨损是在载荷作用下引起零件失效的主要类型。

（1）黏着磨损。黏着磨损可分为轻黏着磨损、涂抹、擦伤、胶合、咬死、结疤等。黏着磨损是两个金属表面的微凸体在局部高压下产生局部黏结，随后相互运动，导致黏结处撕裂；被撕下的金属微粒可能由较软的表面撕下，又粘到某一表面上，也可能在撕下后作为磨料而造成磨粒磨损，如图 8–3、图 8–4 所示。

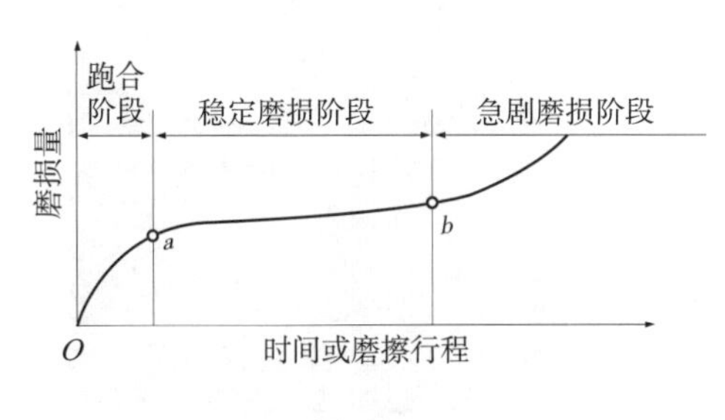


图 8–3

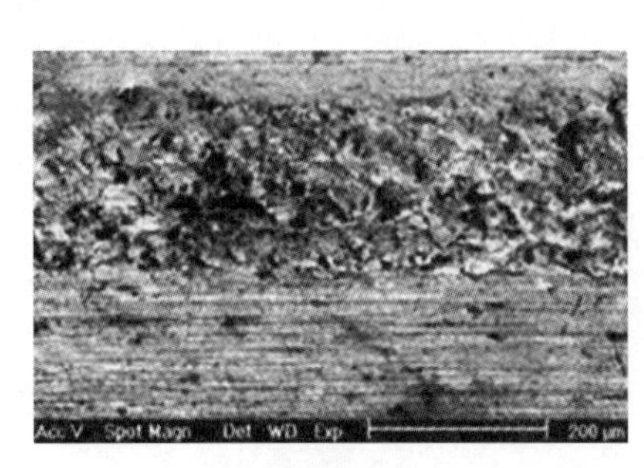

图 8–4

轴承轴颈零件，在润滑失效时可发生擦伤，甚至咬死等黏着磨损损伤。黏着磨损在低速（$v \leqslant 4$m/s）重载齿轮中可发生“冷胶合”，而在高速齿轮传动中常易发生“热胶合”，即通常所说的胶合。

（2）表面疲劳磨损。在交变接触压力的作用下，两接触面做滚动或滚动—滑动复合摩擦时，使材料表面疲劳而产生材料损失的现象称为表面疲劳磨损。齿轮副、凸轮副、摩擦轮副、滚动轴承的滚动体与内外座圈、齿轮泵的泵体与齿轮等都可能发生表面疲劳磨损。疲劳磨损主要失效形式是点蚀和剥落，即在原来光滑的接触表面上产生深浅不同的凹坑（也称为麻点）和较大面积的剥落坑。点蚀一般由表面裂纹源开始，向内倾斜发展，然后折向表面，裂纹上的材料折断脱落下来即成点蚀。因此，点蚀坑的表面形貌常为“扇形”；材料剥落一般从亚表层裂纹开始，沿着与表面平行的方向扩展，最后形成片状的剥落坑。当接触应力较大、应力变化次数增多时，麻点和剥落坑就会增多并迅速扩展，最后金属以薄片形式断裂剥落下来，形成接触疲劳磨损而导致零件失效，如图 8–5、图 8–6 所示。

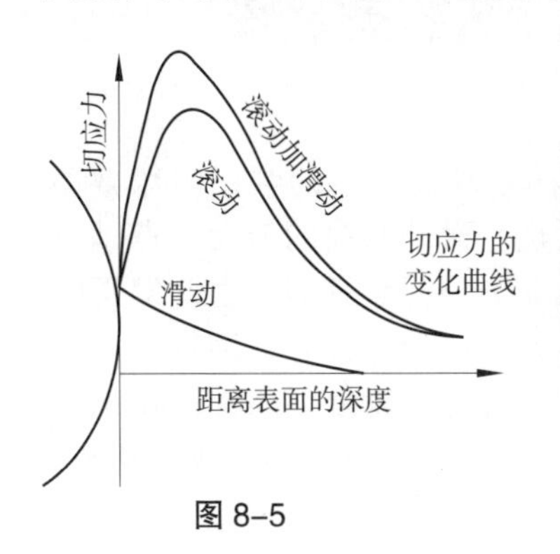


图 8–5

齿轮的严重擦伤

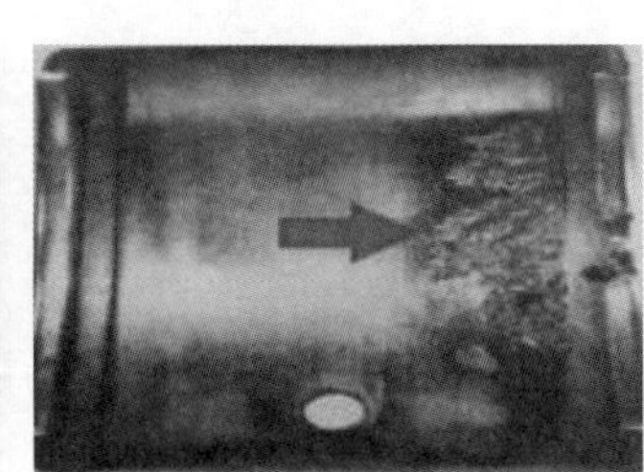

表面疲劳磨损现象

图 8–6

（3）磨料磨损。磨料磨损又称为磨粒磨损。它是当摩擦副的接触表面之间存在着硬质颗粒，或者当摩擦副材料一方的硬度比另一方的硬度大得多时，所产生的一种类似金属切削过程的磨损，其特征是在接触面上有明显的切削痕迹。磨料磨损是十分常见又是危害最严重的一种磨损。其磨损速率和磨损强度都很大，致使机械设备的使用寿命大大降低，能源和材料大量损耗，如图 8–7、图 8–8 所示。

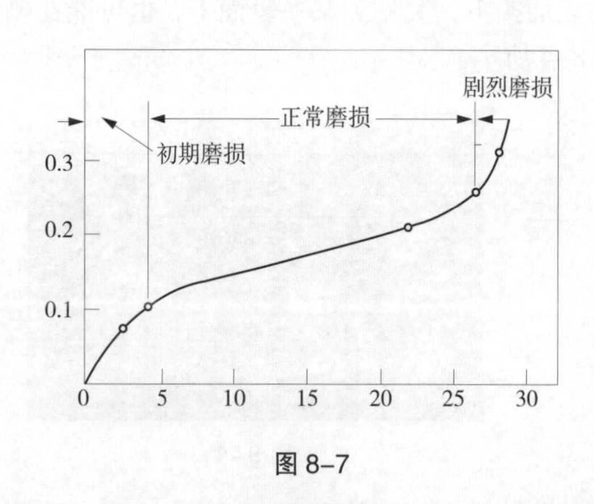


图 8–7

图 8–8

（4）腐蚀磨损。在摩擦过程中，金属同时与周围介质发生化学反应或电化学反应，引起金属表面的腐蚀产物剥落，这种现象称为腐蚀磨损。它是在腐蚀现象与机械磨损、黏着磨损、磨料磨损等相结合时才能形成的一种机械化学磨损，是一种极为复杂的磨损过程，经常发生在高温或潮湿的环境，更容易发生在有酸、碱、盐等特殊介质条件下，如图 8–9 所示。

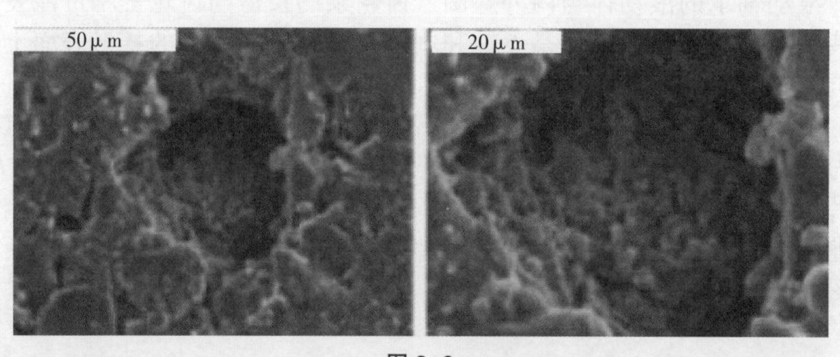


图 8–9

（5）微动磨损。两个接触表面由于受相对低振幅振荡运动而产生的磨损叫作微动磨损。它产生于相对静止的接合零件上，因而往往易被发现。微动磨损的最大特点是：在外界变动载荷作用下，产生振幅很小（一般为 2 ~ 20 μm）的相对运动，由此发生摩擦磨损。例如，在起重机械中常见的键联结处、过盈配合处、螺栓连接处、铆钉连接接头处等结合上产生的磨损。微动磨损使配合精度下降，紧配合部件紧度下降甚至松动，连接件松动乃至分离，严重者引起事故。此外，也易引起应力集中，导致连接件疲劳断裂，如图 8–10 所示。

### （三）断裂

零件在受到外载荷的作用时，当零件中的应力过高，其值超过了零件的许用强度或材料的强度过分降低时，零件就会发生断裂。断裂是零件在外载荷作用下发生的重要的失效形式。金属断裂的类型是依据不同断裂特性来分类的。如按金属材料断裂处宏观变形量可分为塑性断裂和脆性断裂两种类型，按零件工作时的应力状态可分为过载断裂和疲劳断裂。

（1）韧性断裂。零件在外力作用下首先产生弹性变形，当外力引起的应力超过弹性极限时，即发生塑性变形。外力继续增加，应力超过抗拉强度时发生塑性变形而后造成断裂，就称为韧性断裂，如图 8–11 所示。

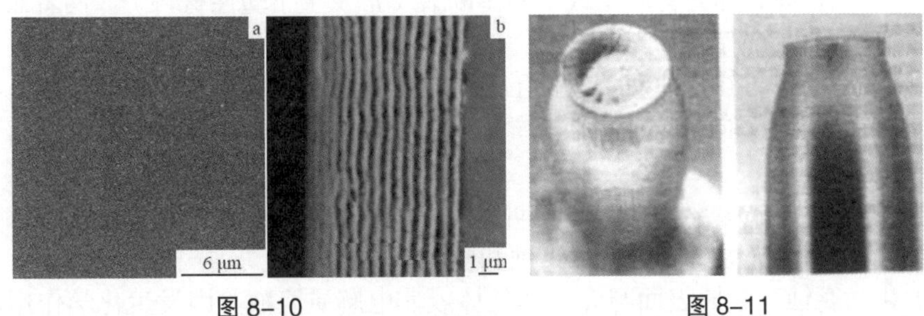


图 8–10　　图 8–11

（2）过载断裂。零件在工作过程中，当外加载荷加大或突然变化，其值超过机械零件危险截面所能承受的极限应力时，零件将可能发生断裂，这种断裂称为过载断裂，其断口称为过载断口。过载断裂的断口形貌根据材料的性质有脆性过载断裂和韧性过载断裂之分。脆性过载断裂是指金属零件由于使用工况条件（载荷、环境、温度）不当，使其材质变脆而发生的断裂（简称脆断）。脆断是一种危险的突然事故，危害性很大。脆断断口平齐而光亮，且与正应力相垂直，断面收缩率一般低于 3%，断口常有放射性花样人字纹。若材料处于极脆状态下断裂，放射线将消失，即为纯解理断裂，其宏观断口呈晶粒状。韧性过载断裂是材料超过屈服极限，然后再发生韧断。其宏观特征为断口上有明显的塑变，形成像拉伸试样断裂时产生的杯锥状断口，并呈现纤维状。其微观特征为由大量韧窝组成。

（3）疲劳断裂。疲劳断裂是指金属在交变应力持续作用下发生的断裂，而由外加变载荷作用下产生的疲劳断裂称为机械疲劳断裂。按载荷方式和类型不同又可分为拉压（轴向）疲劳、弯曲疲劳、扭转疲劳及接触疲劳、微动磨损疲劳断裂等。在一般情况下，即使是韧性很好的材料，疲劳断裂宏观断口也无明显变形，而在宏观上表现为脆性断口。疲劳断口的形貌有三个区域：疲劳源区、疲劳扩展区和瞬断区（简称断口“三区”）。不同的加载类型（拉 – 拉或拉 – 压单向弯曲、反复弯曲、旋转弯曲扭转）、不同的应力水平（高名义应力或低名义应力）和不同程度应力集中条件下，疲劳断口“三区”具有不同的形貌。下面说明与载荷有重要关系的几种典型疲劳断口形貌特征，如图 8–12 所示。

图 8–12

扭转－弯曲疲劳断口是指在常温下，由于扭转－弯曲载荷幅度的突然变化或材料局部力学性能的变化，导致零件表面或内部的微裂纹扩展速率变化，从而产生扭转－弯曲疲劳断裂。在断口上留下裂纹的扩展痕迹，叫断口贝纹线，也叫疲劳裂纹“休止线”。如果危险截面处材质无内部缺陷，其断口有如下特点：首先，由于应力分布是外层大，表层最大，故疲劳源在其两侧裂纹发展速度较中部快，因此其贝纹线间距外宽内窄；其次，高应力集中（外层）时，瞬断区向中心移动再次变截面（如大轴肩）应力集中时，断口呈皿型。

扭转疲劳断口是指在扭转疲劳条件下，零件裂纹形成后可能沿两个方向扩展：一种是沿与最大拉伸正应力相垂直的方向扩展，称为正断裂（常发生于脆性材料）；另一种是沿最大切应力方向扩展，称为剪断型或切断型断裂（常发生于塑性材料）。两者兼有的为复合型断裂。

弯－扭疲劳断口，在弯曲疲劳条件下，呈现锯齿形断口，由于扭矩的作用，将在大于原锯齿状断口的45° 方向扩展而形成棘轮断口。

**（四）腐蚀失效**

由于大型游乐设施大部分在室外长期使用，所以腐蚀失效也是游乐设施零部件重要的一种失效模式。腐蚀失效可分为化学腐蚀和电化学腐蚀两种。

（1）化学腐蚀。金属表面与介质如气体或非电解质溶液等因发生化学作用而引起的腐蚀，称为化学腐蚀。化学腐蚀产生过程中没有电流产生。

（2）电化学腐蚀。金属表面在介质如潮湿空气、电解质溶液等中，因形成微电池而发生电化学作用而引起的腐蚀称为电化学腐蚀。

游乐设施一批零件在使用中，一部分可能在短时间内就发生失效，而另一部分可能经过很长时间后才失效。特别是零件在超过使用寿命期后，失效将加速发生。失效率（单位时间内零件的失效数与总件数的比例）按使用时间可分为三个阶段：早期失效期、偶然失效期和耗损失效期。

（1）早期失效期。是机械零件使用初期的失效，失效率较高，但以很快的速度下降。早期失效问题大多与设计、制造、安装或使用不当有关。

（2）偶然失效期。这一阶段的失效率低而稳定，是机械零件的正常工作时期，在此阶段发生的零件失效一般总是由偶然因素造成的，故失效是随机的。若想降低这一时期的失效率，必须从选材、设计、制造工艺、正确地使用和维护方面采取措施。

（3）耗损失效期。偶然失效期以后，由于长时间的使用，使零件发生磨损、疲劳裂纹扩展等，失效率急剧上升，说明机械零件使用期已超过使用寿命期限， 此阶段称为耗损失效期。在此阶段，重要的设备或零件虽然还没有失效，但应根据相应的判据进行更换或修理，以防止重大事故的发生。

总之，机械零件虽然有很多种可能的失效形式。但归纳起来，最主要的原因是机械强度、刚度、耐磨性和振动稳定性、可靠性等方面的问题。

## 第三节　大型游乐设施事故案例

伴随着游乐设施的快速发展，游乐设施的事故也时有发生。为了及时吸取事故教训，防止类似事故的再次发生，在对1990年至今20多年来国内外发生的大型游乐设施安全事故进行统计分析的基础上，又对国内外发生的一些安全事故进行了分类归纳整理。

## 一、国内大型游乐设施事故案例

### （一）主要由设备质量问题（物的不安全状态）导致的事故

我国大型游乐设施行业起步较晚、规模较小、起点不高，因设备质量问题导致的事故时有发生。设备质量包括设计、制造、安装、改造、维修及保养等环节的质量。设计不当、制造水平低下、安装错误、维修保养不到位等都是导致设备质量事故的重要原因。一些设备带病运行，设备处于不安全状态，最终导致事故发生。当然，这类事故往往也存在管理缺陷。举例如下：

（1）1992 年 7 月 3 日，西安市某游乐场个体户经营的“莲花椅”在载人运行中，花瓣的钢管突然断裂，两名男孩连同座椅坠落地面，造成 1 死 1 重伤。经技术鉴定，该设备属于无证产品。

（2）1994 年 11 月 6 日，重庆市某游乐场所，一男一女两青年坐上了“阿拉伯飞毯”。“飞毯”转动数秒钟后，突然疯狂加速，旋转不止。两人被巨大的离心力抛出，摔成重伤，抢救无效死亡。经技术鉴定，事故原因是设备电动机控制系统失灵。

（3）1995 年 5 月 1 日，南京市某公园“太空飞车”第三节长系车厢脱离车架坠地，一个 5 岁男孩死亡，其父重伤。

（4）1997 年 6 月，大连市某公园一个 2 岁半女孩从“转马”上摔下，双手和小腿被绞入转台缝隙中，结果一只胳膊被截肢。经技术鉴定，该台设备转台缝隙超标。

（5）1997 年 7 月 9 日，某游乐场所，一位女青年同友人乘漂流船至“冒险岛”附近时，误入旋涡，造成船体倾斜，船底被撕裂，某中一名游客坠入旋涡后，被吸入地下排水管道中死亡。据事后调查发现，由于旋涡口防护栅栏在焊接施工中存在缺陷，焊点仅有米粒大，且没有按原设计焊接加固横梁，游客就是从两根脱落护栏空隙（30cm 宽）坠入，被吸进排水管道的。

（6）1997 年 7 月 10 日，叶某在乘蛇形滑道下滑时由于滑道坡度过陡，加之润滑水量大且下滑速度过快，叶某滑到第二个转弯处时，沿切线方向由滑道壁抛出，在空中转了一圈后，头部重重地砸在岸边水泥地上，送至医院时已死亡。

（7）1998 年 5 月 21 日，四川都江堰市某公园游乐场内一架大型观缆车在运行时发生事故，1 名大学生因颈椎断裂而死亡。

（8）1998 年 8 月 30 日，上海市某公园飞旋转椅转动几圈后突然倒塌，一位母亲被砸在几吨重的铁架下当场死亡。当时空中飞旋转椅上约有 20 位游客，事故造成 1 死 9 伤，其中 8 个是孩子。事故原因是主要部件焊接有裂缝。

（9）2000 年 8 月 11 日，成都市某游乐场内上演了惊险一幕：载有父子俩两名乘客的“空中飞船”升至与立柱成垂直角度时，连接“飞船”的 3 根铁臂突然断了一根，“飞船”一下子沿逆时针方向坠向地面，并与后面的那艘空“飞船”碰在了一起，幸好还有两根铁臂支撑，“飞船”在坠至距地面还有 10cm 时停下，因此坐在里面的父子俩没有受伤。

（10）2001 年 2 月 17 日，南京市某游乐场所的高空旋转飞机在向上运行时，冲出轨道，卡在运转平台支柱上，使 6 名游客滞留在离地面 14m 高的飞机座舱内，后运行消防登高平台车，最终将全部游客成功解救下来。

（11）2001 年 5 月 2 日，某公园内正在高速运行的超级飞船突然一声巨响，飞船的旋转臂发生断裂，一个座舱从高空快速坠向地面，飞船上的 5 名游客都受到不同程度的伤害，其中，伤势最重的一位妇女，由于锁骨粉碎性骨折，躺进医院。事故发生后，有关人员在现场看到变形、断裂的旋转臂的钢管内严重锈蚀，座舱也没有按要求配备安全带，另外一些重要部位竟然只用铁丝简单地加固。经查，这是个“三无”产品。

（12）2001 年 5 月 6 日，广西某游乐场所“太空飞船”发生回转臂断裂，造成 3 名小学生受伤。

（13）2002 年“五一”期间，相继在南京、广西、株洲发生三起太空船座舱吊臂断裂的事故，造成数人受伤，其中 1 名妇女锁骨粉碎性骨折。

（14）2006 年 6 月 24 日，重庆市某游乐园内“星际飞车”配重支撑臂断裂，造成 1 名游客当场死亡，另有两个 10 岁左右的孩子受轻伤。经现场勘察，与配重相连的支撑臂由方钢主臂和两个槽钢副支撑臂构成。主臂的断裂部位在接近旋转轴 100mm 左右的母材上，一个副支撑臂断裂部位在接近旋转轴 3m 左右的母材上。初步观察，这两个断口均有旧的穿透性裂纹，并且有补焊痕迹。

（15）2007 年 3 月 25 日，广东省广州市某游乐场发生一起大型游乐设施严重事故。事发时，该游乐场两名游客游玩“激流勇进”项目，当船体被提升接近顶部时，突然急速倒退下滑，导致 1 名游客重伤。

（16）2008 年 9 月 27 日，4 名小学生在广州市番禺区某游乐场玩“空中飞人”时，系住飞船的钢丝绳索突然断裂，造成 3 名学生摔伤，1 名学生经抢救无效死亡。

（17）2008 年 10 月 28 日，上海市松江区某滑索道站发生一起大型游乐设施一般事故，造成 1 人死亡。事发时，该站经营的一条滑道正在承载游客运行。1 名 63 岁女游客带 1 名儿童坐上滑车，在下滑行过程中滑车滑出滑槽，两人连同滑车一起飞出滑道。现场人员将两人送至医院后，女游客不治身亡，儿童受轻微擦伤。

（18）2009 年 1 月 26 日，河南省商丘市某公园游乐场发生一起大型游乐设施一般事故，造成 2 人受伤。事发时，该公园内一台正在运行的摩天轮一轿箱门突然脱落，砸在从摩天轮左侧下方路过的 2 名游人身上，其中 1 名游客头部被砸导致重伤，另 1 名游客眉骨被砸受伤。

（19）2010 年 6 月 29 日，深圳市盐田区某景区“太空迷航”大型机动游乐设施发生塌落事故，造成 6 人死亡（其中 3 人送医院抢救无效死亡），10 人受伤（其中 5 人重伤）。

（20）2010 年 10 月 25 日，广东省东莞市某度假农庄使用不足一年的“阿拉伯飞毯”在试运行时发生断轴事故，造成设备坍塌。

（21）2011 年 2 月 14 日，贵州省某公园狂呼高空滞留 6 ~ 7h，回转支撑被卡死，原因为主动齿轮有一个齿出现断裂，断裂的齿牙卡住了回转支撑齿圈，迫使设备停止运转。

（22）2011 年 5 月 8 日，新疆库尔勒市某公园内一台“太空飞跃”在运行过程中，座舱与转臂连接的金属结构发生断裂，座舱跌落并与另一座舱发生碰撞，造成 1 人死亡、1 人受伤。经事故调查组分析，此次事故的原因是：设备结构设计不合理，在冲击载荷作用下，应力集中部位极易出现裂纹；运营使用单位安全管理制度不健全，而且没有认真落实，无设备安全管理人员，设备日常检查方法和部位无针对性，维护保养工作不到位。

（23）2011 年 11 月 2 日，上海市某游乐场所“摇摆伞”突然起火，起火点位于机械衔接处，现场焚烧面积在 10m$^2$ 以内。主要原因是摇摆伞在照明电路设计上存在缺陷，下雨导致照明电路短路。

（24）2011 年 11 月 16 日，辽宁省大连市某游乐场大摆锤减速器输出轴断裂，小齿轮从高空坠落，所幸未造成人员伤亡。经检查，回转支承和其驱动齿轮齿面被破坏，减速器一级齿轮传动轴承和传动行星齿轮已粉碎。

（25）2012 年 5 月 1 日，在河北省某市植物园"好时光欢乐城"内，一辆正在运行的过山车车头与车身发生断裂。乘客未受伤。

（26）2012 年 10 月 9 日，深圳市某乐园弹射过山车在运行至刹车段时，突然有发生碰撞的声音，维修人员检查发现座椅轮架后导轮支撑轴断裂。

（27）2012 年 7 月 6 日，广州市某垂直过山车发生故障，设备自动保护装置生效，导致设备停运，28 名游客被困。主要原因是电源模块故障，造成漏电保护开关跳闸。

（28）2013 年 3 月 22 日，贵阳市某公园游乐场"摩天环车"游乐设施出现故障，搭载游客的承重铁臂折断，3 名外地游客被困，1h 后游客被全部救出。主要原因是设备回转臂断裂，设计不合理；使用过程中私自加装大功率驱动电动机，造成冲击力较大，易形成疲劳裂纹。

（29）2013 年 4 月 30 日，齐齐哈尔市某公园弹跳机的一根升降臂在距离座舱 1.2m 处的横向对接焊缝断裂，座舱掉落地面拖行，导致 3 名游客受伤。主要原因是大臂设计强度不够，且使用过程中有玻璃钢罩住，属于隐蔽区域，不方便检查，长期不维护保养。

（30）2014 年 8 月 7 日，沈阳市某公司发生一起游乐设施事故，自旋滑车机械故障，导致一辆滑车卡在轨道上，无法运行。

（31）2015 年 4 月 6 日，河南省某商业街"太空飞碟"大臂撕裂坠落，乘人座舱坠地，导致 19 名乘客受伤。

（32）2015 年 4 月 9 日，呼和浩特市某公园一台高空飞翔在接近最大运行高度时，安全钳作用，变频器报警，操作人员按下急停按钮后设备停在高处，6 名游客滞留在高空。原因可能是曳引机选型或配重比不合理。

（33）2016 年 2 月 22 日，河南省三门峡市某广场上发生了一起突发事件，一男子从正在运行中的"遨游太空"游乐设施上坠亡。主要原因是安全压杠断裂、安全带断裂。此种设备已发生多起甩人事故。

（34）2016 年 5 月 2 日，南昌市某大型乐园云霄飞车出现故障突然停止，16 名游客被悬在 70m 高空中长达 20min，工作人员上去利用人力一个个打开安全带，将人救下来。事后 16 名游客虽全部安全，但也惊出一身冷汗。

（35）2016 年 6 月 27 日，福建省泉州市某游乐园内，由于飞行塔出现故障，用手动模式也无法将飞行塔降下来，有 5 名游客被困在高空中。之后救援人员赶到现场，分两次先后将 5 名游客安全救下。

（36）2016 年 10 月 4 日，西安市某游乐场所"闪电过山车"项目在爬升过程中，接近制高点时发生故障停滞在半空中，后经工作人员干预，过山车上 20 名左右被困游客被解救，从应急楼梯走下来。

**（二）主要因操作或维修失误导致的事故**

操作失误系人的不安全行为所致，许多事故的发生是由错误操作引起的。同主要由设备质量引起的事故一样，因操作不当所引起的事故，也大都存在管理失误。

（1）1992 年 5 月 31 日，北京市某公园个体经营者购买西安个体户无证生产的“直升机”，安装后未经试运转即开始营业。营业不久，“飞机”发生故障，卡在高于站台 2m 处。当两名家长跑上站台接孩子时，操作人员违反操作规程，按动电钮，“飞机”突然坠落，将 1 名家长砸死，另 1 名家长被砸伤，同时乘坐“飞机”的另 1 名妇女也受了重伤。

（2）1993 年 4 月，北京市某游乐园大型高空观览车正在运转过程中，突然有人发现最高处有一吊厢冒烟起火。当着火的吊厢转回站台时，操作人员因惊慌失措，操作不当，未能将车停住，错过了及时抢救的时机。当大转盘又转一圈（约 15min）再次回到站台时，吊厢内的 3 名中学生已被烧焦。

（3）1995 年 5 月 11 日，北京市某公园滑道 3 辆滑车相撞，造成 1 人死亡、1 人重伤、1 人轻伤。

（4）2000 年 4 月 16 日，天津市蹦极跳事故的直接原因就是操纵人员将蹦极绳保险打开过早，使绳子放得过长，致使游客触及水池池壁。

（5）2006 年 4 月 16 日，贵阳市某公园“穿梭时空”发生一起大型游乐设施严重事故，造成 1 人死亡、1 人重伤。某游客及其母亲等 4 人乘坐该公园“穿梭时空”（另有 2 人同坐），在设备启动前，该游客发现自己及其母亲未系安全带，安全压杠也未压下，就在他帮其母亲系安全带时，操作人员却启动了该游乐设施。在运行约 5s 时，旁观者发现并大声呼叫，让操作人员停止运行。但还未等设备停下，事故发生了，该游客及其母亲从运行中的设备坠落，其母亲当场死亡，这名游客被送往医院进行抢救。该游乐设施的线速度为 10m/s，额定乘客人数 16 人，游乐设施高度 12m。经分析，造成事故的主要原因是：操作人员在未确认安全带及安全压杠的情况下，便开动该游乐设施。

（6）2006 年 5 月 7 日，西安市某公园发生一起大型游乐设施严重事故，造成 1 人重伤。当时 1 名初三学生为其父亲在该公园经营的游客设施“高空揽月”营运现场帮忙（无操作上岗证）。15 时 40 分左右，该中学生在给 4 名游客固定好保险压杠并系好安全带后，自己随后也坐了上去。由于该中学生座位上的保险压杠未固定到位，安全带也未系。当“高空揽月”启动后进入高位翻转时，座椅与地面 90° 垂直并整体转动，该中学生从距离地面高度 8m 处被抛出，掷于距离设备 7m 远的水泥地面上，致其右上臂前端和右脚面骨骨折，右股骨颈断裂，下唇开裂 3cm，面部有多处擦伤。经查，该游乐设备 2002 年注册登记，并于 2006 年 4 月 26 日经国家特检中心检验合格。事故原因系设备运营中操作人员未严格执行启动前的安全检查程序，经营户擅自使用无操作上岗证的人员进行运行前的安全防护操作与检查。

（7）铜川市某滑索游乐场发生一起滑索坠落事故，造成游客母女两人从高空滑索上（距地面 30 ~ 40m）坠落，身体多处骨折。经初步调查，该滑索长 287m，落差 59m，由私人制造安装，个体经营，且无任何资料。2005 年 5 月 1 日开始营运，6 月 7 日铜川市质监印台分局查处，并下发了安全监察责任书，责令停用整改，后经多次复查，该单位拒不整改，继续运营，2006 年 5 月 1 日查封后，又私自解封非法营运。事发当日，操作人员将游人母女送上滑索，两人乘坐一个吊袋放下去，当吊袋到达下站平台时，下站的操作人员又不在岗，游客自行解开保险带时，上站的操作人员又将 1 名工作人员送上滑索放下，致使下站台的该游客母女被拉回，造成严重事故。

（8）2007年2月22日，重庆市某公园一台飞行塔类游乐设施“探空飞梭”发生事故，造成1名操作人员死亡。事发时，该公园1人在检查设备及乘客情况时，发现1名乘客安全带未系好，准备帮助捆绑。但此时“探空飞梭”已启动，情急之下，该人单手抓住“探空飞梭”的压杠随其上升，操作人员见状进行了紧急停机，结果导致该操作人员从5m高处坠地死亡。

（9）2007年5月1日，重庆市某公司发生一起大型游乐设施严重事故，造成1人轻伤。事发当日，因风力过大，2名乘客先后从过江速滑上站下滑到西岸，在距终点约100m处发生碰撞，致使1名游客头部受撞击、髋骨处红肿。

（10）2007年6月30日，合肥市某公园一台“世纪滑车”在爬坡过程中突然出现倒滑，6号车厢侧翻变形，造成坐在该车厢内的两名中学生一死一伤。该公司“世纪滑车”每日例行安全检查时已发现故障，在维修后隐患依然存在的情况下，维修工示意可正常运行。在载客后第一次运行爬坡过程中突然出现倒滑，止逆机构失效，造成车厢脱轨，将最后节车厢内的1名中学生挤压碰撞致伤，经送医院抢救无效死亡，同车厢内另1名男生受轻伤。

（11）2008年12月6日，河南省郑州市某公园发生一起大型游乐设施涉险事故，未造成人员伤亡。事发时，该公园因变电器出现故障造成停电，导致十几名乘客滞留在摩天轮吊舱中。公园启动救援预案，组织人员用绳索拉动摩天轮缓慢运转，经过40min救援，将乘客逐一接回地面。

（12）2011年10月29日，某景区魔幻山乐园突然停电，景区立即采取安全应急预案，在10min内，成功疏散完23个设备上的游客。其中，“冲上云霄”的座椅停在12m的空中无法落下，有8名乘客被困在上面。得知情况后，景区总经理立即赶赴现场组织施救，将其中4人安全放下。之后在放另外4人的过程中，设备突然出现故障停止运行，座位无法继续往下放。主要原因是救援时启动了应急发电机，应急发电机工作，当一端大臂旋转到底部时，由于操作室内无操作人员，没有能及时断开应急发电机，站台处的工作人员用手强行把大臂拉住，当松开时，整个大臂向上弹起，随后自由摆动几次后卡在半空中。致使4人被困近2h。

（13）2011年10月5日，张女士带着8岁的儿子小王和10岁的外甥小沈到温州市某游乐场游玩。当日该公园“峡谷漂流”项目的当班作业人员孙某在送走第一批游客后，将用于提升漂流筏的提升机关闭。此时，张女士和儿子及外甥来到“峡谷漂流”项目。三人乘坐一艘漂流筏驶出，当漂流筏到达提升机下1min后，孙某未开启提升机。

小王和小沈以为已经到达终点，便从漂流筏中爬出，并在提升机上行走，当他们走到距离提升机上端回转位置1m左右处时，孙某因疏忽大意，没有注意到这个情况，径直将提升机开启，走在前面的小沈跌到了水中，而在后行走的小王向右侧跌倒后被卷进提升机回转部位。

孙某看到此情形后立即关闭提升机，从控制室跑出，跳入水中，救起小王，并联系了公司管理经理赵某，赵某赶到现场后迅速拨打110报警电话及120急救电话。当医生赶到现场时，小王已经死亡。

事故发生后，孙某主动向公安机关投案自首。游乐场与死者小王家属达成民事调解协议，共赔偿人民币91.5万元。

据了解，小王被碾死的主要原因是孙某作为操作人员，未按照操作规程操作提升机，并在未确认筏和游客安全状况的情况下，启动提升机，导致事故发生。游乐场存在安全管理制度落实不到位、人员安排不到位、教育和培训不到位等三方面次要原因。

（14）2011年10月6日，某动物园游乐场“挑战者之旅”游乐设施的1名操作人员在该设备的起落平台尚未升降回位至正常位置时，即上前准备开启乘客的安全保护装置，该操作人员走到固定地面平台与正在升降的平台钢板交界边缘时，不慎滑倒，跌入正在运动的两块平台钢板之间的间隙，受到平台钢板挤压，经抢救无效死亡。此次事故的原因是：操作人员自我安全保护意识淡薄，未按操作规程作业。

（15）2011年4月28日，厦门市某公园跳楼机在电焊工维修作业时不小心掉落火花，引燃了景观灯和装饰物，导致火灾发生。

（16）2014年10月2日，海口市某公园摇头飞椅发生事故，造成一名12岁女孩受伤。乘坐过程中，小女孩没有大人陪同，当设备下降过程中，由于惯性还在继续旋转时，小女孩自行解开保险钩、抬起安全挡杆往下跳，由于惯性摔倒，并被后面的座椅击到后脑而造成受伤。主要原因是：操作员没有提醒游客在设备未停稳时不得私自下来。

（17）2015年2月20日，陕西省商洛市一游乐场狂呼发生空中坠落事故，一名17岁女孩身亡。同年5月1日，浙江省平阳市一游乐场同厂家同形式设备发生事故，造成坐在设备里的1名男孩升上高空后被甩出坠落，而摆锤型设备另一侧则撞到躲避不及的游客，导致2人死亡、3人受伤。主要原因是：设备制动装置不可靠，作业人员未加强高空区域安全保护装置的维护保养，现场操作不规范等。

（18）2015年5月3日，南昌市某游乐场内，“迷你穿梭”项目游乐设施轨道脱落导致2名乘坐的游客坠落，伤者刘某三根肋骨骨折，其他部位多处外伤，另一坠落游客系刘某外孙，目测无外伤。主要原因是：未加强日常检查和维护保养。

**（三）主要因游客违反规定导致的事故**

乘坐大型游乐设施的游客，如不按“乘客须知”的要求乘坐大型游乐设施，也会产生人的不安全行为，这样也极易导致事故发生。

（1）1992年2月8日，郑州市某公园1名7岁的女孩趁外祖父购票时，跑到已发动的“游龙戏水”车旁，抓住车厢把手想上去，结果被挂在车厢外，到站时被挤死。

（2）1997年9月14日，一名27岁的女模特在北京市某卡丁车俱乐部玩卡丁车时，因露在头盔外的长发卷入卡丁车后轴从而造成头发撕脱，并伤及脊椎，至今瘫痪在床。

（3）1997年9月28日，成都市某游乐园一位父亲携带4岁半双胞胎姐妹乘坐高空观览车。父亲将两个孩子放进吊厢后，就走开了。观览车升到距地面约30m时，一个孩子可能因为害怕从吊厢中爬出，掉在地上摔死了。

（4）1998年5月21日，西安市某学院年仅21岁的冯某某在都江堰市某公园乘坐高空观览车时，因观景兴起，将头伸出窗外（窗户的有机玻璃破后被摘掉），卡在了吊销和旋转的吊臂中间，造成颈部中枢断裂，当场死亡。

（5）2008年9月11日，北京市某游乐场所，一名大四男生在玩“激流勇进”项目时，不慎跌入水中，右腿被船下的传输齿轮绞断。

（6）2009年8月24日，内蒙古自治区通辽市某空中滑道场发生一起大型游乐设施一般事故，造成1人受伤。事发时，旱地滑车（滑道下行长度350m）的作业人员引领车引导4个滑车下滑，当下滑至305m处最后一个弯道时，后数第二个滑车前部1名女乘客（定员 2 人，乘坐 2 人）携带的戏水枪落到车外，该乘客突然侧身捡拾水枪，导致头部撞击在左侧钢制护栏上，造成左耳撕伤，头部有撞口，经医院救治无效死亡。

（7）2012 年 6 月 19 日，武汉市某乐园过山车运行过程中突然骤停，12 名游客空中惊魂半小时才被解救下来。主要原因是：游客乘坐过山车时口袋内硬币掉入轨道，从而引发设备的自我保护导致骤停。

（8）2016 年 2 月 15 日，河北省容城县某村庙会上，一乘客饮酒后强行乘坐“海盗船”，从海盗船上摔下，经抢救无效死亡。

**（四）主要因管理原因导致的事故**

据对大型游乐设施事故进行的统计，不难发现，许多事故案例大都不同程度地存在管理上的问题。因此，对大型游乐设施进行及时和有效的管理是减少事故的发生及减轻其危害程度的关键环节之一；否则，即使质量很好的设备，如不能对其进行有效管理，也会发生这样或那样的事故，特别是随着时间的推移，设备的安全性能也在逐步下降。

（1）2009 年 5 月 28 日，黑龙江省齐齐哈尔市某公园发生一起大型游乐设施一般事故，造成 1 名男孩死亡。事发时，该公园“三维太空环”作业人员放下 U 形架，让男孩手握手柄，然后启动电源。1min 后，发现该男孩的脚脱离了鞋套，随后从 U 形架中脱出，掉到地上，“三维太空环”外环对该男孩进行了击打和挤压，导致其死亡。

（2）2010 年 1 月 31 日，小伙黄某和朋友到公园乘坐“遨游太空”——一种把人挂在半空，不停旋转翻转的大型游乐设备。设备启动后，原本等着感受“遨游”滋味的黄某突然被甩离了座位，重重地摔在了地上。后经医院诊断，黄某的腰部出现椎体爆裂性骨折，需要实施手术。

（3）2012 年 8 月 31 日，重庆市南岸区洋人街一娱乐设施发生事故，现场 9 人受伤，无人员死亡。事发时，正在高速旋转的娱乐设施“高空飞翔”与旁边吊车的缆绳发生碰撞，吊车上的钢绳直接扫到了游客的腿部，部分游客腿部直接被割伤。伤者被紧急送往医院救治。

（4）2013 年 4 月 1 日，安徽省合肥市一家游乐场内“跳楼机”在运行中辅助钢丝绳突然断裂，导致座椅悬停在离地约 5m 高的半空，11 名游客被困 1 个多小时。维护保养不到位导致事故。

（5）2013 年 9 月 15 日，陕西秦岭某游乐场所的一台“极速风车”启动后不久，同一排座舱先后有 3 名乘客从空中被甩出。

事故原因是：维修人员为操作方便，有意短接了座舱安全压杠安全联锁功能，在设备启动前，现场服务人员手动操作安全压杠方法不当，导致有的座椅安全压杠活动插头未能插入座椅侧面的插孔内，按照规定，现场服务人员应逐一检查每个安全装置的锁紧情况，但是现场服务人员在检查安全装置锁紧情况时，由于接电话少检查了 1 排座椅，没能发现那排座椅的安全压杠没锁紧，最终导致这排座椅上 3 名乘客在运行中被甩出摔伤。

## 二、国外大型游乐设施事故案例

**（一）因设备质量原因导致的事故**

（1）2000 年 9 月 3 日，澳大利亚南部阿莱德市的一个游乐场所发生意外，一被称为“旋转龙”的游乐设施从 8m 高处飞驰而下，造成至少 37 人受伤，其中 3 人伤势严重。这起意外事故是在一年一度的皇家阿德莱德表演展的游乐场发生的，当地电台报道称，“旋转龙”的倒塌可能是螺钉松动造成的。

（2）2009年8月11日，英国最著名的布莱克浦快乐海滩游乐场发生了一起意外事故，一列过山车在完成行程后因为制动系统失灵无法停下来，结果撞向了前面另一列准备让游人下车的过山车尾部。据悉，此次事件共导致21人受伤。发生事故的两辆过山车均遭损坏，其中一辆是世界上最大的过山车，因为它的时速为139km，所以每年约有750万游人慕名来乘坐它，感受新奇、刺激。

（3）2001年5月1日，位于德国科隆和波恩之间的欧洲最大游乐场“幻想王国”游乐园发生严重火灾。据报道，当天下午，两条木制游乐轨道突然冒烟，而后起火，正在游玩的约150名游客纷纷从轨道上的座车中逃出，造成54人受伤。专家认为，这可能是因为技术缺陷而引起的一场大火。

（4）2006年7月11日，美国辛辛那提市派拉蒙游乐场内名为“野兽之子”的过山车发生事故。27人被送往医院接受治疗。当天下午4时45分左右，有目击者看见这一过山车突然停止运行。公园发言人莫琳·凯泽说，这一事故共造成27人受伤，所幸大多数人只是胸部和颈部受轻伤。

（5）2006年7月20日，英国奥尔顿塔公园一辆过山车发生事故，造成29人受伤。位于英格兰中部的奥尔顿塔公园是英国最大的主题公园。公园发言人雷切尔·洛基特说，事故发生时，一列名为“逃亡矿车”的过山车前几节车厢突然与车身分离，并向后滑去，与其他车厢相撞。洛基特说，当时车上有46名游客，其中29人受伤。4名游客被送往医院救治，其余25人只轻微割伤或擦伤。

（6）2007年5月5日，日本大阪府吹田市万博纪念公园游乐园一台过山车在行驶中，第二节车厢车轮突然脱落，车厢向左严重倾斜，1名女乘客头部撞上一旁的铁栏杆，不幸当场殒命。车上其余21位乘客1人重伤、20人轻伤。这台过山车（“风神雷声Ⅱ号”）共有6节，设计载客24人，最高速度为75km/h。轨道长1050m，离地40m高。

（7）2007年6月9日，美国阿肯色州热泉市的“泉水和水晶瀑布游乐园”，12名游客正在该游乐园中乘坐一种X型过山车，体验极度刺激的感觉。当过山车升到46m高的半空时突然停电，提心吊胆地被倒挂半小时，才被消防人员用云梯救下。

（8）2007年6月21日，美国肯塔基州的“六旗肯塔基王国游乐场”内一部跳楼机钢缆断裂，跳楼机急速砸向地面。在跳楼机坠落过程中，那根断裂的钢丝绳以闪电般的速度反弹，扫向跳楼机中毫无防备的10名乘客。恐慌的乘客们纷纷缩回双脚试图躲避。然而，座位底部1名13岁女孩由于反应稍慢，双脚不幸被高速扫过的钢缆击中。顿时，钢缆犹如锋利的砍刀一般，将女孩的双脚从她的脚踝以下截断。

（9）2007年7月14日，美国威斯康星州欧什科西市举办的“Lifest2007”音乐节上，“空中荣誉”钢丝绳断裂，导致1人死亡。当日下午4点45分左右，16岁少女伊丽莎白·K·默赫尔和另1名游客被“空中荣耀”游戏的大吊车吊到了30.5m的高空。当她释放了辅助钢丝绳并坠落到距地面大约14m高时，与她相连的主钢丝绳断裂，正以3.5$g$的加速度下坠的伊丽莎白立即急速砸向地面，一眨眼工夫，伊丽莎白如同一袋水泥一样，猛地砸在地上，再也没有动弹一下。而她坠地的位置，距离安全护垫只有几米远。

（10）2007年8月4日，法国巴黎西北郊圣日耳曼莱昂的一家游乐场内的“Booster”在高速旋转时大臂突然断裂，大臂末端的轿厢甩出落到地面。轿厢中的1名21岁青年和他 48 岁的父亲当场死亡，其 4 岁的表弟和叔叔身受重伤。“Booster”另一个轿厢内的两名乘客被困在 36m 的高空，消防员及救援人员接报到场后，花了约 6h，才终于将两人救下地面。这台“Booster”重 28t，大臂长 10 多米，臂两端各有一个 4 座的轿厢，可载 8 名乘客。

（11）2008 年 1 月 12 日，泰国 Bangkok 市的 Siam 公园内，一水滑梯滑道开裂，造成 28 名儿童受伤，其中 4 名儿童的伤势严重。发生事故的水滑梯名叫“超级螺旋”，有三层楼高。据园方讲，水滑梯断裂段距地面 2 ~ 3m 高，一些儿童从断口滑出坠楼。

（12）2008 年 3 月 21 日，南非 Johannesburg 的帝王宫殿公园内，一台“疯狂波浪”设备倒塌，幸运的是，7 名乘客只受轻伤。此台设备早前一周刚经过检验。

（13）2008 年 3 月 24 日，日本爱知县 Nagakutem 的一主题公园内，1 名 46 岁的工人在检查飞椅时丧生。据警方介绍，该男子在设备内液压支撑系统上，顶棚结构倒塌将其压死。

（14）2008 年 4 月 27 日，美国佐治亚州 Hamblee 的嘉年华活动上，1 名员工被 Roll-O-Plane 设备带起 15m 高后摔下受重伤。据目击者称，伤者在将两名乘客送入座舱后，发现其中一个舱门没有关好，就在他试图将舱门关好的时候，设备开始启动，该男子抓住舱门被带到空中，但很快就掉了下来，摔在设备底部的金属横梁上。消防队员参加了救援行动，2 名乘客也被困空中达 20min，但没有受伤。

（15）2008 年 7 月 15 日，瑞典哥德堡市里斯贝里游乐场内一座名为“彩虹”的高空摇摆游乐设施发生坍塌事故。事故发生时，摇摆“彩虹”上满载游客 36 人，其中 20 名游客伤势严重，另有多名游客受到惊吓。

（16）2009 年 9 月 18 日，位于美国洛杉矶 Knotts Berryfarm 的 Intamin 发射过山车 Xcelerator，在发射过程中，拉动滑块的钢缆瞬间发生爆裂，钢缆断成数千钢丝四处飞舞，导致坐在第一排的两位游客受轻伤。

（17）2011 年 1 月 30 日，美国佛罗里达州嘉年华过山车脱轨伤人，一辆过山车在运行过程中前轮脱离轨道，导致 2 名女子被困在过山车轨道顶部。

（18）2011 年 4 月 26 日，巴黎迪士尼乐园过山车的部分车厢在运行时脱离，与前面的车厢发生冲撞，有 5 名游客被碎片击中受伤。

（19）2011 年 7 月，英国一海啸过山车发生故障停运，导致 9 人挂在半空中的轨道上。

（20）2011 年 8 月 13 日，巴西里约热内卢游乐场，1 名排队的 17 岁女游客被旋转游乐设施上掉下的座舱砸中，导致死亡。

（21）2012 年 11 月 3 日，英国北安普顿，一名 9 岁的女孩被一台旋转类游乐设施抛出，飞出后摔在游乐设施的金属栅栏上，受伤住院。

（22）2013 年 5 月 31 日，英格兰剑桥游乐场一台旋转大转盘在运行中倒塌，撞向载客处平台，导致 11 人受伤。

（23）2013 年 6 月 1 日，在美国弗吉尼亚州远景公司嘉年华中，观览车突然停止，轿厢前后摆动，使 17 名乘客滞留在空中，并且造成几名乘客被安全栏杆击伤。

（24）2013 年 7 月 19 日，美国俄亥俄州桑达斯基杉点乐园“激流勇进”翻船，导致 7 人受伤。

（25）2014 年 8 月 10 日，美国马里兰州的一个主题乐园过山车发生故障，24 名游客被困在轨道最高点附近约 14m 高的地方。消防单位在当地时间 10 日下午两点半接获报案，赶抵现场，没有游客受伤。消防人员说，还好车厢受困的位置，乘客是头上脚下。消防人员花了 4 个小时，才把人全部救下来。

（26）2015 年 5 月 5 日，荷兰小镇迪丹（Didam）一家游乐园的高空旋转游戏设施突然卡在半空中，导致上面 7 人被倒挂在高空，时间长达 45min，所幸最后游客均被消防员成功解救，未造成人员伤亡。

（27）2016 年 5 月 2 日，英国最大主题游乐场奥尔顿塔公园发生事故，一款新开的过山车突然停驶，数十名乘客倒转地吊在 20m 半空，30min 后才获救，全部安全返回地面。据称，事故是因连场暴雨，导致机件故障所致。

（28）2016 年 6 月 26 日，苏格兰有过山车脱轨坠地，造成至少 10 人受伤，包括 8 名儿童及 2 名成年人，其中 3 名儿童情况严重。

（29）2016 年 8 月 11 日，1 名孩童在利戈尼尔市（Ligonier）一个游乐场的狂野世界与水上乐园区玩耍时，从进行中的过山车上坠落受伤。该市威斯特摩兰县（Westmoreland）公共安全部门发言人称，事故发生后，男童被直升机迅速送往 50mile 外的匹兹堡儿童医院。

CNN 下属 WTAE 电台对此次事故的报道中称，据狂野世界与水上乐园区发言人透露，该事故发生在一架名为罗洛过山车（Rollo Coaster）的老式木质过山车上，并且是在行程过半的时候突发状况。

该游乐园网站上标明该过山车于 1938 年建造，没有配备安全带并且身高 36in（约 91cm）以下的乘客禁止乘坐。身高 48in（约 122cm）以下儿童需由成人陪同乘坐。宾夕法尼亚农业部负责监督该州的 10200 个游乐设施，而该过山车通过了农业部于 2016 年 8 月 6 日实施的设备检测。据称，农业部正在调查此次事故，并将重新调出监测档案。

（30）2016 年 10 月 25 日，澳大利亚黄金海岸梦幻世界主题公园“雷河泛舟”（Thunder River Rapids Ride）项目发生事故，造成 4 人死亡。“雷河泛舟”游乐设施使用一个传送带和可乘坐 6 人的圆形皮筏艇，游客坐在里面，沿着一条快速流动的人工河飞快前行。昆士兰救护车发言人加文·富勒说，事故发生时，2 人被甩出去了，另外 2 人被困在里面。

**（二）因操作管理失误导致的事故**

（1）1999 年 6 月，日本东武动物公园因“回转秋千”游艺机与检查作业用的踏台相碰，致使游人受到轻伤和重伤，同月 12 日午后，发生“疯狂老鼠”游艺机运转车辆追尾前边车辆，两车游客共 7 人头部等处受伤的事故，直接原因是操作人员手工运转操作。该“疯狂老鼠”每车乘坐 4 人，单辆运行的滑行车，线路长度约 375m，最高时速约 50km。发生事故时，线路上有两台车辆，一台在行至距终点 5m 处突然停止，在起点处还停有一车辆。这时操作人员到操作室按下自动运转按钮，起点处车辆启动。操作人员又解除终点前方车辆的制动闸，使一辆车运转时速约 20km，追逐到起点处车辆。

（2）2011 年 3 月 14 日，1 名 52 岁的维修工人在迪士尼世界动物王国主题公园修理过山车时头部重伤，原因是维修时被正在运行的车撞到，违规维修保养。

（3）2011 年 3 月 20 日，在德州休斯敦牛仔节上，1 名 46 岁男子从过山车上坠落死亡。目击者称，该过山车在空中做了一个急转弯，导致该男子摔落。

（4）2011 年 3 月 29 日，日本一台过山车在运行过程中，1 名 18 岁女孩左脚从过山车中伸出，被夹在站台端部与车体之间，脚踝受伤。

（5）2011 年 5 月 14 日，美国某嘉年华上，2 名青少年从过山车上摔落受伤，他们想从车中出来时，车子突然启动，导致从高处摔落。事故原因是：操作人员在青少年要离开车子时突然启动了设备。

（6）2011 年 5 月 16 日，在美国北卡来罗纳州，2 名嘉年华工人拆卸观览车时从上面摔下，1 名 42 岁的工人死亡，另 1 名受伤。事故主要原因是：保险钢丝绳破损，维护保养检查不到位。

（7）2011 年 7 月 8 日，美国某主题公园过山车，1 名 29 岁男子从过山车上坠落身亡。目击者称，该男子在过山车第一次下滑后爬坡时被甩出。该男子为老兵，失去双腿。主要原因是：操作人员违规操作，不该让不适合乘坐的游客乘坐。

（8）2011 年 6 月 21 日，在美国加利福尼亚州游乐场，游乐设备在乘客下车时突然重新启动，造成 1 名女孩擦伤，操作人员试图将女孩拉出该设施，把她带到安全地带，结果设施的操作人员头部也受了伤。

（9）2011 年 7 月 2 日，美国佛罗里达州游乐园，1 名 30 岁的维修工人在修理游乐设施时死亡，原因是维修时被击倒，失去意识，摔下一段距离。

（10）2011 年 8 月，在法国一游乐场，1 名 24 岁的操作人员被过山车压死，该名工作人员在过山车运行时离开了控制台，结果他的腿被开来的过山车压住，在现场，为了拉出受害者，救援人员切断了他的一条腿，然后送他去医院，几小时后由于伤势过重而死亡。

（11）2012 年 1 月 21 日，美国佛罗里达州，1 名操作人员踏上过山车轨道后被其中一辆过山车撞上，胸部受伤。

（12）2012 年 5 月 28 日，日本迪士尼海洋公园，9 名乘客乘坐的过山车在出发时，操作人员发现后车左侧的空位座椅压杠处于打开状态，所以在按下出发按钮后立即按下了临时停止按钮，为了将未压紧的压杠压下来，操作员踏下第 2 辆车的脚踏解锁板将安全压杠的锁紧结构打开，1 名 34 岁男游客发现了危险，自己跳下车，摔入站台外的轨道外侧受伤。

（13）2012 年 9 月 1 日，在美国纽约布伦特伍德的嘉年华中，1 名 22 岁工作人员被旋转臂击中头部，受到致命伤害。

（14）2012 年 7 月 6 日，在加拿大蒙特利尔的主题公园，1 名 67 岁的维修人员被过山车撞倒后当场死亡，原因是他违反操作程序，进入了该轨道的禁区。

（15）2013 年 7 月 19 日，在美国得克萨斯州阿林顿的六旗公园中，1 名 52 岁的妇女从过山车上坠落身亡。原因是乘客体型过大，不适合乘坐，安全保护装置不能有效束缚游客。

（16）2014 年 7 月 7 日，美国洛杉矶六旗游乐园“忍者”过山车发生事故，造成 4 名游客受伤。事故主要原因是：过山车撞树脱轨，造成人员受伤，20 多名游客被吊在空中。实际上还是管理不善。

（17）2014 年 9 月 12 日，在澳大利亚一个表演场，1 名女孩在旋转类的自控飞机游乐设施上被甩出致死。

**（三）因乘客失误导致的事故**

（1）2008 年 4 月 26 日，俄罗斯西伯利亚 Novosibirsk 的 Berdsk，1 名 6 岁的男孩从高 15m 左右的观览车上摔下死亡，事故发生时，游乐园已闭园，但男孩翻越围墙进来，并进入设备，设备不知什么原因启动，男孩在试图退出座舱，但被设备带起悬于空中，90 多秒后男孩力竭摔下，下落过程中，男孩的身体多次击中轮辐，最后摔在底部座舱顶距站台 3m 左右。

（2）2009 年 3 月 21 日，美国北卡罗来纳州 Fayettevile 市的嘉年华上，1 名 23 岁的男子从一运行中的旋转设备上跳下受伤。据警察称，该男子醉酒乘坐设备。目击者称，此名男子打开了自己的安全带，爬上设备顶部然后跳下。他的头部撞上旁边碰碰车场地的金属框架。该男子被迅速用直升机送往医院治疗。

（3）2008 年 1 月 27 日，美国得克萨斯州 Victoria 市一嘉年华上，1 名 15 岁的女孩被在拆卸的设备砸中头部丧生。此名女孩为嘉年华售票员，且第一天上班。发生事故的设备名叫“Hammer Slammer”。

（4）2011 年 4 月 2 日，美国 1 名 3 岁男孩从儿童过山车上摔落后死亡，男孩可能将车上安全带解开，莫名其妙地陷入了两辆车中间，最后从游乐设施上摔落，他的头部受到严重的伤害，当场死亡。

（5）2011 年 7 月 3 日，美国某过山车上 1 名乘客的帽子被吹跑并卡在车轮处，这辆车急刹车，导致后车撞到该车，6 名游客受伤。

（6）2011 年 6 月 4 日，美国新泽西州 1 名 11 岁女孩在学校组织的出游中，从观览车上摔下后死亡。事故发生时，小孩一人乘坐该设备。

（7）2012 年 6 月 17 日，日本桂川 1 名 6 岁男孩乘坐儿童过山车时摔断手臂。调查人员认为，孩子的安全带在启动前是系好的，但是在运行过程中安全带松开了，导致男孩在最后一圈的过程中被抛了出来，摔断了胳膊。

（8）2013 年 6 月 20 日，加拿大马尼托巴省温尼“疯狂老鼠”上，1 名 16 岁男孩在设备禁区被过山车撞击，伤势严重。事故主要原因是：小孩子乘坐设备时帽子掉了，然后下来后翻越栅栏去捡被撞。

## 三、典型游乐设施事故案例

### （一）太空飞碟事故案例

1. 设备基本情况

2015 年 4 月，某游乐场一台太空飞碟在运行时大臂撕裂坠落，乘人座舱坠地，座舱转盘回转支承摔裂，电控箱砸坏，致使 19 名乘客受伤（1 名重伤、18 名轻伤或轻微伤）。

该设备额定乘员 30 人，回转支撑齿轮带动大臂摆动，乘人座舱由传动齿轮带动自转。该设备于 2015 年 2 月由业主自行制造，制造完毕调试时，发现乘人座舱摩擦地面，又将大臂截短（见图 8–13），但配重无改变，该设备无铭牌和技术文件。

该设备无固定基础，由 4 根斜立柱支撑在枕木上，每个支点 2 根枕木，枕木下为水泥地面（见图 8–14），斜立柱下部用普通钢丝绳对角束拉（见图 8–15）。

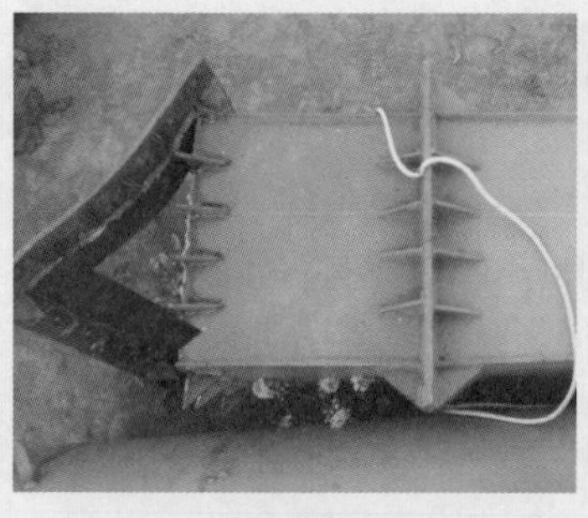

图 8–13

图 8–14

图 8–15

2. 现场勘验情况

西北角斜立柱与枕木未完全接触，间隙最大处 30mm（见图 8-16），其支撑枕木向外滑移约 40mm（见图 8-17）。

西南角斜立柱法兰盘连接螺栓缺失 2 条，东北角斜立柱两处法兰盘连接螺栓共 4 条严重松脱（见图 8-18 ~ 图 8-20），连接螺栓无防松垫片或被紧螺帽。

图 8-16

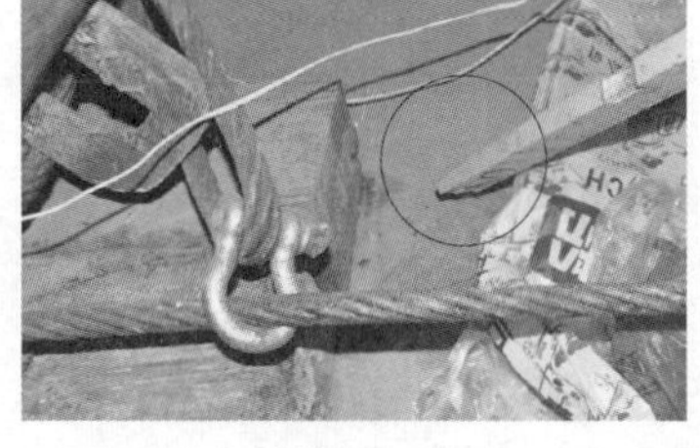

图 8-17

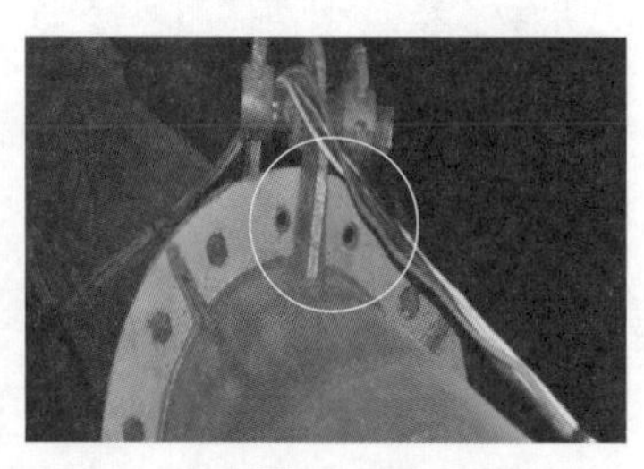

图 8-18

支撑轴东高西低，水平度 1.3/1000，现场测量时水平尺长度 600mm，西侧加 5 个垫片（7.8mm）后水平尺气泡居中（见图 8-21）。

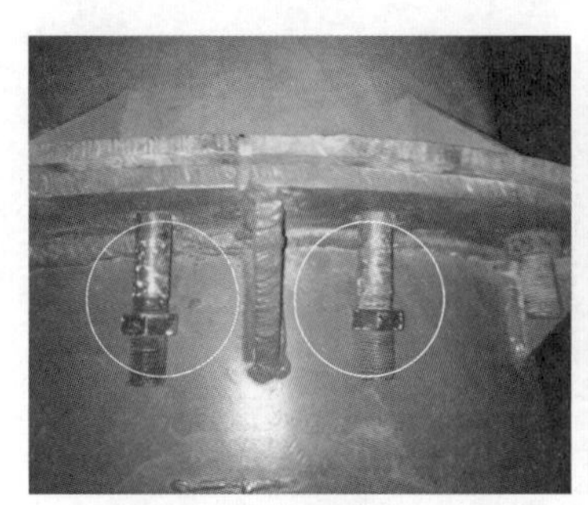

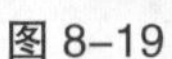

图 8-19

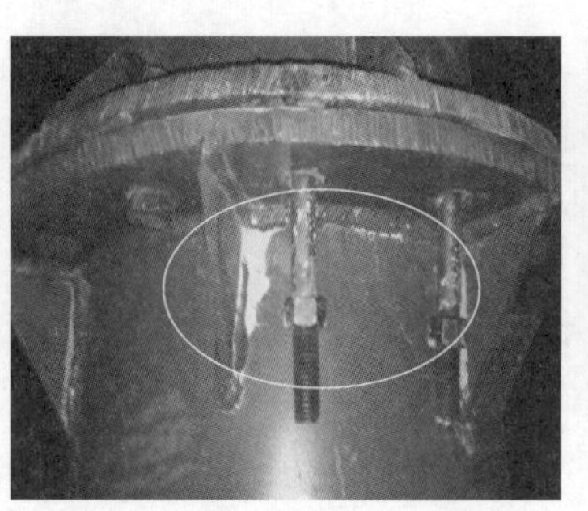

图 8-20

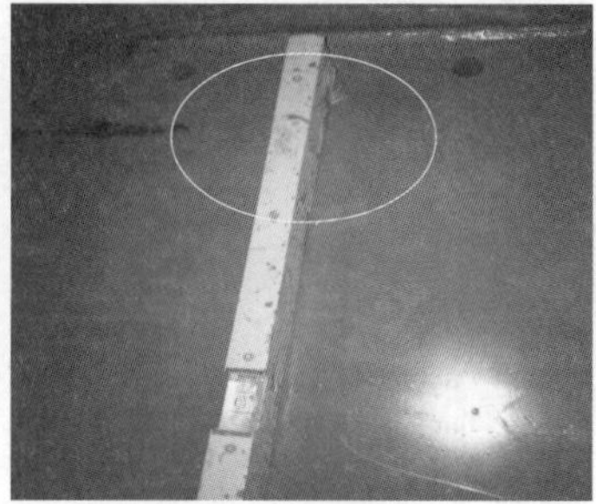

图 8-21

驱动支撑轴的电机固定螺栓严重松动（见图 8-22、图 8-23）。

驱动支撑轴的开式齿轮啮合不均（见图 8-24）。

图 8-22

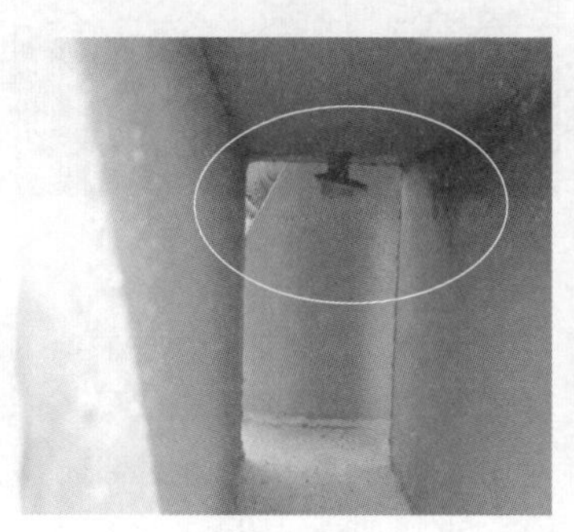

图 8-23

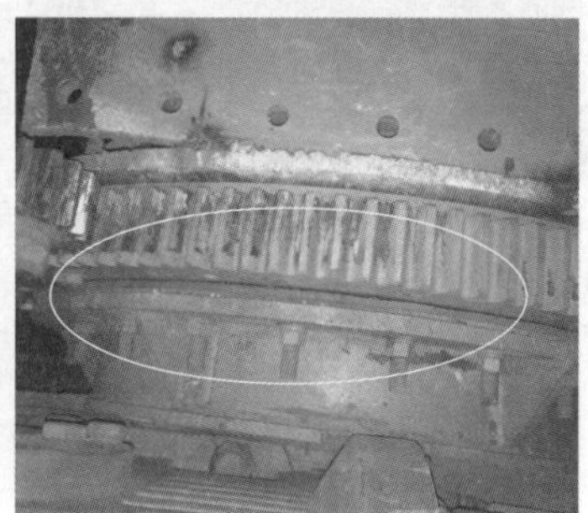

图 8-24

支撑轴、大臂连接处的上、下法兰盘连接螺栓缺 9 条未穿（应穿 24 条，见图 8-25、图 8-26）。

连接螺栓剪断（见图 8-27）。

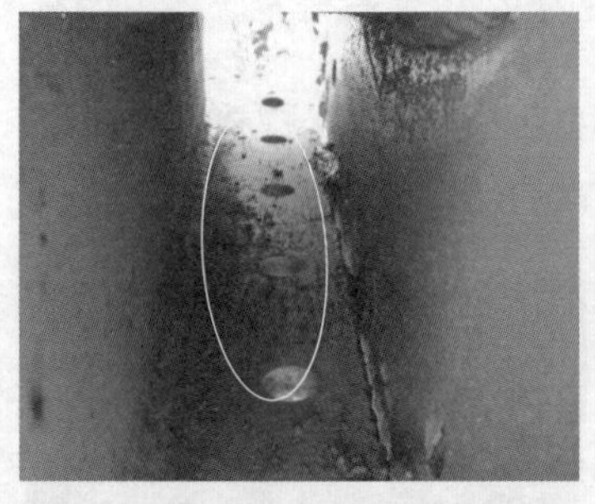

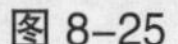
图 8-25

图 8-26

图 8-27

支撑轴、大臂连接处的上法兰盘不平，有一角严重变形（见图 8-28）。

下法兰盘与大臂焊接处严重撕裂，开口最大处 360mm（见图 8-29），局部母材撕裂（见图 8-30），补强筋板撕裂（见图 8-31），焊接不均（见图 8-32），夹渣、未焊透、气孔现象严重，有长度为 90mm 焊接未熔合（见图 8-33 右侧椭圆），开口最大处有呈直角状陈旧性开裂焊缝且已生锈，长度各为 90mm（见图 8-33 左侧椭圆、图 8-34）。

图 8-28

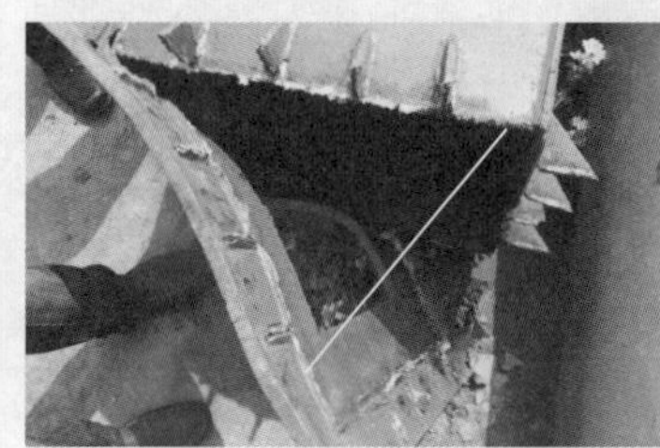

图 8-29

图 8-30

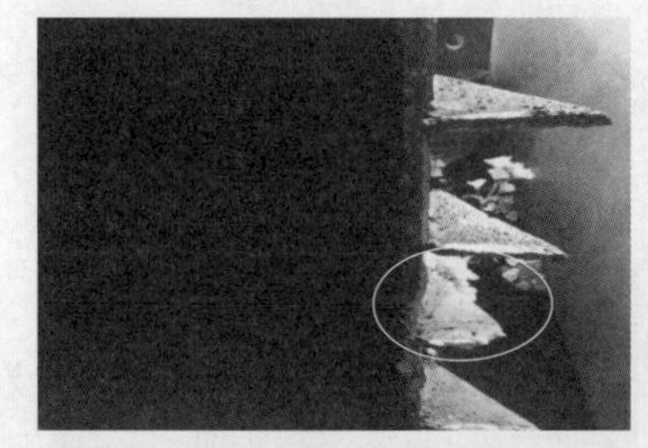

图 8-31

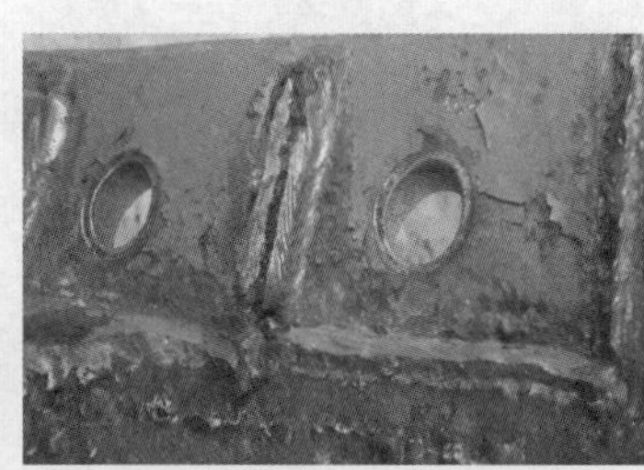

图 8-32

图 8-33

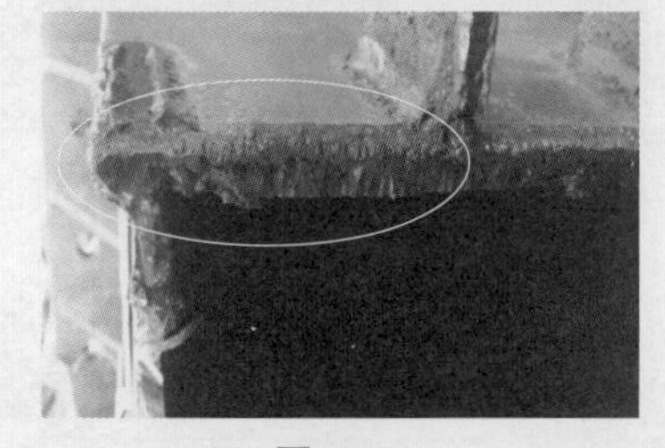

图 8-34

座舱无二次保护装置，无大臂摆角限位装置；未见“乘客须知”、警示标志、安全操作规程及应急救援预案。

3. 连接螺栓性能检测情况

支撑轴、大臂法兰盘连接螺栓（型号 8.8 级 /M20×70）送河南起重机械技术服务有限公司检测，编号为 TRC1-1504-011《检测报告》显示：抗拉强度分别为 793MPa（样品 1）、723MPa（样品 2），不符合 GB/T 3098.1—2010 抗拉强度≥ 830 MPa 的规定；编号为 TRC1-1504-012《检测报告》显示：洛氏硬度 HRC 分别为 18（样品 1）、17（样品 2），不符合 GB/T 3098.1—2010 洛氏硬度 HRC 为 23 ~ 24 的规定；编号为 TRD1-1504-002《检测报告》显示：样品 1 和样品 2 金相组织均为铁素体 + 珠光体，不符合回火索氏体要求。

上述检测结果表明：支撑轴、大臂法兰盘连接螺栓不符合 8.8 级性能（抗拉强度低、硬度不够）要求，铁素体 + 珠光体的金相组织综合性能较差。

4. 事故原因分析

制造调试时，擅自截短大臂，使其与配重的平衡被破坏，在不平衡的状态下运转，使运转扭矩时大时小；斜立柱支撑在枕木上，只用普通钢丝绳对角束拉，使整机不稳定；立柱连接螺栓缺失和松动，增加了支撑立柱的不稳定性；电机固定不牢，导致运行不稳；支撑轴、大臂连接处的上法兰盘变形，使连接螺栓不能有效拧紧，严重增加了连接螺栓的震动载荷，使其受到附加的交变应力和加速疲劳；下法兰盘与大臂焊接缺陷，严重降低了该部位承载能力，其陈旧性开裂焊缝，是导致下法兰盘与大臂撕裂的诱因；下法兰盘与大臂从陈旧性开裂焊缝处开始撕裂，使大臂与平衡臂不在一条直线上，即小于 180°，此处扭矩迅速增大，超过此焊接处的许应力，焊缝继续开裂（含局部母材），上法兰盘变形，大臂与平衡臂的夹角继续变小，下法兰盘与大臂巨大的扭矩、冲击力迅速超过连接螺栓的破断拉力，将原本连接不规范、受力不良的不合格螺栓迅速剪断，大臂连同乘人座舱坠落。

5. 事故原因认定

（1）直接原因：①下法兰盘与大臂焊接处陈旧性开裂。②下法兰盘与大臂焊接处存在焊缝未熔合等严重缺陷。

（2）间接原因：①对下法兰盘与大臂连接处的焊接、螺栓未及时检查、修复。②整机不稳。基础不牢，整机向西倾斜，斜立柱法拉盘连接螺栓缺失和松动，电机固定不牢，支撑轴开式传动齿轮啮合不良。③支撑轴与大臂连接缺陷。此处上法兰盘局部变形，致使螺栓无法拧紧，致使受力状况异常，此处螺栓不合格和缺失。④无安全保护装置。座舱无二次保护装置，无大臂摆角限位装置。⑤维修保养不当。

**（二）“狂呼”游乐设施事故案例**

1. 事件回顾

2015 年 5 月 1 日 11 时 50 分，浙江省温州市平阳县某游乐公司使用的一台名为“狂呼”的游乐设施发生意外事故。有 1 名游客坐上设备下侧座舱后，现场操作人员尚未完成对该游客系上安全带、扣好安全杆操作时，设备自行启动，该名游客被带到空中后坠落。接着，上侧座舱转到站台将 3 名准备进仓的游客撞离站台摔至地面。事故发生后，4 名游客立即被送往医院进行抢救，其中 2 名游客经抢救无效死亡，另外 2 名游客受轻伤在医院观察治疗。

2. 事故原因

（1）直接原因：事故设备“狂呼”制动器失灵（见图 8-35），且上下客时回转臂与立柱中心不重合，致使回转臂自行转动，是导致本次事故的直接原因。

（2）间接原因：①该游乐设施制造公司未制定“狂呼”设备的安装、调试作业指导书，现场安装、调试不规范。②事故设备“狂呼”的制动器弹簧架刻度线未标注。③该游乐设施制造公司随机提供给该游乐场公司的原使用说明书（版本 V2.2) 中制动器的调整方法不详细，未制定制动力矩的试验方法，日检查内容不完善，在使用说明书进行重大变更后，采用快递的方式邮寄给该游乐公司，不重视对该游乐公司的培训指导，且未对事故设备“狂呼”重新进行调试。④该游乐公司安全运营管理技术不熟练，安全防范意识薄弱，操作人员操作不规范。

（3）主要原因：根据事故调查组技术组专家的鉴定意见和事故调查组的调查分析，该游乐设施制造公司内部管理混乱、安全责任和安全管理措施缺失，且该游乐公司操作人员在设备回转臂未垂直停放时，在未调整到位的情况下就进行上下客作业。

（4）次要原因：该游乐公司安全管理制度、岗位责任制落实不到位，对员工的安全教育培训不到位，对事故设备狂呼的维护保养不到位，对狂呼设备的新版使用说明书（版本 V2.4）未及时宣贯、落实。

图 8-35 制动器失效，制动力不足

### （三）“遨游太空”游乐设施事故案例

1. 事件回顾

2017 年 2 月 3 日 14 时 17 分，重庆市某公园大型游乐设施“遨游太空”在运行过程中，一乘坐者从座舱内甩出，撞击游乐设施安全栅栏后，掉落在平台受伤，经医院抢救无效死亡。该事故造成 1 人死亡，直接经济损失 120 万元（见图 8-36、图 8-37）。

2. 事故原因

（1）直接原因。经重庆市特种设备检测院技术鉴定确认，此次事故的直接原因是游乐场操作人员未按规范操作；乘坐者就坐后，压肩护胸安全压杠未推到位、没有压实；肩式安全带未系紧；腰部安全带未系（见图 8-38）。

图 8-36

图 8-37

图 8-38

（2）间接原因。间接原因为管理上的缺陷，主要表现在：①现场安全管理不到位（经查：无安全管理人员）；②对操作人员安全教育培训不到位（经查：无安全教育培训相关资料）；③相关行业监督管理不到位，未及时检查消除安全隐患（经查：该游乐场所运行3年来未按要求设置特种设备安全管理机构或配备专职特种设备安全管理人员）。

**（四）“穿梭时空”游乐设施事故案例**

1. 事故概况

2006年4月16日13时10分左右，贵州省贵阳市河滨公园“穿梭时空”游乐项目（见图8-39），孟某与其母乘玩该项目（同乘的还有其他2名游客），该游乐项目的安全员（兼售票员）引导游客孟某和其母亲坐上游乐设施后，在未确认他们俩的安全压杠是否到位、安全带是否系好的情况下，见又有游客准备购票乘坐“穿梭时空”，便匆匆回到售票处。而操作员却误认为乘客的安全保护装置已完全到位，在打响三遍警铃后，启动设备，造成孟某和其母亲从运转的设备中甩出，孟某被送医院进行抢救，其母亲则当场死亡。

2. 事故原因分析

事发后，有关技术人员对设备现场涉及事故的两个座椅（见图8-40）的安全装置进行了检查，确认该座椅安全带、安全压杠和保险插销均工作正常、锁紧有效可靠。

**图8-39　事发现场涉事设备**

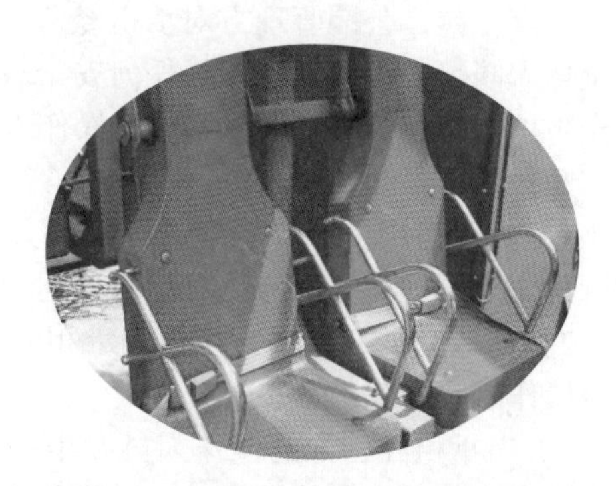

**图8-40　事发现场涉及事故的两个座椅**

本次事故的直接原因是游客的安全压杠未锁紧、安全带未系好时操作人员贸然启动设备，是一起典型的由于违章操作导致的责任事故。事故背后的深层次原因是：①作为场地提供方的河滨公园管理处的安全管理缺位；②涉事游乐项目经营者的安全意识淡薄。

对于本次事故相关责任方（责任人）的处理情况：①穿梭时空游乐项目的经营业主，被处以行政罚款，并被移送司法机关处理；②该游乐项目的安全员，也被移送司法机关处理；③河滨公园管理处，被处以行政罚款；④河滨公园管理处的各级管理人员，在林业绿化系统内分别被处以通报批评、行政警告等行政处分。

3. 预防同类事故的措施

（1）对于租用公园等场地进行经营大型游乐设施的情况，场地提供方应认真、切实地履行其安全管理义务，强化对承租者的责任与安全意识教育。

（2）站台服务人员与设备操作人员有协作分工的，各自的职责应明确，彼此间的信息传输方法应可靠，必要时，应在站台增设启动前准备情况确认装置。

（3）场地提供方应认真审查承租者所经营项目的操作规程是否存在明显疏漏，发现问题应督促其联系制造单位尽快修订。

**（五）“高空揽月”游乐设施事故案例**

1. 事故概况

2006 年 5 月 7 日 15 时 40 分许，陕西省西安市兴庆宫公园“高空揽月”游乐项目，16 岁的彭某①，他在给 4 名游客固定好压杠并系好安全带后，自己随后也坐了上去。当值的操作人员（无操作人员上岗证）未看到彭某坐上高空揽月，也没有检查乘坐人员的安全防护是否都已经到位，打了预备铃后便启动了设备。当座舱在空中进行翻转时，彭某从距离地面高度 8m 处被抛出，摔于距离设备 7m 远的水泥地面上。经送医检查，彭某的右下臂手腕和右脚第 4、5 趾骨骨折，右股骨颈骨折，下唇部穿通 4cm，面部有多处擦伤。

（①彭某系西安东方中学初三学生，其父亲是“高空揽月”游乐设施操作人员杨某的朋友，当时彭某来到兴庆宫公园为杨某帮忙，彭某当时 16 岁，作为在校学生，并无操作人员上岗证。）

2. 事故原因分析

本次事故的直接原因是操作人员未按照操作规程的要求严格执行启动前对乘客安全束缚装置的检查程序，是一起典型的责任事故。事故背后的深层次原因是：①作为场地提供方的兴庆宫公园，公园管理方对承租经营户的安全管理存在缺位；②涉事游乐项目经营者的安全意识淡薄，不仅默许未经任何安全教育和职业技能培训的未成年人进行设备运行前的安全防护操作与检查，而且当值的操作人员也是无证人员。

3. 预防同类事故的措施

（1）对于租用公园等场地进行经营大型游乐设施的情况，场地提供方应认真、切实地履行其安全管理义务，强化对承租者的责任与安全意识教育。

（2）场地提供方应经常性检查承租者的安全管理工作，特别是操作人员是否能够严格按照操作规程操作。

（3）当承租经营户的操作人员发生变更时，场地提供方应核查新人是否符合相关法律法规和安全技术规范的要求（经过相关的专项培训），切实做到持证上岗。

**（六）“星际飞车”游乐设施事故案例**

1. 事故概况

2006 年 6 月 24 日 14 时 11 分，重庆市游乐园“星际飞车”游乐项目，设备在运行过程中平衡臂断裂（见图 8–41）（照片下侧中部偏右处为事发后掉落到地面的平衡块），造成 1 名游客死亡、2 名游客重伤。

图 8–41 事发现场照片

2. 事故原因分析

对断裂平衡臂的断口分析后，可还原出其断裂过程：平衡臂近中心轴处焊接部位锈蚀裂缝在设备运行中逐步扩展，槽钢部分截面退出工作，杆件截面的内力重分布使矩形钢管承担了更多的荷载，随着设备的继续使用，裂缝慢慢扩展到矩形钢管截面的1/2,不能满足使用要求，发生疲劳破坏，槽钢和矩形钢管同时断裂，事故发生。

进一步调查发现，该游乐项目的联营者在维护保养中已发现了锈蚀裂纹，但在补焊后并未报相关检测机构进行焊补质量检测，继续使用带病设备；在年度检验中，该游乐项目的联营者也未与检验机构派到现场的检验人员进行充分沟通，检验人员未能发现隐患；与此同时，对断裂槽钢进行材质分析后，也得出了该槽钢硅含量超标的结果。因此，下列间接原因也是导致该事故的重要因素：①运营使用单位对设备的日常管理、维护保养、安全检查不力，实际经营人员为追求经济利益，置基本的、常识性的安全原则于不顾，逃避国家法律法规和相关安全技术规范的监管；②设备存在先天缺陷；③检验机构定期检验的现场工作不细致，未严格遵照相关安全技术规范的要求从严检验。

事故结论最终确定为：该事故是一起因槽钢焊接锈蚀，其槽钢裂缝慢慢扩展，加之材质硅含量超标，设备自身质量存在潜在安全隐患，投入运行后带病运行，安全管理制度落实不到位等原因导致的生产安全责任事故。其实，仔细分析事故设备的结构后不难发现，该设备受力构件的设计存在明显问题，焊缝布局也很不合理，设备本身的问题不仅仅在于槽钢材质。

相关责任人的处理情况：①重庆市游乐园主要负责人，被处以行政罚款；②涉事游乐项目的联营者，被处以行政罚款，并被取消从业资质（5 年内不得从事游乐设施经营）；③相关检验机构，由国家质检总局根据有关规定追究相关责任。

3. 预防同类事故的措施

（1）对于租用公园等场地进行经营大型游乐设施的情况，场地提供方应认真、切实地履行其安全管理义务，强化对承租者的责任与安全意识教育。

（2）制造厂家对所有在用设备进行封存，对现有设计文件进行改进设计，重新提交设计文件（变更设计）审查后，对封存的在用设备进行召回处理。

（3）监管机构在未来修订相关安全技术规范和标准、设计文件审查规范时，应强化结构设计（同时提高对制造厂家的工艺能力门槛要求）本身的合理性，某些重要的受交变应力部位应尽可能避开焊缝，而不是片面强调定期检验时对焊缝裂纹的无损检测要求。

**（七）“探空梭”游乐设施事故案例**

1. 事故概况

2007 年 2 月 22 日 16 时 30 分，重庆市沙坪坝区沙坪公园“探空梭”游乐项目（见图 8-42），服务人员朱某负责在站台检查设备及乘客情况，在已经示意操作室的操作人员启动机器后，他发现一名乘客的安全带未系好，就准备帮助捆绑，但此时“探空梭”已启动，情急之下，朱某单手抓住“探空梭”的压杠，随“探空梭”上升，操作人员发现后紧急停机，但朱某还是从 5m 高空坠落死亡。

2. 事故原因分析

此次事故的直接原因是站台服务人员朱某在发现有乘客的安全带未系好的情况下，未及时通知操作室人员紧急中止启动，而是擅自直接跑回去为游客系安全带，以致自己被“探空梭”带离地面后从空中坠落，这是一起典型的因违反操作规程导致的责任事故。

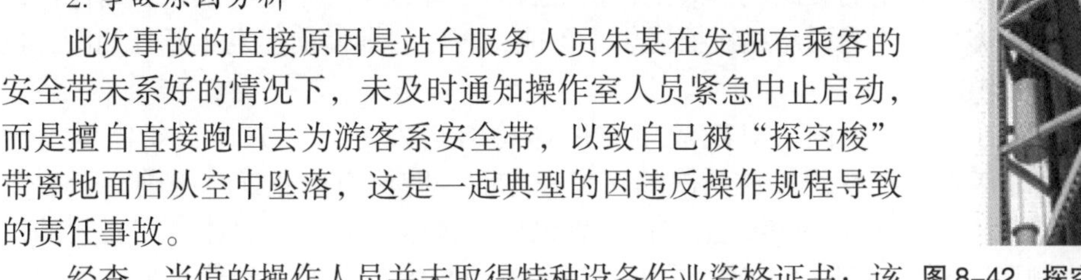

图 8-42　探空梭（资料图）

经查，当值的操作人员并未取得特种设备作业资格证书；该操作人员同时也违反了公园制定的“探空梭”设备操作规程——在未确认场内无人走动的情况下就接通电源启动了“探空梭”；而公园管理处也从未组织实施过相关应急预案的演练。

因此，事故背后还有着更深层次的间接原因：①公园管理处未严格执行相关法律法规和安全技术规范的要求，任用未取得特种设备作业资格证书的操作人员上岗作业；②公园管理处在安全教育时突出对游客的安全防护，缺少对工作人员自身的安全防护意识培养，对站台服务人员的安全教育不到位，导致部分站台服务人员根本不熟悉操作规程；③公园管理处制定的各项管理制度未能得到真正、有效的落实，造成现场安全秩序混乱，发生紧急情况时未能及时采取正确的应急措施。

3. 预防同类事故的措施

（1）运营单位应严格规范大型游乐设施作业人员的管理，按相关法律法规的要求切实做到操作人员持证上岗，并强化对员工的各项安全（包括自身安全）知识教育。

（2）运营单位应加强对站台服务人员等辅助工作岗位员工的作业技能培训，使他们不仅要了解、熟悉相关的操作规程，而且要理解操作规程中各项具体要求的背景。

（3）运营单位应强化各项管理制度的落实，加强对作业人员操作过程的监督、抽查力度。

（4）运营单位应对部分重点设备定期开展应急演练，对演练效果进行评估，并根据演练效果，及时修订、完善应急预案。

**（八）“激流勇进”游乐设施事故案例**

1. 事故概况

2007 年 3 月 25 日 10 时 40 分左右，广州市越秀区越秀公园北秀游乐场的“激流勇进”游乐项目，2 名游客乘船沿着提升轨道向上运行到 5m 左右高度处，船体突然被卡住上不去，然后快速逆向倒回，直到撞到下面等候的另外一只船后才停止（见图 8–43，被撞船只的照片）。事故导致 1 名游客重伤。

图 8–43　尾部被撞烂的事故船

据调查，事发前该设备的右侧放船区第二阻船器已失效，但游乐场方面并未及时维修，而是将模式开关置于“手动”模式继续使用。

2. 事故原因分析

在同一水道里有多船同时运行的“激流勇进”游乐设施，都必须设有“手动”模式，但该模式仅用于检修、调试作业，在该模式下进行载客运营是严格禁止的。此次事故中，正是因为系统置于“手动”模式，而操作人员的发船间隔又不够长，才为两船相碰撞提供了可能；否则，即使前船发生意外倒滑，也不至于造成游客受伤。

关于前船意外倒滑的原因，对现场事故船体检查后发现：一方面，船体厚度为 12mm 的钢板在焊接过程存在焊接质量缺陷；另一方面，防倒滑的止逆爪与前行牵引爪设置在同一销轴上，牵引失效的同时止逆行装置也同步失效。因此，船体存在先天的设计缺陷，加之制造时有焊接缺陷，而且船体的日常检查与维护保养不到位，最终导致了船体失控倒滑。

日常检查和维护保养存在的问题不仅仅是对船体，据事发后的现场试验，右侧放船区第二阻船器失效，存在两船同时放行现象，即事故发生前设备已经存在异常，但2月15日至3月24日间的运行记录及维修主管徐某的调查笔录中未反映此故障情况。

3. 预防同类事故的措施

(1) 运营单位应强化对员工的责任与安全意识教育，在同一水道（轨道）里有多船（多车）同时运行的游乐设施，自每天的空载试运行起，模式开关应始终处于“自动”状态，绝对禁止运行在“手动”模式。

(2) 制造厂家立即对所有在用设备进行应急排查，检查所有船体的主要受力焊缝。

(3) 制造厂家对止逆行装置进行改进设计，重新提交设计文件（变更设计）审查后，对所有在用设备进行召回处理。

(4) 运营单位应规范日常检查和定期维护保养行为，正确制定（或修订）日常检查卡片和/或维护保养作业指导书，明确重点部位的日常检查要求和（或）维护保养方法与要求。

**（九）“世纪滑车”游乐设施事故案例**

1. 事故概况

2007年6月30日上午，合肥逍遥津公园“世纪滑车”游乐项目。早上8时许，工作人员在对设备进行例行检查时，发现二号车厢后端右侧销轴孔钢板断裂；8时15分，公园副经理张某和维修班4名工人接报赶到现场，在查看后认为销轴孔钢板的材质为锰钢，不能施焊，于是将二号车厢和六号车厢对调。调换工作结束后，进行了3次设备空载运行，操作人员何某发现设备运行时有异常声响，但维修班人员在现场检查并未查出原因。因下雨，维修班人员11时左右撤离现场。约11时30分雨停，何某再次自行空载运行设备多次，发现设备运行声音仍有异常，于是打电话询问维修人员设备是否修好，维修人员王某说设备已修好。

11时43分，世纪滑车开始当天第一次载客运行，当时共载有乘客7人，当滑车前端运行至接近坡顶最高处时，何某发现设备运行异常，立即按下紧急停车按钮，但滑车未能及时在提升段停下来，而是逆向快速下滑，一号、五号、六号车厢车轮脱轨，多节车厢倾翻变形（见图8-44）。坐在六号车厢的游客张某受挤压碰撞致重伤，经抢救无效死亡，唐某被摔出车厢受轻伤。

图8-44　事发现场照片

2. 事故原因分析

此次事故的原因比较复杂：①在例行检查时已经发现二号车厢后端右侧销轴孔钢板有断裂情况，应该考虑到其他车辆有没有类似情况，因此公园方应当立即停用该设备，组织技术人员对每辆车都进行彻底的检查检测，必要时与制造厂商联系，请对方派人来检修；②维修班人员将二号车厢与六号车厢调换，考虑的是将车厢后端右侧销轴孔钢板有断裂的二号车放置在车辆尾部，使其不牵引其他车辆以避开断裂处的隐患，但调换后列车的推爪（前行牵引爪）与阻退爪（防倒滑的止逆爪）

在整列车中的相对位置会发生变化①，维修班在作业前并未考虑到此因素带来的影响，也没有在调换前咨询制造厂家；③维修班在对调二号与六号车辆后，多次的空载试运行均听到异常响声，在异常声音来源未查明、异常情况未排除的情况下，急于载客运营，贸然投入载人运行。

（①事故滑车共六节车厢，但推爪和阻退爪是分布在不同车厢底部的车架上的。）

通常六节编组的过山车，牵引爪设置在一号车、二号车、五号车。若将二号车与六号车对调，则牵引车的次序变成一号车、五号车、六号车，列车在提升段彼此间的内力也由原来的前两车拉、倒数第二节车推拉，相应地变化为头车拉、末尾两车推。当列车的头车接近提升段最高点处，牵引爪与提升链条脱开后，整列车的提升完全靠末尾两车的推，而此时头车还未进入下滑姿态，尚未对二号车产生拉力，这与滑车的设计受力状况有明显差异②。

（②滑车在斜坡段仅通过后面两车往上推，可能会造成各车厢铰接处的叠起、隆起，并导致止逆钩与止逆挡块之间的距离变大。）

事故调查也证实，事发时正是滑车前端运行至接近坡顶最高处时，操作人员何某发现设备运行异常，立即按下紧急停车按钮，停机后牵引链条虽然停止，但止逆爪并未立即挂上止逆挡块，滑车开始逆向快速下滑，达到一定下滑速度后，止逆爪在不断跳动中偶尔挂上止逆挡块，但强烈的冲击力撞坏了部分止逆挡块，并使止逆爪变形，止逆装置彻底失效。滑车继续加速倒滑，跳动中的车底架带着推爪、制动片与轨道中间的横梁发生强烈碰撞，致使多节车厢车轮脱轨，最后导致六号车厢倾翻变形，车厢内乘客发生伤亡。

另据调查发现，当值的操作人员何某并未取得有效的大型游乐设施作业人员证书。

综合以上因素，游乐园有限公司自身的管理存在着严重问题，公园管理处对游乐园有限公司的监督管理也不到位。本次事故是一起典型的责任事故，虽然这起事故的直接原因是违章作业，但更深层次的原因是企业的安全责任主体没有落实，安全规章制度不遵守。

对此次事故相关责任人的处理情况：①当值的操作人员何某被移交司法机关处理；②公园主任、副主任分别被处以行政记过处分；③游乐园经理、维护班相关人员分别被处以撤职、留用查看、记大过等行政处分。

3. 预防同类事故的措施

（1）运营单位应强化对设备的维护保养工作，正确制定（或修订）日常检查卡片和（或）维护保养作业指导书，严格遵守维护保养操作规程，严禁设备带病运行。

（2）作业人员持证上岗是运营单位履行安全管理义务的基本要求，运营单位应严格规范大型游乐设施作业人员的管理，并强化对员工的责任与安全意识教育，落实责任，做到防微杜渐，防患于未然。

（3）过山车的各节车体可能存在着细节上的差异，运营使用单位发现车辆出现异常，应当立即停用设备，及时与制造厂家联系，未经制造厂家同意，不得擅自拆解、调换车辆次序。

（4）安全投入是大型游乐设施运营的基本保障，包括日常维护保养、检验修理、作业人员培训等费用是保证设备运行必不可少的投入，安全投入必须足额保证。

**（十）“遨游太空”游乐设施事故案例**

1. 事故概况

2010 年 1 月 31 日 13 时 40 分，安徽省合肥市逍遥津公园“遨游太空”游乐项目。黄某[①]等7人购票后，在作业人员窦某的安排下依次乘坐，窦某帮每位乘客分别系好安全带、压好上下安全压杆，按警示铃后开机。但运行还不到1min，安全保护装置松脱，游客黄某被抛出，从空中摔落至平台上受伤。

（①黄某身材高大、体重较重，故特意问了售票员可不可以乘坐，得到的是肯定的答复，黄某的同事还追问了售票员能不能把他束缚住，回答也是肯定的。）

2. 事故原因分析

事发后的检查发现，该游乐项目的乘客束缚装置的结构[②]（见图8–45）并不适合体型特殊的乘客，当身材高大（1.85m）、体重较重（105kg）的黄某登上座舱后，上部的肩式压杠未能完全压到位；与此同时，下面的压腿式压杆的锁紧机构磨损过大，该压杆并不能有效地锁紧，非但不能起到保护游客的作用，而且在设备的翻转过程中，不断碰触兜裆保险带的锁扣，致使兜裆保险带松开。

图8–45　遨游太空游乐项目（资料图片）

（②该设备的乘客束缚装置包括压肩式压杠、T形兜裆保险带、压腿式压杆。）

本次事故的直接原因如下：①操作人员未严格按照制造厂商提供的《使用说明书》中对乘客身高、体重参数的要求，及时拒绝身材高大、体重超重的黄某乘玩该游乐项目。②设备的维护保养工作不到位，日常检查流于形式，发现压腿式压杆不能有效锁紧却不及时处置。

更深层次的原因如下：①游乐园有限公司的管理存在明显疏漏，作为场地提供方的公园管理处对游乐园有限公司的监督管理也不到位。②涉事游乐项目的经营者片面追求短期经济利益，对设备的正常维护保养缺乏投入，设备带病运行。③当值操作人员的责任与安全意识淡薄。

3. 预防同类事故的措施

（1）运营单位应按照制造厂家提供的《使用说明书》要求，明确乘玩该游乐项目游客的基本身体条件，包括但不限于身高、体重、年龄等，操作人员应严格遵照执行（不得与《使用说明书》冲突）。

（2）运营单位应加强对操作人员等相关服务人员的责任与安全意识教育。

（3）运营单位应加强对设备的维护保养工作，必须保证正常维护保养所需的经费投入，杜绝设备带病运行状况的出现。

（4）对于租用公园等场地进行经营大型游乐设施的情况，场地提供方应认真、切实地履行其安全管理义务，强化对经营业主的责任与安全意识教育。

**（十一）“峡谷漂流”游乐设施事故案例**

1. 事故概况

2011年10月5日10时许，浙江省温州市江心西园“峡谷漂流”游乐项目（见图8–46）。当时设备正在运行，一名妇女和两名男孩乘坐一条红色漂流船，当他们到达提升机下端处时，传输带暂时停了下来。两个小孩以为到达终点了，就从漂流船上下来，沿提升机木制传输带向上走。不久之后，操作室内的作业人员从监控器中看到漂流船已到达传输带下端，又启动了提升机，此时，在传输带上行走的两名儿童已到达最高点附近位置。传输带突然启动，其中一名男孩当即从提升机上跳下（未受伤），而另一名男孩王某反应不及，因惯性跌倒后被传送带卷入提升机下（见图 8–47），致身体受挤压后不幸死亡。

图 8–46　涉事的峡谷漂流

图 8–47　人员被挤压处

2. 事故原因分析

此次事故的直接原因是当值操作人员孙某严重违反操作规程：①在待客放筏前未提前启动提升机；②当载客漂流筏到达提升机下面后，仍未及时启动提升机；③在开启提升机前，未查看漂流船上游客状况及漂流船周围的情况，未确认游客是否处于安全状态。而当值的站台服务人员李某未严格按照操作规程的要求向游客讲解安全注意事项，在发现有游客沿传送带往上行走后，既没有及时干预，也未提醒操作人员不要启动提升机。

此次事故也暴露了温州江心西园开发有限公司在安全管理上的问题：①作业人员的安全责任意识欠缺，公司对员工的安全责任教育与职业技能培训欠缺。②峡谷漂流项目的安全管理存在制度性缺陷，未根据项目需要专设监视屏监护人员，以至该岗位人员长期缺失。③安全管理人员对作业人员现场操作的监督不力，对工作任务分配中存在的缺陷失于查究。

事故调查组最后认定，该事故是一起因操作人员违反操作规程而造成的责任事故。对相关责任方的处理情况：①事故设备的运营使用单位，被处以行政罚款；②当值操作人员孙某，被移送司法机关处理；③当值站台服务人员李某，予以开除处理；④运营使用单位的相关部门经理、董事长助理、法定代表人，在公司内也分别被处分。

3. 预防同类事故的措施

（1）运营使用单位立即组织、全面开展针对全体操作人员及现场服务人员的安全培训和教育，切实提高员工的安全与责任意识，并在日常运营中加大监督抽查力度，督促相关作业人员严格按照操作规程作业，杜绝违章违规行为。

（2）运营单位应加强对游客的教育，充分告知其乘坐注意事项与相关安全常识，切实防范游客在河道中及尚未完全到达下船站台时的不安全行为。

（3）运营单位应加强对视觉盲区的监控，并可在河道沿线及船体提升传输带附近增设更多的禁止游客站起和离船的警示标识。

**（十二）“摩天环车”游乐设施事故案例**

1. 事故概况

2013 年 3 月 22 日 11 时 15 分，贵州省贵阳市黔灵山公园游乐场“摩天环车”游乐项目。

设备刚启动不久，连接座舱的大臂突然折断（见图 8–48），所幸大臂折断处并未完全分离，游客李某的脸颊当即撞在大臂上，座舱最后悬停在空中。事发后，公园管理处工作人员很快赶到现场，在被困 1 小时后，3 名游客被全部解救下来。经送医检查，游客除李某面部挫伤、右眼眶骨折外，其余人员并无大恙。

图 8–48　发生大臂折断的摩天环车设备

2. 事故原因分析

根据事发后的现场照片可判断出，导致臂架折断的直接原因是局部失稳，而根本原因还是设备的臂架结构先天就存在问题。当然，从开始出现问题，再逐步发展到有一定危险性的阶段，是有一个演变过程的，如果在日常检查和维护保养中认真观察、定期维护保养细心到位的话，问题和隐患还是能够被提前发现的。因此，公园方对设备的日常管理、安全检查不力，实际经营者的维护保养能力不足，也是导致此次事故的重要因素。

3. 预防同类事故的措施

（1）制造厂家对所有在用设备进行封存，对现有设计文件进行改进设计，重新提交设计文件（变更设计）审查后，对封存的在用设备进行召回处理。

（2）对于租用公园等场地进行经营大型游乐设施的情况，场地提供方应认真、切实地履行其安全管理义务，强化对承租者的责任与安全意识教育，并督促其正确制定（或修订）维护保养作业指导书，正确进行维护保养操作、强化日常检查工作。

（3）监管机构在未来修订相关安全技术规范和标准、设计文件审查规范时，应强化结构设计（同时提高对制造厂家的工艺能力门槛要求）本身的合理性，而不是片面强调定期检验时对焊缝裂纹的无损检测要求。

**（十三）“极速风车”游乐设施事故案例**

1. 事故概况

2013 年 9 月 15 日 13 时 50 分左右，陕西省西安市秦岭欢乐世界“极速风车”游乐项目（见图 8–49）。设备启动后不久，在同一排座舱先后有两名男孩从空中掉下来，工作人员反应过来后，立即按下了急停开关，设备渐渐停了下来，此时座舱已上升至六七米的空中，这一排剩下的 3 名游客依然保持着倒立姿势，但还没等大家缓过神，坐在中间的女生也被甩出，被重重地摔在设备围栏外。医护人员随后赶到现场，将受伤游客紧急送往医院救治。

图 8–49　涉事的“极速风车”游乐设施

据了解，该极速风车游乐设施有多个自由度：① 6 组呈辐射状分布的座舱可绕与平衡臂连接处的回转中心（以较高速度）旋转。②每组座舱可分别绕各自的中心轴自由翻滚。③平衡臂后端设有与前端座舱重量匹配的平衡重，整个平衡臂带动座舱绕平衡臂中点的回转支承中心轴（以较低速度）旋转。④平衡臂通过回转支承连接在倾斜角度可变的大臂上，大臂通过液压油缸的伸缩改变倾角。

游客在乘玩该设备时，身体可能会不时地呈倒挂姿势，故该设备在设计时采用了压肩式安全压杠，并且每个压杠均设有安全联锁控制，在正常情况下，任何一副压杠未压到位或未有效锁紧时，设备都是无法启动的。

2. 事故原因分析

事发前该设备有一组座舱（发生 3 名游客先后坠落的那排座位）的安全联锁控制机能已失效，并且极有可能是维修人员的有意短接造成的。至于为什么要短接，则有可能是此排座椅的压杠锁紧控制信号会有偶发性异常（例如压杠实际已锁紧，但信号显示还未锁紧，即发生误报），不时地导致操作人员无法一次性正常启动设备，而维修人员在检修时无法彻底解决该偶发性的信号异常问题，或许考虑到平时游客也不是很多，运营单位索性决定暂时停用这排座椅，并将其联锁控制信号短接。因无相关更为确切的资料，无从判断事发前运营单位曾经采用过哪些措施阻劝游客不要登上这排座椅；但可以确认的是，事发时这排座椅坐满了 5 名游客，而且很有可能他们在入座前压根就没有遇到任何形式的阻劝，坐好后也没有工作人员来为他们检查压杠是否锁紧。

事故调查也证实，事发前操作人员对游客安全保护装置的检查确认存有疏漏。由此可以更为完整地描述本次事故原因。

（1）维修人员解除了“极速风车”其中一排座位的压杠锁紧联锁控制。

（2）运营单位自己知道有一排座椅是不能乘坐的，平时站台服务人员引导游客入座时会避开这一排座位，但这排座位上并未设置有效的提醒文字和警示标识。

（3）当天游客较多，等候乘坐的队伍排得很长，站台服务人员忙于接待游客，忘记了有一排座椅不能乘坐。

（4）操作人员启动设备前也按惯例进行安全保护装置检查确认，同样忘记了那一排座椅，而且安全联锁控制系统并未报任何异常，认为一切正常后按下启动开关。

3. 预防同类事故的措施

（1）运营单位在设备运行时发现故障，应及时联系制造厂家解决，故障（或问题）涉及到联锁控制（或其他安全机制）时，绝不允许维修人员擅自屏蔽或改变控制逻辑。

（2）运营单位因故确实需要临时停用个别座舱时，应在该座舱处逐个设置不易移除的、醒目的提醒文字和警示标识，并建议用大型毛绒玩具将空间占据，避免粗心的乘客误入座舱。

（3）制造厂家应努力提高产品质量，保证主要控制回路的可靠性，尤其是直接涉及乘客安全的联锁控制等安全机制相关电路的可靠性。

## 四、大型游乐设施检验案例

### （一）过山车检验案例

检验人员对某公园过山车（见图 8–50）进行定期检验时，在该设备 5 个车桥中，3 个车桥（箱形梁）均发现裂纹，裂纹位于车桥开孔处半轴安

图 8–50　过山车

装孔矩形开口处 2 个侧面的 4 个角，头节车厢和末节车厢车桥未发现裂纹缺陷。裂纹起始端均是矩形孔直线与曲线段结合处，扩展方向均为上下偏车轮方向，裂纹终止端均到侧面板焊接处（见图 8–51）。裂纹长度在 4 ~ 12mm，且均为母材裂纹。

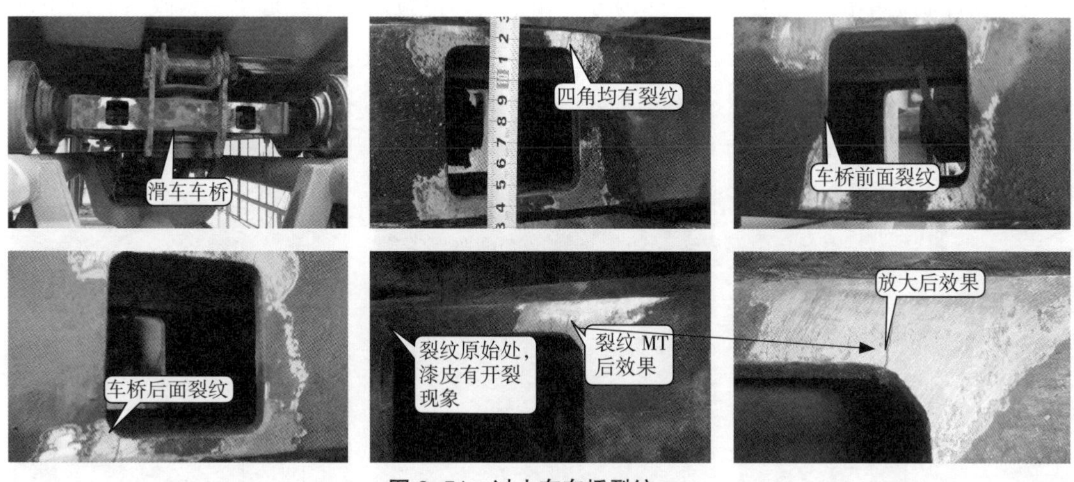


**图 8–51　过山车车桥裂纹**

原因分析：该设备建造安装时，轨道对接焊缝处多处过渡曲线不平滑，滑车运行过程中冲击比较大，导致车桥的受力成倍地增加，可能超出设计值；设备车桥连接处为焊接结构，属刚性连接，无任何的减震和缓冲措施，使其冲击和受力直接传递到滑车的受力部件处；滑行车类受力比较复杂，在滑车的运行过程中，随着轨道形式的变化，使车桥受到往复的交变应力，在一定的循环下易产生疲劳裂纹。

该车桥主要承受滑车与乘客的重量，运行中受到冲击，梁以承受弯矩为主，受力简化模型，见图 8–52。

从弯矩图（图 8–52）上可以看出，其裂纹部位弯矩并非最大，但其矩形梁侧面开了安装矩形孔，梁的抗弯截面模量减小，在运行中易产生应力集中，导致其应力超出设计值，产生疲劳裂纹；滑车车桥设计为刚性连接，未设置任何缓冲和弹性减震装置，导致冲击未有任何的减缓，直接传递至抗弯截面处；该设备轨道的刚度设计参照日本过山车，不如欧洲厂家轨道刚度好，在设备运行中的轨道晃动增加了车桥的冲击力。

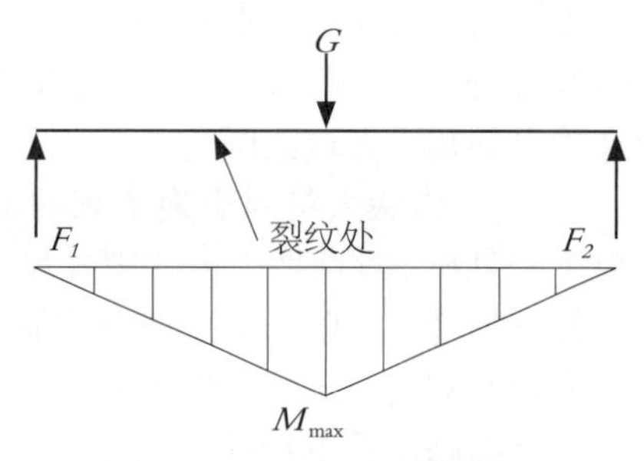


**图 8–52　车桥受力弯矩图**

在制造方面，经检查矩形孔截面处，裂纹的起始位置都非常粗糙，为气割开孔槽痕，之后未做任何的加工处理，增加了应力集中；轨道的现场安装质量达不到图纸要求，尤其在轨道的对接焊缝连接处，部分过渡有明显的弯折现象，设备运行时冲击力变大，增加了车桥的应力集中，在交变应力作用下，一定的运行周期后出现裂纹。由此可以看出，在过山车这一类钢结构较多的设备检验时，检验重点部件部位的确定非常重要。在车体检查中，主要查看主要受力零部件（尤其一些截面变化部位），具体分析其受力情况后再做仔细检查；在钢结构检验中，仔细检查受力较大的连接部位，包括节点焊缝和螺栓连接。

**（二）观览车检验案例**

某观览车在运行过程中发现一颗螺栓头掉到站台上，第 2 天又发生了类似事件。责成该设备设计制造单位对此进行故障原因分析和整改。检验人员对经近半年整改后的设备进行检验，发现该设备存在以下主要问题（见图 8–53）：

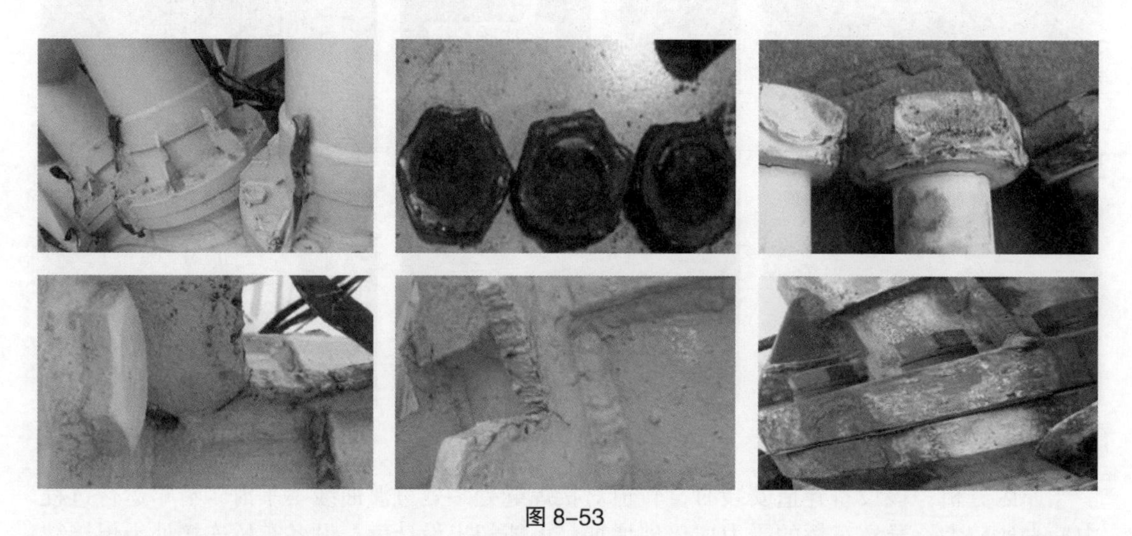

图 8–53

（1）主轴与主桁架管连接法兰处筋板出于安装便利，未经设计方允许，安装人员在安装时进行了切割处理，9 件筋板切割处出现了裂纹。

（2）主轴与主桁架管连接法兰个别装配间隙不符合设计要求，法兰处焊装的观察板焊缝有裂纹产生。

（3）主轴与主桁架管连接法兰处多数螺栓未按制造厂原制订的整改方案整改，而采用焊死结构，经超声波轴向探伤检查，发现 8# 和 a# 主桁架法兰高强螺栓各有 5 根有异常波。在拆卸过程中，5 根断裂，9 根螺栓根部有超过螺栓根部半圈的裂纹。拆检时，发现大部分螺栓根部几乎无过渡圆角。

对此，检验人员对更换下来的旧螺栓逐个进行表面检查，抽样进行拉伸强度试验、断口金相分析，对新换上去的螺栓尺寸逐个进行测量，抽样进行端面轴向超声探伤，对新螺栓的安装情况、防断裂后坠落措施检查；进行了应力测试，并在应力测试中增加法兰观察板应力的测试。同时，要求制造单位清除筋板切割处裂纹，清除全部裂纹后进行了补焊处理，全部修复后重新进行验收检验及载荷试验。

**（三）其他检验案例**

1. 安全保护装置失效或不可靠

游乐设施安全保护装置是游乐设施的重要组成部分，其制造、安装、维修的质量，操作使用、维护保养的及时到位与否，直接关系到游乐设施的正常运行和游客的人身安全。

检验中发现，设备安全保护装置存在诸多问题，存在严重隐患。有的安全锈蚀、缺失、不可调节、卡滞不顺畅，有的安全压杆损坏之处用铁丝捆绑，个别用镀锌钢管替代原来不锈钢钢管，有私自补焊迹象。一些“遨游太空”的安全压杆除根部已严重锈蚀外，有的锁紧开关失效；有的“海盗船”摆角限位行程开关失效，驱动轮和刹车轮严重偏移；有的“双人飞天”行程开关失效；有的“丛林飞鼠”制动系统不可靠；有的“摇头飞椅”二次保护钢丝绳锈蚀、断丝，座椅脱焊或破损，座椅吊挂轴擅自改为用螺丝（见图 8-54）。

（a）安全带老化锈蚀

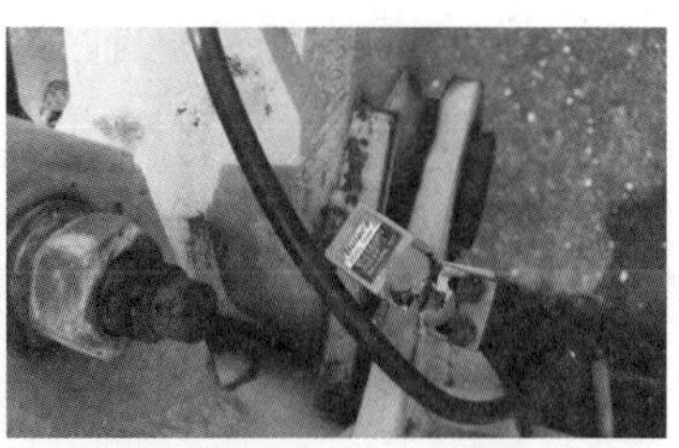

（b）限位开关失效

（c）安全压杠根部锈蚀

（d）安全压杠随意补焊

**图 8-54　安全保护装置隐患图**

2. 部分设备外观或重要焊缝锈蚀严重

由于维护保养不到位，部分游乐设施外观锈蚀严重，给设备安全运行埋下了隐患。如“海盗船”船体锈蚀，“丛林飞鼠”轨道锈蚀，自控飞机类关键焊缝锈蚀、剥落等（见图 8-55）。

（a）船体底部锈蚀严重

（b）船体锈穿

（c）座舱托架焊缝锈蚀严重

（d）丛林飞鼠轨道及立柱锈蚀严重

**图 8-55　设备锈蚀情况**

# 第四节　大型游乐设施事故调查处理

## 一、大型游乐设施事故调查的权限和职责

根据国务院颁布的《特种设备安全监察条例》（国务院令第 549 号），特种设备事故调查的权限和职责应符合如下要求：

（1）特别重大事故由国务院或者国务院授权有关部门组织事故调查组进行调查。

（2）重大事故由国务院特种设备安全监督管理部门会同有关部门组织事故调查组进行调查。

（3）较大事故由省、自治区、直辖市特种设备安全监督管理部门会同有关部门组织事故调查组进行调查。

（4）一般事故由设区的市的特种设备安全监督管理部门会同有关部门组织事故调查组进行调查。

（5）事故调查报告应当由负责组织事故调查的特种设备安全监督管理部门的所在地人民政府批复，并报上一级特种设备安全监督管理部门备案。

（6）有关机关应当按照上级部门的批复，依照法律、行政法规规定的权限和程序，对事故责任单位和有关人员进行行政处罚，对负有事故责任的国家工作人员进行处分。

（7）特种设备安全监督管理部门应当在有关地方人民政府的领导下，组织开展特种设备事故调查处理工作。有关地方人民政府应当支持、配合上级人民政府或者特种设备安全监督管理部门的事故调查处理工作，并提供必要的便利条件。

## 二、大型游乐设施事故的调查和处理程序

根据国务院《特种设备安全监察条例》（国务院令第 549 号），以及国家质量监督检验总局《特种设备事故报告和调查处理规定》，在事故的调查和处理中应做好以下事项：

（1）发生特种设备事故后，事故发生单位及其人员应当妥善保护事故现场及相关证据，及时收集、整理有关资料，为事故调查做好准备；必要时，应当对设备、场地、资料进行封存，由专人看管。

因抢救人员、防止事故扩大及疏通交通等原因，需要移动事故现场物件的，负责移动的单位或者相关人员应当做出标志，绘制现场简图并做出书面记录，妥善保存现场重要痕迹、物证。有条件的，应当现场制作视听资料。

事故调查期间，任何单位和个人不得擅自移动事故相关设备，不得毁灭相关资料、伪造或者故意破坏事故现场。

（2）市场监督管理部门接到事故报告后，经现场初步判断，发现不属于或者无法确定为特种设备事故的，应当及时报告本级人民政府，由本级人民政府或者其授权或者委托的部门组织事故调查组进行调查。

根据事故调查处理工作的需要，负责组织事故调查的市场监督管理部门可以依法提请事故发生地人民政府及有关部门派员参加事故调查。

负责组织事故调查的市场监督管理部门应当将事故调查组的组成情况及时报告本级人

民政府。

（3）根据事故发生情况，上级市场监督管理部门可以派员指导下级质量技术监督部门开展事故调查处理工作。

自事故发生之日起30日内，因伤亡人数变化导致事故等级发生变化的，依照规定应当由上级质量技术监督部门组织调查的，上级质量技术监督部门可以会同本级有关部门组织事故调查组进行调查，也可以派员指导下级部门继续进行事故调查。

（4）事故调查组成员应当具有特种设备事故调查所需要的知识和专长，与事故发生单位及相关人员不存在任何利害关系。事故调查组组长由负责事故调查的质量技术监督部门负责人担任。

必要时，事故调查组可以聘请有关专家参与事故调查；所聘请的专家应当具备5年以上特种设备安全监督管理、生产、检验检测或者科研教学工作经验。设区的市级以上质量技术监督部门可以根据事故调查的需要，组建特种设备事故调查专家库。

根据事故的具体情况，事故调查组可以内设管理组、技术组、综合组，分别承担管理原因调查、技术原因调查、综合协调等工作。

（5）事故调查组履行的职责，一是查清事故发生前的特种设备状况；二是查明事故经过、人员伤亡、特种设备损坏、经济损失情况及其他后果；三是分析事故原因；四是认定事故性质和事故责任；五是提出对事故责任者的处理建议；六是提出防范事故发生和整改措施的建议；七是提交事故调查报告。

（6）事故调查组成员在事故调查工作中，应当诚信公正、恪尽职守，遵守事故调查组的纪律，遵守相关秘密规定。

在事故调查期间，未经负责组织事故调查的质量技术监督部门和本级人民政府批准，参与事故调查、技术鉴定、损失评估等有关人员不得擅自泄露有关事故信息。

（7）对无重大社会影响、无人员伤亡、事故原因明晰的特种设备事故，事故调查工作可以按照有关规定适用简易程序；在负责事故调查的市场监督管理部门商同级有关部门，并报同级政府批准后，由市场监督管理部门单独进行调查。

（8）事故调查组可以委托具有国家规定资质的技术机构或者直接组织专家进行技术鉴定。接受委托的技术机构或者专家应当出具技术鉴定报告，并对其结论负责。

（9）事故调查组认为需要对特种设备事故进行直接经济损失评估的，可以委托具有国家规定资质的评估机构进行。

直接经济损失包括人身伤亡所支出的费用、财产损失价值、应急救援费用、善后处理费用。接受委托的单位应当按照相关规定和标准进行评估，出具评估报告，对其结论负责。

（10）事故调查组有权向有关单位和个人了解与事故有关的情况，并要求其提供相关文件、资料。有关单位和个人不得拒绝，并应当如实提供特种设备及事故相关的情况或者资料，回答事故调查组的询问，对所提供情况的真实性负责。

事故发生单位的负责人和有关人员在事故调查期间，不得擅离职守，应当随时接受事故调查组的询问，如实提供有关情况或者资料。

（11）事故调查组应当查明引发事故的直接原因和间接原因，并根据对事故发生的影响程度认定事故发生的主要原因和次要原因。

（12）事故调查组根据事故的主要原因和次要原因，判定事故性质，认定事故责任。

事故调查组根据当事人行为与特种设备事故之间的因果关系，以及在特种设备事故中的影响程度，认定当事人所负的责任。当事人所负的责任分为全部责任、主要责任和次要责任。当事人伪造或者故意破坏事故现场、毁灭证据、未及时报告事故等，致使事故责任无法认定的，应当承担全部责任。

（13）事故调查组应当向组织事故调查的市场监督管理部门提交事故调查报告。事故调查报告包括的内容应有事故发生单位情况；事故发生经过和事故救援情况；事故造成的人员伤亡、设备损坏程度和直接经济损失；事故发生的原因和事故性质；事故责任的认定，以及对事故责任者的处理建议；事故防范和整改措施；有关证据材料。

事故调查报告应当经事故调查组全体成员签字。事故调查组成员有不同意见的，可以提交个人签名的书面材料，附在事故调查报告内。

（14）特种设备事故调查应当自事故发生之日起60日内结束。特殊情况下，经负责组织调查的市场监督管理部门批准，事故调查期限可以适当延长，但延长的期限最长不超过60日。技术鉴定时间不计入调查期限。

因事故抢险救灾无法进行事故现场勘察的，事故调查期限从具备现场勘察条件之日起计算。

（15）事故调查中发现涉嫌犯罪的，负责组织事故调查的市场监督管理部门商有关部门和事故发生地人民政府后，应当按照有关规定，及时将有关材料移送司法机关处理。

## 三、大型游乐设施事故调查处理后的各项工作

（1）省级市场监督管理部门组织的事故调查，其事故调查报告应报省级人民政府批复，并报国家质检总局备案；市级质量技术监督部门组织的事故调查，其事故调查报告应报市级人民政府批复，并报省级质量技术监督部门备案。

国家质检总局组织的事故调查，事故调查报告的批复按照国务院有关规定执行。

（2）组织事故调查的质量技术监督部门应当在接到批复之日起10日内，将事故调查报告及批复意见主送有关地方人民政府及其有关部门，送达事故发生单位、责任单位和责任人员，并抄送参加事故调查的有关部门和单位。

（3）质量技术监督部门及有关部门应当按照批复，依照法律、行政法规规定的权限和程序，对事故责任单位和责任人员实施行政处罚，对负有事故责任的国家工作人员进行处分。

（4）事故发生单位应当落实事故防范和整改措施。防范和整改措施的落实情况应当接受工会和职工的监督。

事故发生地市场监督管理部门应当对事故责任单位落实防范和整改措施的情况进行监督检查。

（5）特别重大事故的调查处理情况由国务院或者国务院授权组织事故调查的部门向社会公布，特别重大事故以下等级的事故的调查处理情况由组织事故调查的质量技术监督部门向社会公布；依法应当保密的除外。

（6）事故调查的有关资料应当由组织事故调查的市场监督管理部门立档永久保存。

立档保存的材料包括现场勘察笔录、技术鉴定报告、重大技术问题鉴定结论和检测检验报告、尸检报告、调查笔录、物证和证人证言、直接经济损失文件、相关图纸、视听资

料、事故调查报告、事故批复文件等。

（7）组织事故调查的市场监督管理部门应当在接到事故调查报告批复之日起30日内撰写事故结案报告，并逐级上报直至国家质检总局。

上报事故结案报告，应当同时附事故档案副本或者复印件。

（8）负责组织事故调查的质量技术监督部门应当根据事故原因对相关安全技术规范、标准进行评估；需要制定或者修订相关安全技术规范、标准的，应当及时报告上级部门提请制定或者修订。

（9）各级市场监督管理部门应当定期对本行政区域特种设备事故的情况、特点、原因进行统计分析，根据特种设备的管理和技术特点、事故情况，研究制定有针对性的工作措施，防止和减少事故的发生。

（10）省级市场监督管理部门应在每月25日前和每年12月25日前，将所辖区域本月、本年特种设备事故情况、结案批复情况及相关信息，以书面方式上报至国家质检总局。

# 参考文献

［1］李向东，张新东．大型游乐设施安全管理与作业人员培训教程［M］．北京：机械工业出版社，2018
［2］付恒生，林明，梁朝虎．大型游乐设施设计［M］．上海：同济大学出版社，2015.
［3］成大先．机械设计手册［M］．北京：化学工业出版社，2008
［4］李剑．大型游乐设施安全作业技术［M］．郑州：大象出版社，2014.
［5］大型游乐设施安全规范：GB8408—2018［S］.
［6］飞行塔类游乐设施通用技术条件：GB/T 18161—2020［S］.
［7］滑行车类游艺机通用技术条件：GB/T 18159—2019［S］.